現数Select No.6

多変量統計解析法

田中 豊・脇本 和昌 共著

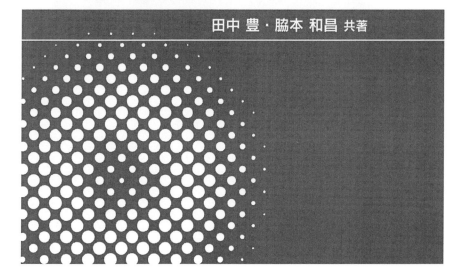

血 現代数学社

本書は 1983 年 5 月に小社から出版した
『多変量統計解析法』
をリメイクし、再出版するものです。

序　文

　厚生省の統計によれば，中国地方の平均寿命は長い．なぜだろうか．
　平均寿命には，気温，食べ物，地理条件，文化水準，医療状態など
多くの要因が複雑な形でかかわりを持っており，先の問に答えるために
はその因果関係の解明をしなければならない．肺ガンや胃ガンの発病，
あるいは最近の就学生の学力のつまづき，非行のひん発と言ったこと，
さらには工場で生産される製品の欠陥の背景にもいろいろの要因がから
まっていると考えられる．
　多変量統計解析法（methods of multivariate statistical analysis）はこ
うしたいくつかの項目の間の関連性を統計的に分析し，現象を要約し
て簡潔な表現を与えたり，現象の背後にひそむ構造を浮き彫りにした
り，あるいはある項目を他のいろいろの要因から予測（説明）したりす
る方法で，上に述べたような複雑な現象を解明するための有力な方法論
としていろいろの分野で巾広く応用されている．このような普及はコン
ピュータなどの計算手段が容易に利用できるようになったこととも大い
に関係があると思われ，誰でも多変量統計解析法を使うことができる．
すなわち，データを準備して所定の様式でコンピュータに入力すれば，
面倒な計算をしなくても解析結果を手に入れることができる．したがっ
て，人はただ解析法の考え方を理解することと，コンピュータの出力を
正しく読むことができればよい．こうした時代の中で多変量統計解析法
は，文科系，理科系を問わず，データにもとづいて実証的につみあげ
ていくような分野においては，誰もが勉強しておくべき基礎的な素養に
近くなってきているように思われる．
　本書は著者らの行ってきた講義や各種の諸習会での講演，いろいろの
分野の研究者や技術者の方からのデータ解析に関する相談などの経験を
ふまえて，統計学や数学の専門家以外の一般の人にもできるだけわかり
やすく，しかも重要なことはきっちり解説しようという方針で書いた物
で，次のような点に留意している．

(1) 文科系の学生でも理解しやすいようにベクトルや行列による表現はできるだけ使わずに，初等的に記述した．

(2) 重要な結果は天下り式の記述は避け，導出の筋道をていねいに述べた．ただし本文中で述べると冗長になるところは演習問題にまわした．

(3) 各章ごとに2種類の演習問題をつけ，巻末に詳細な解答を付した．問題Aは理論的な問題，問題Bは実際にデータを扱う問題である．

(4) 各方法のねらいと手順を例示するため，数値例，応用例を豊富につけた．（統計学の理解のためには実際にデータを解析してみるのがよい．）

　多変量統計解析法と一口に言っても，回帰分析，判別分析，主成分分析，因子分析，グラフ解析，クラスター分析，林の数量化法，…などいろいろの方法が含まれており，応用する人は解析の目的やデータの性質によってどのように使いわけるか（さらには使いこなすか）に困難を感じられるかも知れない．そのような際の1つのガイドラインとして，各種の方法の選択の手引きを次ページに示したので，活用されたい．教科書として利用していただく場合，半年の講義ではやや量が多いと思われるが，その時には回帰分析，主成分分析，判別分析，数量化I, II類などの基礎的な章を中心にして，対象に合わせて取捨選択していただきたい．

　本書は1980年12月〜1982年2月の「BASIC数学」誌に連載したものにもとづき，講義での反応などを考慮して大巾に加筆，修正したものである．その間数値例の計算や校正などでお世話になった田中潔，瀬尾日出夫，林篤裕，河田貞江（いずれも岡山大学学生）の各氏に感謝の意を表します．また連載中からいろいろご迷惑をおかけし，数値例のチェックまでしていただいた現代数学社の古宮修氏にあつくお礼申し上げたい．

1983年1月

田中　豊

脇本和昌

目　次

多変量統計解析法の選択の手引き

解析の目的は次のうちどれか？

① いろいろの要因によってある項目を予測（説明）したい.

② 観測されている複数個の項目を代表する総合的指標を求めたい.

③ ものや項目の間の関係を視覚的にとらえ，それにもとづいて分類をしたい.

④ ものや項目を似たもの同志をまとめるように分類したい.

⑤ 項目間の複雑な相関関係を説明する潜在的構造を知りたい.

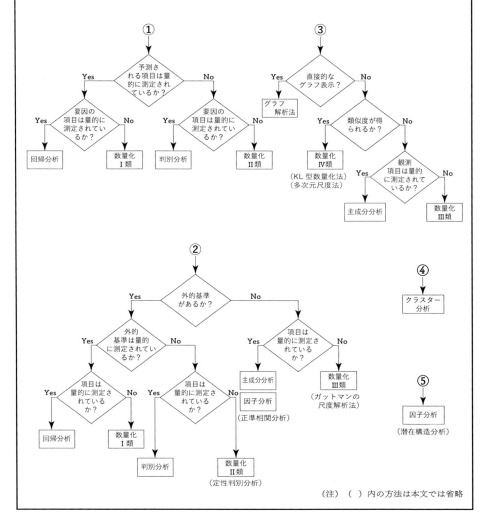

（注）　（　）内の方法は本文では省略

第 1 章

回帰分析法

回帰分析法は，ある変数 y とそれに影響をおよぼすと考えられる他の変数 $x_1, x_2, \ldots, x_p$ に関するデータにもとづいて，

$$a_0 + a_1 x_1 + \cdots + a_p x_p \xrightarrow{\text{予測}} y$$

のように予測する 1 つの方法であり，どの変数が予測に寄与しているかという観点から要因分析にも利用される．経済や経営の分野での予測，品質管理（QC）における最適値の探索，医学における余命の推定，…など広い分野において応用されている．

§1. 線形回帰（直線回帰）

いま，ある市における n 個の地区における世帯数 x と1か月に排出される
ゴミの量 y を考える．このとき，もし x と y の関連性がある程度強ければ，
世帯数からごみの排出量の予測が可能となり，新しい地区に町ができたとき，
世帯数さえわかれば，ゴミの排出量を前もって予測することができる．この
場合，変数 x から目的とする変数 y を数式でもって説明することを考えて，
x を説明変数，y を目的変数と呼ぶ．一般には説明変数の数が2個以上の場合
（重回帰分析）が扱われることが多いが，理解を容易にするために，まず説
明変数が1つの場合（単回帰分析）について説明する．

n 個のデータにおいて目的変数と説明変数の組が表1のように与えられて
いるとしよう．

さて，x から y の値を予測するとき，x と y の関係を示す一つの数式モデル
を設定しなければならない．この数式モデル（予測式）を(1)のように考える．
ここに a_0，a_1 は未知の定数，e_i は x_i だけでは説明しきれない部分の予測誤
差を表すものとする．

表1　単回帰分析の場合のデータ

データ番号	目的変数 y	説明変数 x
1	y_1	x_1
2	y_2	x_2
⋮	⋮	⋮
i	y_i	x_i
⋮	⋮	⋮
n	y_n	x_n

(1) $\quad y_i = a_0 + a_1 x_i + e_i \quad (i = 1, 2, \cdots, n)$

この式を，**線形回帰モデル**(linear regression model)と呼んでいる．

表1のデータを図1のように相関図（散布図）に描き，直線

(2) $\qquad\qquad y = a_0 + a_1 x$

によって説明変数の値 x_i から目的変数の値 y_i を予測することを考えよう．

このとき予測誤差 e_i は(1)式から表2のように表される.

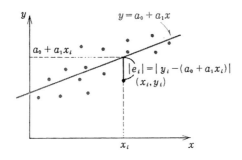

図1 相関図と直線(2)による予測誤差

表2 予測式(2)を用いたときの予測誤差

データ番号	y	x	予 測 誤 差
1	y_1	x_1	$e_1 = y_1 - (a_0 + a_1 x_1)$
2	y_2	x_2	$e_2 = y_2 - (a_0 + a_1 x_2)$
$\vdots$	$\vdots$	$\vdots$	$\vdots$
i	y_i	x_i	$e_i = y_i - (a_0 + a_1 x_i)$
$\vdots$	$\vdots$	$\vdots$	$\vdots$
n	y_n	x_n	$e_n = y_n - (a_0 + a_1 x_n)$

モデルには未知の定数 a_0, a_1 が含まれているが，それらは図1において直線が，点の集まりにもっとも良くあてはまるように，すなわち予測誤差 e_i が全体にわたってできるだけ小さくなるように定められる．予測誤差 e_i は正の値も負の値もとり得るので，これらを全体的に小さくするため，予測誤差の平方和

$$(3) \quad \sum_{i=1}^{n} e_i^2 = \sum_{i=1}^{n} \{y_i - (a_0 + a_1 x_i)\}^2$$

を最小にすることにし，そのときの a_0, a_1 の値を $\hat{a}_0$, $\hat{a}_1$ と表す．このように(3)式を最小にする a_0, a_1 の値を求める方法を**最小2乗法** (method of least squares)と呼んでいる.

さて，表1のデータが与えられると次に示す x, y の平均，分散，共分散を計算することができる．これらの量を用いて $\hat{a}_0, \hat{a}_1$ を求めてみよう.

平均： $$\bar{x} = \frac{1}{n} \sum_{i=1}^{n} x_i, \quad \bar{y} = \frac{1}{n} \sum_{i=1}^{n} y_i$$

分散： $$s_{xx} = \frac{1}{n} \sum_{i=1}^{n} (x_i - \bar{x})^2 = \frac{1}{n} \sum_{i=1}^{n} x_i^2 - \bar{x}^2$$

$$s_{yy} = \frac{1}{n} \sum_{i=1}^{n} (y_i - \bar{y})^2 = \frac{1}{n} \sum_{i=1}^{n} y_i^2 - \bar{y}^2$$

共分散： $$s_{xy} = \frac{1}{n} \sum_{i=1}^{n} (x_i - \bar{x})(y_i - \bar{y}) = \frac{1}{n} \sum_{i=1}^{n} x_i y_i - \bar{x}\,\bar{y}$$

平方和(3)を最小にする a_0, a_1 の値を求めるには，(3)を未知の定数 a_0, a_1 の関数として， $F(a_0, a_1) = \sum_{i=1}^{n} \{y_i - (a_0 + a_1 x_i)\}^2$ とおき，最小値のところで微係数がゼロになることから，

$$\frac{\partial F(a_0, a_1)}{\partial a_0} = 0, \quad \frac{\partial F(a_0, a_1)}{\partial a_1} = 0$$

を解けばよい．結果は次のようになる（問題 **A1.1**）.

(4) $$\hat{a}_1 = \frac{s_{xy}}{s_{xx}}, \quad \hat{a}_0 = \bar{y} - \frac{s_{xy}}{s_{xx}} \bar{x}$$

よって(2)式の a_0, a_1 を $\hat{a}_0, \hat{a}_1$ でおきかえると，

(5) $$y = \frac{s_{xy}}{s_{xx}} (x - \bar{x}) + \bar{y}$$

となる．この式を y の x への回帰直線(regression line of y on x)と呼び，$\hat{a}_1$ を回帰係数(regression coefficient)と呼ぶ．逆に y から x を予測する場合，x の y への回帰直線(regression line of x on y)の方程式は同様の方法で

(6) $$x = \frac{s_{xy}}{s_{yy}} (y - \bar{y}) + \bar{x}$$

と求めることができる．2つの回帰直線(5), (6)はいずれも重心 $(\bar{x}, \bar{y})$ を通るが勾配が異なる.

例1　表3に示すデータはある市の10地区における世帯数 x と1か月に排出されるゴミの量 y（単位0.1トン）を示すものである．相関図と y の x に対する回帰直線の方程式を求めよ．

表3　10地区の世帯数とゴミの排出量

地区番号	1	2	3	4	5	6	7	8	9	10
世帯数(x)	73	63	31	24	79	84	32	33	66	36
排出量(y)	37	27	18	11	39	40	14	18	28	17

［解］

相関図：

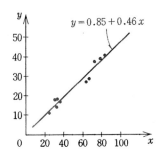

$y = 0.85 + 0.46x$

回帰直線：　$\bar{x} = 52.1,\ \bar{y} = 24.9$

$s_{xx} = 475.3,\ s_{xy} = 219.4$

$$\hat{a}_1 = \frac{s_{xy}}{s_{xx}} = \frac{219.4}{475.3} \fallingdotseq 0.46$$

$$\hat{a}_0 = \bar{y} - \frac{s_{xy}}{s_{xx}}\bar{x} \fallingdotseq 24.90 - 24.05 = 0.85$$

y の x への回帰直線の方程式：

$$y = 0.85 + 0.46x$$

§2．回帰直線による予測誤差の標準偏差

x から y を回帰直線(5)を用いて

$$Y = \frac{s_{xy}}{s_{xx}}(x - \bar{x}) + \bar{y}$$

のように予測する場合, 予測誤差 $e_i = y_i - Y_i$ の標準偏差を s_e とすると, s_e は次のように書ける.

$$(7) \quad s_e = \sqrt{\frac{1}{n-2} \sum_{i=1}^{n} (e_i - \bar{e})^2} = \sqrt{\frac{1}{n-2} \sum_{i=1}^{n} e_i^2}$$

ただし,

$$\bar{e} = \frac{1}{n} \sum_{i=1}^{n} e_i = \frac{1}{n} \sum_{i=1}^{n} \left[(y_i - \bar{y}) - \frac{s_{xy}}{s_{xx}} (x_i - \bar{x}) \right] = 0$$

この s_e の値は表1に示す n 個のデータの直線への当てはまりの度合を示し, 普通予測の精度を測る尺度として用いられる. 平方根の中を $n-2$ で割るのは, 予測式がそのデータを利用して求めた $\hat{a}_0$, $\hat{a}_1$ の2つの定数からつくられていることによるもので, さらに進んだ議論で a_0, a_1 の信頼区間など求める場合に有効であることが知られている. その意味で, 一般に k 個の定数からつくられる場合には $n-k$ で割るのがよいとされている.

例2 表3のデータにおいて s_e の値を求めよ.

[解]

$$s_e = \sqrt{\frac{1}{8} \sum_{i=1}^{10} e_i^2} \fallingdotseq 2.35$$

§3. 相関係数

変量 x と y の関係の強いか弱いかは, ふつう相関図の点が直線のまわりに密集しているかいないかによって表される. この度合を尺度化したものが**相関係数**(correlation coefficient)と呼ばれるもので, 記号 r_{xy} で表すと次のように書ける.

$$(8) \quad r_{xy} = \frac{s_{xy}}{\sqrt{s_{xx} s_{yy}}}$$

すなわち x と y の共分散を, x の分散と y の分散の積の平方根で割った値である. 分母は x の標準偏差と y の標準偏差の積に等しい.

ここで s_e と r_{xy} の関係について調べてみよう.

$$(9) \qquad s_e{}^2 = \frac{1}{n-2} \sum_{i=1}^{n} e_i{}^2$$

$$= \frac{n}{n-2} \cdot \frac{1}{n} \sum_{i=1}^{n} \left[(y_i - \bar{y}) - \left\{ \frac{s_{xy}}{s_{xx}} (x_i - \bar{x}) \right\} \right]^2$$

$$= \frac{n}{n-2} \cdot s_{yy} (1 - r_{xy}{}^2) \qquad (\text{問題 } \mathbf{A1.2}).$$

を導くことができて,$s_e{}^2 \geqq 0$,$s_{yy} \geqq 0$ から不等式

$$(10) \qquad -1 \leqq r_{xy} \leqq 1$$

の成り立つことが言える.また次のことがわかる.

(a) $r_{xy} = \pm 1$ のときは $s_e{}^2 = 0$ となってデータの点はすべて直線上にある.

(b) r_{xy} が ± 1 から 0 に近づくに従って $s_e{}^2$ の値は大きくなり,データの点は線形回帰直線からだんだん離れてくる.したがって r_{xy} の値が 0 に近くなればなる程,x と y との間の線形的な関係はなくなってくることを表す.

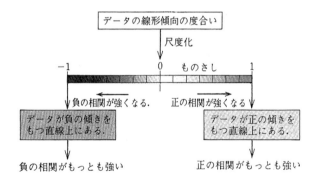

図2　相関係数－データの線形傾向の度合の尺度化

すなわち r_{xy} は,図2のように -1 から 1 までの長さをもつものさしで,データの線形傾向の度合を測っていることになる.

参考までに相関図と相関係数の関係について次に例示しておこう.

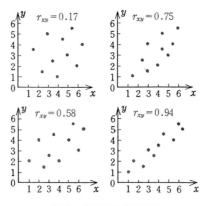

図3 相関図と相関係数

さて，(9)式をみると r_{xy} は s_e と関数関係にあり，±1に近い程，s_e の値は小さくなる．したがって，r_{xy} も s_e と同様回帰直線により x から y を予測する場合の予測の精度を表す一つの尺度になると考えられる．

予測の精度をはかる尺度として s_e と r_{xy} の2つが導入された．そのうち r_{xy} は x, y に1次変換（例えば単位の変換）$X = ax + b, Y = cy + d$ をほどこしてもその値は変らないが，s_e の値は y の1次変換により変わることが定義よりわかる．従って，変換データ，とくに単位の異ったデータにあてはめた場合の予測精度の比較には相関係数 r_{xy} の方が適当である．また相関係数 r_{xy} の2乗は

$$r_{xy}^2 = 1 - \frac{\displaystyle\sum_{i=1}^{n} (y_i - Y_i)^2}{\displaystyle\sum_{i=1}^{n} (y_i - \overline{y})^2}$$

と表され，（§12で説明変数が2個以上の場合について一般的に議論されるように）y の全変動のうち x によって説明される変動の割合をあらわし，**決定係数**(coefficient of determination)あるいは**寄与率**と呼ばれる．

例3 表3のデータで世帯数 x とゴミの排出量 y の相関係数を求めよ．

[解]

$$r_{xy} = \frac{s_{xy}}{\sqrt{s_{xx} s_{yy}}} \fallingdotseq 0.979$$

この場合，非常に強い正の相関があり，データの点の回帰直線への当てはまりがよく，予測の精度もよいことがわかる．

§4．変数変換と回帰

変数 x と y の間の関係が直線的でなく曲線的であるとき，x と y の一方または双方を適当な関数を選んで変数変換することにより，線形関係にすることができる場合がある．この場合，変換に用いる関数はあまり複雑でないように心がけることが必要であり，対数とか累乗がよく用いられる．変換後の回帰直線の適合の度合，あるいは変換のための関数としてどれがよいかなどの評価のためには前述の相関係数（またはその2乗）を用いればよい．回帰直線を予測に用いる場合に，予測の精度を高めるためにこのような変数変換は大切である．

例4　次に示すデータは1世帯ごとの1か月の収入 x と食費支出 y の調査結果である．次の変数について相関図・回帰直線・相関係数(r_{xy}, r_{xy})を求めて，その結果を比較せよ．

(1)　x と y

(2)　$X = \log_{10} x$ と y

表4　1か月の収入と食費支出

食費(y) （千円）	収入(x) （千円）	$\log_{10} x$	食費(y) （千円）	収入(x) （千円）	$\log_{10} x$
18.5	36.9	1.57	54.6	201	2.30
29.9	64.8	1.81	58.1	240	2.38
34.2	86.7	1.94	62.1	284	2.45
39.9	107	2.03	65.9	317	2.50
43.7	132	2.12	65.4	363	2.56
46.8	151	2.18	66.8	388	2.59
50.0	169	2.23	70.2	405	2.61
53.6	191	2.28	76.7	495	2.69

[解]

・相関図

(1)　x と y

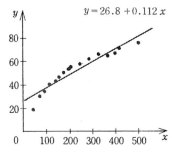

(2) $X = \log_{10}x$ と y

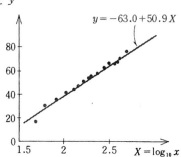

・回帰直線

(1) y の x への回帰直線

(5)式より, $y = 26.8 + 0.112x$

(2) y の $X = \log_{10}x$ への回帰直線

(5)式より, $y = -63.0 + 50.9X$

・相関係数

(1) x と y (8)式より $r_{xy} = 0.952$

(2) $X = \log_{10}x$ と y

(8)式より $r_{Xy} = 0.996$

この例では, もとの観測値 x_i に対する線形モデル

$$y_i = a_0 + a_1x_i + e_i \quad (i = 1,2,...,n)$$

を考えるより, x_i を $X_i = \log_{10}x_i$ と変換して線形モデル

$$y_i = a_0 + a_1X_i + e_i$$

を考える方が, 回帰直線のデータへの当てはまりが良くなっており, このような変数変換が回帰直線による予測に有効であることがわかろう.

§ 5.　線形重回帰

　いままでは目的変数 y に対して説明変数が１つの場合について論じたが，
一般には説明変数として y に関係の深そうな変数がいくつか（２つ以上）考
えられる場合が多い．例えば，平均寿命（目的変数と考えられる）一つ取り
上げてみてもその長短には食べ物，地理条件，気温，医療状態など（説明変
数と考えられる）多くの変量がかかわりをもっており，それらの間の関係の
把握が問題となる．この場合，目的変数と説明変数の間にはいろいろな関係
式（モデル）が想定できるが，ここでは最も簡単な線形モデルを考える．

　例 5　表 5 に示すデータは中学校 2 年生男子15人のボール投げの記録(y)
と握力(x_1),身長(x_2),体重(x_3)を示すものである．

表 5　中学 2 年生男子のボール投げ，握力，身長，体重のデータ

生　徒番　号	目的変数	説　　明　　変　　数		
	ボール投げ(m)(y)	握力(kg)(x_1)	身長(cm)(x_2)	体重(kg)(x_3)
1	22	28	146	34
2	36	46	169	57
3	24	39	160	48
4	22	25	156	38
5	27	34	161	47
6	29	29	168	50
7	26	38	154	54
8	23	23	153	40
9	31	42	160	62
10	24	27	152	39
11	23	35	155	46
12	27	39	154	54
13	31	38	157	57
14	25	32	162	53
15	23	25	142	32

　この例においてボール投げ(y)を握力(x_1),身長(x_2),体重(x_3)から説明する場
合，説明変数が線形的に影響していると考えられるならば，1 次式のモデル
$y_i = a_0 + a_1 x_{1i} + a_2 x_{2i} + a_3 x_{3i} + e_i (i = 1,2,...,15)$が想定できる．ボール投げの記録
に関係の深い説明変数として握力，身重，体重だけに限らず，その他にもい

くつか考えられ，それらの影響も線形的であれば，上の1次式のモデルの変数がふえることになる．また，もしこれらの変数のうち握力(x_1)が2次関数的に影響する可能性がある場合には，x_1のほかに$x_4 = x_1{}^2$という4番目の変数をモデルに加えておけば，2次関数的な影響も上のような線形モデルにより分析することができる．

いま表6のように1つの目的変数yとp個の説明変数$x_1, x_2, \ldots, x_p$についてn個のデータ（数値）が与えられたとしよう．

表6　重回帰分析の場合のデータ

データ番号	目的変数 y	説　明　変　数		
		x_1　x_2 $\cdots\cdots\cdots\cdots\cdots\cdots$		x_p
1	y_1	x_{11}　x_{21} $\cdots\cdots\cdots\cdots\cdots$		x_{p1}
2	y_2	x_{12}　x_{22} $\cdots\cdots\cdots\cdots\cdots$		x_{p2}
$\vdots$	$\vdots$	$\vdots$　$\vdots$		$\vdots$
i	y_i	x_{1i}　x_{2i} $\cdots\cdots\cdots\cdots\cdots$		x_{pi}
$\vdots$	$\vdots$	$\vdots$　$\vdots$		$\vdots$
n	y_n	x_{1n}　x_{2n} $\cdots\cdots\cdots\cdots\cdots$		x_{pn}

§1と同様に$x_1, x_2, \ldots, x_p$からyの値を予測するとき，$x_1, x_2, \ldots, x_p$とyの関係を示す一つの数式モデルを設定しなければならない．この数式モデル（予測式）を(11)のように与える．e_iは$x_{1i}, x_{2i}, \ldots, x_{pi}$だけでは説明しきれない部分の予測誤差を表す．

$$(11) \quad y_i = a_0 + a_1 x_{1i} + a_2 x_{2i} + \cdots + a_p x_{pi} + e_i \qquad (i = 1, 2, \ldots, n)$$

この式を，**線形重回帰モデル**(linear multiple regression model)と呼ぶ．単回帰の場合(x, y)平面上のn個の点の集まりに直線をあてはめたが，重回帰の場合には$(x_1, \ldots, x_p, y)$の$(p+1)$次元空間でのn個の点の集まりに対してp次元超平面

$$(12) \qquad y = a_0 + a_1 x_1 + a_2 x_2 + \cdots + a_p x_p$$

をあてはめ，それによって説明変数の値$x_{1i}, x_{2i}, \ldots, x_{pi}$から目的変数の値$y_i$を予測する．このときの誤差$e_i$は(11)式から表7のように表される．

表7 予測式(12)を用いたときの予測誤差

データ番号	e
1	$e_1 = y_1-(a_0+a_1x_{11}+a_2x_{21}+\cdots+a_px_{p1})$
2	$e_2 = y_2-(a_0+a_1x_{12}+a_2x_{22}+\cdots+a_px_{p2})$
⋮	⋮
i	$e_i = y_i-(a_0+a_1x_{1i}+a_2x_{2i}+\cdots+a_px_{pi})$
⋮	⋮
n	$e_n = y_n-(a_0+a_1x_{1n}+a_2x_{2n}+\cdots+a_px_{pn})$

表7において，予測誤差の平方和

$$(13) \quad \sum_{i=1}^{n} e_i^2 = \sum_{i=1}^{n} \{y_i-(a_0+a_1x_{1i}+a_2x_{2i}+\cdots+a_px_{pi})\}^2$$

を最小にする $a_0, a_1, \ldots, a_p$ の値を $\hat{a_0}, \hat{a_1}, \ldots, \hat{a_p}$ と書くことにする.

$\hat{a_0}, \hat{a_1}, \ldots, \hat{a_p}$ は単回帰のときと同様次のようにして算出される. すなわち予測誤差の平方和を

$$(14) \quad F(a_0, a_1, \cdots, a_p) = \sum_{i=1}^{n} e_i^2$$

$$= \sum_{i=1}^{n} \{y_i-(a_0+a_1x_{1i}+\cdots+a_px_{pi})\}^2$$

とおき，$F(a_0, a_1, \ldots, a_p)$ を $a_0, a_1, \ldots, a_p$ でそれぞれ偏微分して 0 とおくと次の結果を得る. (問題 **A1.3**).

分母の行列式の$(j+1)$列を
☐ でおきかえたもの.

↓

$$(15) \qquad j+1 \text{ 列}$$

$$\hat{a}_j = \frac{\begin{vmatrix} n & \sum_{i=1}^{n}x_{1i} & \cdots & \sum_{i=1}^{n}y_i & \cdots & \sum_{i=1}^{n}x_{pi} \\ \sum_{i=1}^{n}x_{1i} & \sum_{i=1}^{n}x_{1i}^2 & \cdots & \sum_{i=1}^{n}y_ix_{1i} & \cdots & \sum_{i=1}^{n}x_{pi}x_{1i} \\ \vdots & \vdots & & \vdots & & \vdots \\ \sum_{i=1}^{n}x_{pi} & \sum_{i=1}^{n}x_{1i}x_{pi} & \cdots & \sum_{i=1}^{n}y_ix_{pi} & \cdots & \sum_{i=1}^{n}x_{pi}^2 \end{vmatrix}}{\begin{vmatrix} n & \sum_{i=1}^{n}x_{1i} & \cdots\cdots & \sum_{i=1}^{n}x_{pi} \\ \sum_{i=1}^{n}x_{1i} & \sum_{i=1}^{n}x_{1i}^2 & \cdots\cdots & \sum_{i=1}^{n}x_{pi}x_{1i} \\ \vdots & \vdots & & \vdots \\ \sum_{i=1}^{n}x_{pi} & \sum_{i=1}^{n}x_{1i}x_{pi} & \cdots\cdots & \sum_{i=1}^{n}x_{pi}^2 \end{vmatrix}}$$

$$(j = 0, 1\cdots, p)$$

また, $x_1, x_2, …, x_p$ の分散共分散行列(variance-covariance matrix)を

$$(16) \quad V = \begin{pmatrix} s_{11} & s_{12} \cdots s_{1l} \cdots s_{1p} \\ s_{21} & s_{22} \cdots s_{2l} \cdots s_{2p} \\ \cdots\cdots\cdots\cdots\cdots \\ s_{j1} & s_{j2} \cdots s_{jl} \cdots s_{jp} \\ \cdots\cdots\cdots\cdots\cdots \\ s_{p1} & s_{p2} \cdots s_{pl} \cdots s_{pp} \end{pmatrix}$$

ただし

$$s_{jl} = \frac{1}{n} \sum_{i=1}^{n} (x_{ji} - \bar{x}_j)(x_{li} - \bar{x}_l) \quad (j, l = 1, 2, \cdots, p)$$

さらに y と $x_1, x_2, …, x_p$ の共分散を

$$(17) \quad \begin{cases} s_{y1} = \dfrac{1}{n} \sum_{i=1}^{n} (y_i - \bar{y})(x_{1i} - \bar{x}_1) \\ s_{y2} = \dfrac{1}{n} \sum_{i=1}^{n} (y_i - \bar{y})(x_{2i} - \bar{x}_2) \\ \vdots \qquad\qquad \vdots \qquad\qquad \vdots \\ s_{yp} = \dfrac{1}{n} \sum_{i=1}^{n} (y_i - \bar{y})(x_{pi} - \bar{x}_p) \end{cases}$$

として, $\hat{a}_0, \hat{a}_1, …, \hat{a}_p$ をこれらの記号を用いて表してみよう. $\hat{a}_0, \hat{a}_1, …, \hat{a}_p$ は問題 A1.3 の解答の⑤式で表される**正規方程式**を満たすから, その1番目の等式より次式を得る.

$$(18) \quad \hat{a}_0 = \bar{y} - (\hat{a}_1 \bar{x}_1 + \hat{a}_2 \bar{x}_2 + \cdots + \hat{a}_p \bar{x}_p),$$

ただし,

$$\bar{y} = \frac{1}{n} \sum_{i=1}^{n} y_i, \quad \bar{x}_j = \frac{1}{n} \sum_{i=1}^{n} x_{ji} \quad (j = 1, 2, \cdots, p).$$

この式を正規方程式の $p+1$ 個の等式に代入すると,

$$
(19)\begin{cases}
\text{⓪}\quad \sum_{i=1}^{n}\{(y_i-\overline{y})-\hat{a}_1(x_{1i}-\overline{x}_1)-\hat{a}_2(x_{2i}-\overline{x}_2)-\cdots-\hat{a}_p(x_{pi}-\overline{x}_p)\}=0 \\[2ex]
\text{①}\quad \sum_{i=1}^{n}\{(y_i-\overline{y})-\hat{a}_1(x_{1i}-\overline{x}_1)-\hat{a}_2(x_{2i}-\overline{x}_2)-\cdots-\hat{a}_p(x_{pi}-\overline{x}_p)\}x_{1i}=0 \\[1ex]
\quad\vdots \\[1ex]
\text{ⓙ}\quad \sum_{i=1}^{n}\{(y_i-\overline{y})-\hat{a}_1(x_{1i}-\overline{x}_1)-\hat{a}_2(x_{2i}-\overline{x}_2)-\cdots-\hat{a}_p(x_{pi}-\overline{x}_p)\}x_{ji}=0 \\[1ex]
\quad\vdots \\[1ex]
\text{ⓟ}\quad \sum_{i=1}^{n}\{(y_i-\overline{y})-\hat{a}_1(x_{1i}-\overline{x}_1)-\hat{a}_2(x_{2i}-\overline{x}_2)-\cdots-\hat{a}_p(x_{pi}-\overline{x}_p)\}x_{pi}=0
\end{cases}
$$

となり，ⓙ－⓪$\times\overline{x}_j\,(j=1,2,\cdots,p)$をⓙ′式とし，(16)，(17)式の記号を用いると次のような連立方程式を得る．

$$
(20)\begin{cases}
\text{①′}\quad s_{11}\hat{a}_1+s_{12}\hat{a}_2+\cdots+s_{1p}\hat{a}_p=s_{y1} \\[1ex]
\text{②′}\quad s_{21}\hat{a}_1+s_{22}\hat{a}_2+\cdots+s_{2p}\hat{a}_p=s_{y2} \\[1ex]
\quad\vdots\qquad\vdots\qquad\vdots\qquad\quad\vdots\qquad\vdots \\[1ex]
\text{ⓙ′}\quad s_{j1}\hat{a}_1+s_{j2}\hat{a}_2+\cdots+s_{jp}\hat{a}_p=s_{yj} \\[1ex]
\quad\vdots\qquad\vdots\qquad\vdots\qquad\quad\vdots\qquad\vdots \\[1ex]
\text{ⓟ′}\quad s_{p1}\hat{a}_1+s_{p2}\hat{a}_2+\cdots+s_{pp}\hat{a}_p=s_{yp}
\end{cases}
$$

この連立方程式の解はクラーメルの公式を用いて

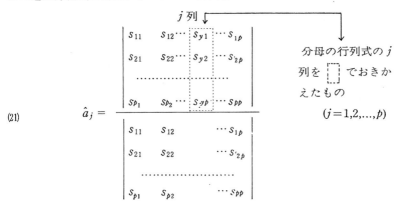

(21)

分母の行列式の j 列を □ でおきかえたもの

$(j=1,2,\ldots,p)$

のように表される．この $\hat{a_j}$ の値を(18)式に代入すると定数項

(22)
$$\hat{a_0} = \bar{y} - (\hat{a_1}\bar{x_1} + \cdots + \hat{a_p}\bar{x_p})$$

を得る．

　以上のことから，予測誤差の平方和（(13)式）を最小にする超平面の方程式は(15)式または(21)，(22)式で求まる $\hat{a_0}, \hat{a_1}, ..., \hat{a_p}$ を用いて次式のように表される．

(23)
$$y = \hat{a_0} + \hat{a_1}x_1 + \hat{a_2}x_2 + \cdots + \hat{a_p}x_p,$$

　この式を目的変数 y の説明変数 x_1, x_2, ..., x_p に対する**（線形）重回帰式**((linear) multiple regression equation), $\hat{a_j}$ $(j=1, 2, ..., p)$ を**回帰係数**と呼ぶ．

　例5の表5に示すデータで，回帰係数 $\hat{a_1}$, $\hat{a_2}$, $\hat{a_3}$ また $\hat{a_0}$, ならびに y の x_1, x_2, x_3 に対する重回帰式を(21)，(22)，(23)式を用いて求めてみよう．

　表5における(16)式，(17)式の値は

$$V = \begin{pmatrix} 45.42 & 24.93 & 50.07 \\ 24.93 & 48.77 & 42.56 \\ 50.07 & 42.56 & 77.04 \end{pmatrix} \quad \begin{matrix} s_{y1} = 19.67 \\ s_{y2} = 18.68 \\ s_{y3} = 26.99 \end{matrix}$$

となり，(20)式は

$$\begin{cases} 45.42\hat{a_1} + 24.93\hat{a_2} + 50.07\hat{a_3} = 19.67 \\ 24.93\hat{a_1} + 48.77\hat{a_2} + 42.56\hat{a_3} = 18.68 \\ 50.07\hat{a_1} + 42.56\hat{a_2} + 77.04\hat{a_3} = 26.99 \end{cases}$$

となる．この連立方程式を解くと(21)式で示される回帰係数は

$\hat{a_1} = 0.201$

$\hat{a_2} = 0.171$ 　　　(22)式から

$\hat{a_3} = 0.125$ 　　　$\hat{a_0} = -13.22$

のように得られ，重回帰式は

$$y = -13.22 + 0.201x_1 + 0.171x_2 + 0.125x_3$$

となる．

　説明変数の数 p が多くなると手計算では大変な労力を要するが，コンピュータ（マイコン等の小型コンピュータでよい）を用いると容易に解くことができる．その場合，この例題の解答からわかるようにデータから次のような

ステップで解くプログラムをつくればよい.

(i) (16)式に示す $x_1, x_2, \ldots, x_p$ に関する分散共分散行列を求める. また(17)式に示す y と $x_1, x_2, \ldots, x_p$ のそれぞれの共分散を求める.

(ii) (20)式の連立方程式をつくる.

(iii) (20)式を解いて $\hat{a}_1, \hat{a}_2, \ldots, \hat{a}_p$, さらにその結果を(22)式に代入して $\hat{a}_0$ を求める.

§6. 重回帰式による予測誤差の標準偏差

§2の単回帰のときと同様に予測誤差の標準偏差を s_e とすると, s_e はつぎのように書ける.

$$(24) \qquad s_e = \sqrt{\frac{1}{n-(p+1)} \sum_{i=1}^{n} (e_i - \bar{e})^2}$$

$$= \sqrt{\frac{1}{n-p-1} \sum_{i=1}^{n} e_i^2}$$

ただし,

$$\bar{e} = \frac{1}{n} \sum_{i=1}^{n} e_i$$

$$= \frac{1}{n} \sum_{i=1}^{n} [(y_i - \bar{y}) - \hat{a}_1(x_{1i} - \bar{x}_1) - \cdots - \hat{a}_p(x_{pi} - \bar{x}_p)] = 0$$

§7. 重相関係数

いま, (23)式にもとずく予測値を

$$Y_i = \hat{a}_0 + \hat{a}_1 x_{1i} + \hat{a}_2 x_{2i} + \cdots + \hat{a}_p x_{pi} (i = 1, 2, \ldots, n)$$

とおき, 目的変数の観測値, 予測値および予測誤差を各データに対してまとめれば,

観測値 y	予測値 Y	予測誤差 e
y_1	Y_1	$e_1 = y_1 - Y_1$
y_2	Y_2	$e_2 = y_2 - Y_2$
$\vdots$	$\vdots$	$\vdots$
y_n	Y_n	$e_n = y_n - Y_n$

と書くことができる.

このとき観測値 y と予測値 Y の（単）相関係数 r_{yY} を y と x_1, x_2, ..., x_p の**重相関係数**(multiple correlation coefficient)と呼び，新しく $r_{y\cdot12\cdots p}$ という記号で書くと次のようになる.

(25)
$$r_{y\cdot12\cdots p} = \frac{S_{yY}}{\sqrt{S_{yy}S_{YY}}}$$

$$= \frac{\dfrac{1}{n}\sum_{i=1}^{n}(y_i-\overline{y})(Y_i-\overline{Y})}{\sqrt{\dfrac{1}{n}\sum_{i=1}^{n}(y_i-\overline{y})^2}\sqrt{\dfrac{1}{n}\sum_{i=1}^{n}(Y_i-\overline{Y})^2}}$$

この重相関係数 $r_{y\cdot12\cdots p}$ は，表6に示すデータが $p+1$ 次元の中で(12)式によって表される回帰平面（超平面）の近くに密集しているかどうかを尺度化したものであり，次の条件を満たす.（問題 **A1.5**）

(26)
$$0 \leqq r_{y\cdot12\cdots p} \leqq 1$$

また，行列式を用いて $\hat{a}_j$, $r_{y\cdot12\cdots p}$ を表すと次のようになる.

(27)
$$\hat{a}_j = -\frac{S_{1,j+1}}{S_{11}}, \quad (j=1, 2, \cdots, p)$$

（(21)式と比較すれば明らか）

(28)
$$r_{y\cdot12\cdots p} = \sqrt{1-\frac{S}{S_{yy}S_{11}}}, \qquad\qquad （問題 \mathbf{A1.6}）.$$

ただし，

(29)
$$S = \begin{vmatrix} S_{yy} & S_{y1} & S_{y2} & \cdots\cdots & S_{yp} \\ S_{1y} & S_{11} & S_{12} & \cdots\cdots & S_{1p} \\ S_{2y} & S_{21} & S_{22} & \cdots\cdots & S_{2p} \\ & \cdots\cdots\cdots\cdots\cdots \\ & \cdots\cdots\cdots\cdots \\ S_{py} & S_{p1} & S_{p2} & \cdots\cdots & S_{pp} \end{vmatrix}$$

そして S_{ij} は行列式 S の i 行 j 列の余因子（i 行 j 列の要素を取り除いて作った行列式に $(-1)^{i+j}$ をかけたもの）.

さて，重相関係数 $r_{y\cdot12\cdots p}$ の値が 1 に近い程，重回帰式による予測の精度は
よく，p 個の説明変数 $(x_1, x_2, \ldots, x_p)$ でもって目的変数 (y) をよく説明していると
解釈できる.

例 6. 表 8 に示すデータは大学 1 年生20人の大学での数学の成績 (y)，入試
での数学 (x_1)，国語の成績 (x_2)，知能偏差値 (x_3) をそれぞれ100点満点で示すもの
である. このとき，y の x_1, x_2, x_3 に対する重回帰式を求めよ. また，その重回
帰式により予測値 (Y) と予測誤差 (e) を求め，(25)式，(28)式を用いて y と x_1, x_2, x_3
の重相関係数を求めて両者が一致することを確かめよ.

[**解**]　表 8 における(16)式，(17)式の値は

$$V = \begin{pmatrix} 179.2 & 84.29 & 75.47 \\ 84.29 & 213.6 & 54.60 \\ 75.47 & 54.60 & 53.73 \end{pmatrix}, \quad \begin{aligned} s_{y1} &= 182.7 \\ s_{y2} &= 55.57 \\ s_{y3} &= 72.42 \end{aligned}$$

表 8　大学 1 年生20人の成績のデータ

	大学での数学 (y)	入試数学 (x_1)	入試国語 (x_2)	知能偏差 (x_3)
1	56	49	50	48
2	23	50	57	57
3	59	57	60	69
4	74	64	75	55
5	49	50	68	56
6	43	39	60	48
7	39	59	80	56
8	51	61	62	53
9	37	39	70	55
10	61	69	87	65
11	43	50	53	46
12	51	57	82	61
13	61	39	50	45
14	99	94	77	74
15	23	43	45	51
16	56	53	43	56
17	49	46	37	54
18	49	64	82	61
19	75	57	75	62
20	20	31	80	51

となり求める重回帰式は

$$y = 4.932 + 1.123x_1 - 0.168x_2 - 0.0591x_3$$

となる.

この重回帰式による予測値と誤差は次の表のようになる.

No.	y	Y	e	No.	y	Y	e
1	56	48.7	7.3	11	43	49.5	− 6.5
2	23	48.1	−25.1	12	51	51.6	− 0.6
3	59	54.8	4.2	13	61	37.7	23.3
4	74	61.0	13.0	14	99	93.2	5.8
5	49	46.4	2.6	15	23	42.7	− 19.7
6	43	35.8	7.2	16	56	53.9	2.1
7	39	54.5	−15.5	17	49	47.2	1.8
8	51	60.0	− 9.0	18	49	59.4	− 10.4
9	37	33.7	3.3	19	75	52.7	22.3
10	61	64.0	− 3.0	20	20	23.3	− 3.3

(25)式による重相関係数は

$$r_{y \cdot 123} = \frac{s_{yY}}{\sqrt{s_{yy}S_{YY}}} = \frac{191.6}{\sqrt{336.6 \times 191.5}} = 0.755$$

のようになり, 一方(28)式による重相関係数は次のようになる.

$$S = \begin{vmatrix} s_{yy} & s_{y1} & s_{y2} & s_{y3} \\ s_{1y} & s_{11} & s_{12} & s_{13} \\ s_{2y} & s_{21} & s_{22} & s_{23} \\ s_{3y} & s_{31} & s_{32} & s_{33} \end{vmatrix} = \begin{vmatrix} 336.6 & 182.7 & 55.6 & 72.4 \\ 182.7 & 179.2 & 84.3 & 75.5 \\ 55.6 & 84.3 & 213.6 & 54.6 \\ 72.4 & 75.5 & 54.6 & 53.7 \end{vmatrix}$$

$$= 8.945 \times 10^7, \quad s_{yy} = 336.6$$

$$S_{11} = \begin{vmatrix} s_{11} & s_{12} & s_{13} \\ s_{21} & s_{22} & s_{23} \\ s_{31} & s_{32} & s_{33} \end{vmatrix} = \begin{vmatrix} 179.2 & 84.3 & 75.5 \\ 84.3 & 213.6 & 54.6 \\ 75.5 & 54.6 & 53.7 \end{vmatrix} = 6.171 \times 10^5$$

$$r_{y \cdot 123} = \sqrt{1 - \frac{S}{s_{yy}S_{11}}} = \sqrt{1 - 0.4306} = 0.755$$

§8. 偏相関係数

表6のデータに対して，y および x_1 を残りの変数から予測する次のような2つの重回帰モデルを考える.

$$y_i = c_0 + c_2 x_{2i} + \cdots\cdots + c_p x_{pi} + e_i$$
$$x_{1i} = d_0 + d_2 x_{2i} + \cdots\cdots + d_p x_{pi} + e_i' \qquad (i = 1, 2, \cdots, n)$$

このとき，最小2乗法によって求めた重回帰式は次のようになる.

$$y = \hat{c}_0 + \hat{c}_2 x_2 + \cdots\cdots + \hat{c}_p x_p$$
$$x_1 = \hat{d}_0 + \hat{d}_2 x_2 + \cdots\cdots + \hat{d}_p x_p$$

ただし，

$$\hat{c}_j = -\frac{S_{22,1(j+1)}}{S_{22,11}}, \quad \hat{d}_j = \frac{S_{11,2(j+1)}}{S_{11,22}} \quad (j = 2, 3, \cdots, p),$$

$S_{22,11}$ は(29)式の S の2行2列の余因子からさらに1行1列の余因子をとったもの，

$S_{22,1(j+1)}$ は S の2行2列の余因子からさらに1行 $j+1$ 列の余因子をとったもの，

$S_{11,22}$, $S_{11,2(j+1)}$ も同様に考える.

さて，予測誤差を

$$(30) \quad \begin{cases} u_i = y_i - (\hat{c}_0 + \hat{c}_2 x_{2i} + \cdots + \hat{c}_p x_{pi}) \\ v_i = x_{1i} - (\hat{d}_0 + \hat{d}_2 x_{2i} + \cdots + \hat{d}_p x_{pi}) \end{cases} \quad (i = 1, 2, \cdots, n)$$

とおくとき，変数 u と v の単相関係数は次のように書ける.

$$(31) \quad r_{y1\cdot23\ldots p} = \frac{s_{uv}}{\sqrt{s_{uu} s_{vv}}}$$

ただし

$$s_{uu} = \frac{1}{n} \sum_{i=1}^{n} (u_i - \bar{u})^2, \quad s_{vv} = \frac{1}{n} \sum_{i=1}^{n} (v_i - \bar{v})^2$$

$$s_{uv} = \frac{1}{n} \sum_{i=1}^{n} (u_i - \bar{u})(v_i - \bar{v}),$$

$$\bar{u} = \frac{1}{n} \sum_{i=1}^{n} u_i, \quad \bar{v} = \frac{1}{n} \sum_{i=1}^{n} v_i$$

(31)式の $r_{y1\cdot23\ldots p}$ を y および x_1 から x_2, $x_3\cdots$, x_p の回帰が消去されたときの**偏相関係数**(partial correlation coefficient)という.

(30)式からわかるように(31)式で示される偏相関係数は$(x_2, x_3, \cdots, x_p)$の影響を除いた y と x_1 との相関係数と考えることができる. 同様にして y と $x_j (j=1, 2, \cdots p)$ の間の偏相関係数を定義することができる.

また, (29)式に示す行列式 S とその余因子を用いると, $r_{y1\cdot23\ldots p}$ は次のようにも書ける. (問題 **A1.7**).

(32)
$$r_{y1\cdot23\ldots p} = -\frac{S_{12}}{\sqrt{S_{11}S_{22}}},$$

ただし, S_{11}, S_{22}, S_{12}は行列式 S の1行1列, 2行2列, 1行2列の余因子.

例7. 表8に示すデータで, y およびx_1から x_2, x_3 の回帰が消去されたときの偏相関係数$(r_{y1\cdot23})$を求めよ.

[解] 例6の解答の中に示す行列式 S と(32)式より

$$r_{y1\cdot23} = -\frac{S_{12}}{\sqrt{S_{11}S_{22}}} = -\frac{-6.941\times10^5}{\sqrt{6.171\times10^5\times2.011\times10^5}}$$
$$= 0.623$$

§9. 回帰係数の推定と検定（単回帰の場合）

これまではデータが与えられたものとして, 記述統計の立場で考えてきたが, データをある母集団からランダムに抽出された標本と考えれば, 標本が抽出されるごとに観測値は変動し, それに伴って回帰係数 $\hat{a}_1$ や定数項 $\hat{a}_0$ の値も変動する. 以下では推測統計の立場から $\hat{a}_1$ や $\hat{a}_0$ の確率分布, さらには母集団での値 a_1, a_0 の信頼区間, 検定について論じる.

母集団において, 線形回帰モデル

(1) $y_i = a_0 + a_1 x_i + e_i, i=1, 2, \cdots$

の中の誤差項 e_i が互いに独立に, 一定の分散 σ^2 をもつ正規分布 $N(0, \sigma^2)$ に従うものと仮定する. また回帰分析においては x から y を予測したり, x によって y を制御したりすることが問題になるので, x_i は実験者や調査者によって予め指定される変数とする. (x_i もランダムに変動する確率変数であってもよ

いが，その場合にも x から y を予測するという立場から x を与えたときの y の条件つき分布が問題となり，上のモデルの場合と同じになる．)

さて，上のモデルがなりたつような母集団からの標本として，データ (x_i, y_i), $i=1, 2, \cdots, n$ が得られたとしよう．

このとき，このデータにもとづく回帰係数 $\hat{a}_1$ は(4)より

(33)
$$\hat{a}_1 = \frac{s_{xy}}{s_{xx}} = \frac{\sum_{i=1}^{n}(x_i-\bar{x})(y_i-\bar{y})}{n s_{xx}} = \sum_{i=1}^{n}\left(\frac{x_i-\bar{x}}{n s_{xx}}\right)y_i$$

また，定数項 $\hat{a}_0$ は

(34)
$$\hat{a}_0 = \bar{y} - \hat{a}_1\bar{x} = \sum_{i=1}^{n}\left(\frac{1}{n} - \frac{x_i-\bar{x}}{n s_{xx}}\bar{x}\right)y_i$$

と表され，$\hat{a}_1, \hat{a}_0$ はともに観測値 y_i の1次式で表現される．(33)と(34)に(1)を代入し，e_i だけが確率変数であることに注目して期待値をとると，

(35)
$$E(\hat{a}_1) = E\left[\sum_{i=1}^{n}\left(\frac{x_i-\bar{x}}{n s_{xx}}\right)y_i\right] = \sum_{i=1}^{n}\frac{x_i-\bar{x}}{n s_{xx}}(a_0+a_1 x_i)$$
$$= \sum_{i=1}^{n}\frac{(x_i-\bar{x})^2}{n s_{xx}}\cdot a_1 = a_1 \quad \left(\because \sum_{i=1}^{n}\frac{(x_i-\bar{x})}{n s_{xx}} = 0\right)$$

(36)
$$E(\hat{a}_0) = E(\bar{y}-\hat{a}_1\bar{x}) = E(\bar{y})-E(\hat{a}_1)\bar{x}$$
$$= (a_0+a_1\bar{x})-a_1\bar{x} = a_0$$

となり，標本にもとづく $\hat{a}_1, \hat{a}_0$ は母集団での値 a_1, a_0 に対する偏りのない推定値，すなわち不偏推定値になっていることがわかる．次に分散，共分散を計算すると，

(37)
$$V(\hat{a}_1) = V\left[\sum_{i=1}^{n}\left(\frac{x_i-\bar{x}}{n s_{xx}}\right)y_i\right] = \sum_{i=1}^{n}\left(\frac{x_i-\bar{x}}{n s_{xx}}\right)^2 V(y_i)$$
$$= \frac{1}{n^2 s_{xx}^2}\sum_{i=1}^{n}(x_i-\bar{x})^2\sigma^2 = \frac{\sigma^2}{n s_{xx}}$$

(38)
$$V(\hat{a}_0) = V\left[\sum_{i=1}^{n}\left(\frac{1}{n} - \frac{x_i-\bar{x}}{n s_{xx}}\bar{x}\right)y_i\right]$$

$$= \sum_{i=1}^{n} \left(\frac{1}{n} - \frac{x_i - \overline{x}}{n s_{xx}} \overline{x} \right)^2 V(y_i)$$

$$= \left[\frac{1}{n} - \frac{2\overline{x}}{n^2 s_{xx}} \sum_{i=1}^{n} (x_i - \overline{x}) \right.$$

$$\left. + \frac{\overline{x}^2}{n^2 s_{xx}^2} \sum_{i=1}^{n} (x_i - \overline{x})^2 \right] \sigma^2$$

$$= \left(\frac{1}{n} + \frac{\overline{x}^2}{n s_{xx}} \right) \sigma^2$$

(39)　$\mathrm{Cov}(\hat{a}_1, \hat{a}_0)$

$$= \mathrm{Cov}\left[\sum_{i=1}^{n} \frac{x_i - \overline{x}}{n s_{xx}} y_i, \sum_{i=1}^{n} \left(\frac{1}{n} - \frac{x_i - \overline{x}}{n s_{xx}} \overline{x} \right) y_i \right]$$

$$= \sum_{i=1}^{n} \frac{x_i - \overline{x}}{n s_{xx}} \left(\frac{1}{n} - \frac{x_i - \overline{x}}{n s_{xx}} \overline{x} \right) V(y_i)$$

$$= - \sum_{i=1}^{n} \frac{(x_i - \overline{x})^2}{n^2 s_{xx}^2} \overline{x} \, \sigma^2 = - \frac{\overline{x}}{n s_{xx}} \sigma^2$$

となる.

　$\hat{a}_1$, $\hat{a}_0$ は正規分布に従う変数 y_i の1次式で表されるから, $\hat{a}_1$, $\hat{a}_0$ の分布も正規分布になり,

(40)　　　$u = \dfrac{\hat{a}_i - a_i}{\sqrt{V(\hat{a}_i)}}, \quad i = 0, 1$

のように標準化する(平均を引き標準偏差で割る)と, u は標準正規分布 $N(0, 1)$ に従う. (40)の分母は推定値 $\hat{a}_i$ の標準偏差であるが, 一般に推定値(統計量)の標準偏差を標準誤差(standard error)とも言う. ところで(40)の分母は未知の誤差分散 σ^2 を含んでいるが, σ^2 に対しては

(41)　　　$V_e = F(\hat{a}_0, \hat{a}_1)/(n-2)$

が不偏推定値を与える. ここに $F(\hat{a}_0, \hat{a}_1)$ は

(42)　　　$F(\hat{a}_0, \hat{a}_1) = \sum_{i=1}^{n} \{ y_i - (\hat{a}_0 + \hat{a}_1 x_i) \}^2$

$$= \sum_{i=1}^{n}(y_i-\bar{y})^2 + \hat{a}_1^2 \sum_{i=1}^{n}(x_i-\bar{x})^2 - 2\hat{a}_1 \sum_{i=1}^{n}(x_i-\bar{x})(y_i-\bar{y})$$

$$= n(s_{yy} - \frac{s_{xy}^2}{s_{xx}})$$

と定義され，回帰からの残差による変動（平方和）である．(41)の V_e が不偏推定値になっていることは次のように証明できる．（§2で定義した予測誤差の標準偏差 s_e の2乗は V_e に等しく，従って，$E(s_e^2)=\sigma^2$，すなわち s_e^2 は σ^2 の不偏推定値になっている．(7)式の s_e^2 の定義で n でなく $n-2$ で割ったのはこのような不偏性をもたせるためである．）

(43)
$$E\{F(\hat{a}_0,\hat{a}_1)\} = E\left\{ \sum_{i=1}^{n} (y_i-\hat{a}_0-\hat{a}_1 x_i)^2 \right\}$$

$$= E\left[\sum_{i=1}^{n} \{(a_0-\hat{a}_0)+(a_1-\hat{a}_1)x_i+e_i\}^2 \right]$$

$$= nV(\hat{a}_0)+\sum_{i=1}^{n} x_i^2 V(\hat{a}_1)+\sum_{i=1}^{n} V(e_i) +2\sum_{i=1}^{n} x_i \operatorname{Cov}(\hat{a}_0, \hat{a}_1)$$

$$\qquad -2\sum_{i=1}^{n} \operatorname{Cov}(\hat{a}_0, e_i)-2\sum_{i=1}^{n} x_i \operatorname{Cov}(\hat{a}_1, e_i)$$

$$= n\left(\frac{1}{n} + \frac{\bar{x}^2}{ns_{xx}}\right)\sigma^2+\sum_{i=1}^{n} x_i^2 \frac{\sigma^2}{ns_{xx}}+n\sigma^2-2\sum_{i=1}^{n} x_i \frac{\bar{x}}{ns_{xx}}\sigma^2-2\sigma^2$$

$$= (n-2)\sigma^2$$

$$\left(\because \operatorname{Cov}(\hat{a}_1, e_i) = E\left(\sum_{j=1}^{n} \frac{x_j-\bar{x}}{ns_{xx}} e_j e_i \right) = E\left(\frac{x_i-\bar{x}}{ns_{xx}} e_i^2 \right) \right.$$

注) 大きさ n の標本 (x_i, y_i), $i=1, 2, ..., n$ における分散，共分散は，それぞれ

$$s_{xx} = \frac{1}{n} \sum_{i=1}^{n} (x_i-\bar{x})^2, \quad s_{yy} = \frac{1}{n} \sum_{i=1}^{n} (y_i-\bar{y})^2,$$

$$s_{xy} = \frac{1}{n} \sum_{i=1}^{n} (x_i-\bar{x})(y_i-\bar{y})$$

と定義する．分散の不偏推定値は n でなく $n-1$ で割ったものであるが，ここでの s_{xx}, s_{yy} はすべて n で割ったものとする．

$$= \frac{\sigma^2}{ns_{xx}}(x_i - \bar{x}) \quad \therefore \sum_{i=1}^{n} \mathrm{Cov}(\hat{a}_1, e_i) = 0 ;$$

$$\mathrm{Cov}(\hat{a}_0, e_i) = E\left[\sum_{j=1}^{n}\left(\frac{1}{n} - \frac{x_j - \bar{x}}{ns_{xx}}\bar{x}\right)e_j e_i\right] = E\left[\left(\frac{1}{n} - \frac{x_i - \bar{x}}{ns_{xx}}\bar{x}\right)e_i^2\right]$$

$$= \sigma^2\left(\frac{1}{n} - \frac{x_i - \bar{x}}{ns_{xx}}\bar{x}\right), \quad \therefore \sum_{i=1}^{n} \mathrm{Cov}(\hat{a}_0, e_i) = \sigma^2$$

(40)の分母の中の σ^2 をその不偏推定値 V_e でおきかえて得られる統計量

(44) $\quad t = \dfrac{\hat{a}_1 - a_1}{\sqrt{V_e/(ns_{xx})}}$

(45) $\quad t = \dfrac{\hat{a}_0 - a_0}{\sqrt{V_e\left(\dfrac{1}{n} + \dfrac{\bar{x}^2}{ns_{xx}}\right)}}$

はいずれも自由度 $n-2$ の t 分布に従うことが知られている．t 分布は 0 のまわりに対称な分布であり，その両側100α ％点の限界値($|t| \geq t_\alpha$ となる確率が α であるような t_α の値)を $t_\alpha(n-2)$ とすれば，

(46) $\quad Pr\left(\dfrac{|\hat{a}_1 - a_1|}{\sqrt{V_e/(ns_{xx})}} \geq t_\alpha(n-2)\right) = \alpha$

(47) $\quad Pr\left(\dfrac{|\hat{a}_0 - a_0|}{\sqrt{V_e\left(\dfrac{1}{n} + \dfrac{\bar{x}^2}{ns_{xx}}\right)}} \geq t_\alpha(n-2)\right) = \alpha$

がなりたつ．

これより a_1, a_0 の信頼率 $1-\alpha$ の信頼区間(100(1$-\alpha$)％信頼区間)は，それぞれ

(48) $\quad \hat{a}_1 - t_\alpha(n-2)\sqrt{V_e/(ns_{xx})} \leq a_1 \leq \hat{a}_1 + t_\alpha(n-2)\sqrt{V_e/(ns_{xx})}$

(49) $\quad \hat{a}_0 - t_\alpha(n-2)\sqrt{V_e\left(\dfrac{1}{n} + \dfrac{\bar{x}^2}{ns_{xx}}\right)}$

$$\leq a_0 \leq \hat{a}_0 + t_\alpha(n-2)\sqrt{V_e\left(\frac{1}{n} + \frac{\bar{x}^2}{ns_{xx}}\right)}$$

のように求められる． 標本ごとに(48), (49)によって信頼区間を求めれば，その

区間は平均して100回中100$(1-\alpha)$回母集団の値 a_1, a_0 を含むことが保証される．通常 $\alpha=0.05$ あるいは $\alpha=0.01$ とおいて，95%あるいは99%信頼区間が利用される．

(46)と(47)は検定にも応用される．

回帰係数 $\hat{a}_1$ や定数項 $\hat{a}_0$ の値は標本をとるごとに変動するので，母集団における回帰係数 a_1 がゼロであっても標本から計算した回帰係数 $\hat{a}_1$ の値は一般にゼロでない値をもつ．従って，ある $\hat{a}_1$ の値を得たときにその値を利用して予測などを行う前に，対応する母集団での値 a_1 がゼロでないかどうか（すなわち，その説明変数が予測に役立つのか）を確かめておきたい．また現在までの知識や経験から a_1, a_0 がある特定の値 $a_1^{(0)}$, $a_0^{(0)}$ をもつと考えられる場合には，今回得られたデータについても母集団において $a_1=a_1^{(0)}$ あるいは $a_0=a_0^{(0)}$ がなりたつかどうかを確かめたい．このような検定は(46)と(47)を応用して次のように行うことができる．

回帰係数 a_1 については

(50) $$|t|=\frac{|\hat{a}_1-a_1^{(0)}|}{\sqrt{V_e/(ns_{xx})}} \geq t_\alpha(n-2),$$

また，定数項 a_0 については

(51) $$|t|=\frac{|\hat{a}_0-a_0^{(0)}|}{\sqrt{V_e\left(\frac{1}{n}+\frac{\bar{x}^2}{ns_{xx}}\right)}} \geq t_\alpha(n-2)$$

ならば，危険率 α でそれぞれ仮説 H_0: $a_1=a_1^{(0)}$ あるいは H_0: $a_0=a_0^{(0)}$ を棄却し，不等号の向きが逆ならば仮説を採択する．仮説 H_0: $a_i=a_i^{(0)}$ を棄却することを a_i は**有意に** $a_i^{(0)}$ と異なる．あるいは簡単に**有意である**とも言う．(48)と(50)，(49)と(51)とを比較すれば容易にわかるように，危険率 α の検定で棄却されるか否かは，信頼率 $1-\alpha$ の信頼区間が $a_1^{(0)}$, $a_0^{(0)}$ を区間内に含むか否かとちょうど対応している．

例8. 表5のボール投げ(y)と握力(x)の関係に注目して回帰式を求めたい．これらのデータがある母集団からの標本であるとして，

（i）母集団における回帰係数 a_1 がゼロであるかどうか（握力 x はボール投げ y の予測に役立つかどうか）の検定をおこなえ．

（ii）　母集団における a_1 と a_0 の信頼率0.95の信頼区間（95％信頼区間）を求めよ.

［解］

（i）　回帰係数 $\hat{a}_1 = s_{xy}/s_{xx} = 19.667/45.422 = 0.433$

定　数　項 $\hat{a}_0 = \bar{y} - \hat{a}_1\bar{x} = 26.20 - 0.433 \times 33.3 = 11.77$

回　帰　式 $y = 11.77 + 0.433x$

$$F(\hat{a}_0, \hat{a}_1) = \sum_{i=1}^{n} \{y_i - (\hat{a}_0 + \hat{a}_1 x_i)\}^2$$

$$= n\left(s_{yy} - \frac{s_{xy}^2}{s_{xx}}\right) = 15\left(15.227 - \frac{19.667^2}{45.422}\right)$$

$$= 100.67$$

$$V_e = F(\hat{a}_0, \hat{a}_1)/(n-2) = 100.67/13 = 7.744$$

従って，仮説 $H_0: a_1 = 0$ は

$$t = \frac{\hat{a}_1 - 0}{\sqrt{V_e/(ns_{xx})}} = \frac{0.433}{\sqrt{7.744/(15 \times 45.422)}}$$

$$= 4.06 \geq t_{0.01}(13) = 3.012$$

より危険率1％で有意. 回帰係数 a_1 はゼロでないと言える.

（ii）　a_1 の95％信頼区間: (48)を用いると，

$$\sqrt{V_e/(ns_{xx})} = \sqrt{7.744/(15 \times 45.422)} = 0.1066$$

$$\hat{a}_1 \pm t_{0.05}(n-2)\sqrt{V_e/(ns_{xx})} = 0.433 \pm 2.160 \times 0.1066$$

$$= 0.433 \pm 0.230$$

従って，$0.203 \leq a_1 \leq 0.663$と推定される.

a_0 の95％信頼区間: (49)を用いると，

$$\sqrt{V_e\left(\frac{1}{n} + \frac{\bar{x}^2}{ns_{xx}}\right)} = \sqrt{7.744\left(\frac{1}{15} + \frac{33.333^2}{15 \times 45.422}\right)}$$

$$= 3.626$$

$$\hat{a}_0 \pm t_{0.05}(n-2)\sqrt{V_e\left(\frac{1}{n} + \frac{\bar{x}^2}{ns_{xx}}\right)}$$

$$= 11.77 \pm 2.160 \times 3.626 = 11.77 \pm 7.83$$

従って，$3.94 \leq a_0 \leq 19.60$ と推定される．

§10. 回帰式による予測値の区間推定（単回帰の場合）

説明変数 x がある特定の値 x_0 をとるときの，目的変数 y の期待値 η_0 は，標本データ (x_i, y_i), $i = 1, 2, \cdots, n$ から得られる

(52)　$Y_0 = \hat{a}_0 + \hat{a}_1 x_0$

によって推定（予測）することができる．このとき

(53)　$E(Y_0) = E(\hat{a}_0) + E(\hat{a}_1)x_0 = a_0 + a_1 x_0 = \eta_0$

となり，予測値 Y_0 は η_0 に対する不偏推定値であることがわかる．また Y_0 の分散は次のように評価できる．

$$
\begin{aligned}
(54)\quad V(Y_0) &= V(\hat{a}_0 + \hat{a}_1 x_0) \\
&= V(\hat{a}_0) + V(\hat{a}_1)x_0{}^2 + 2\,\mathrm{Cov}(\hat{a}_0, \hat{a}_1)x_0 \\
&= \left(\frac{1}{n} + \frac{\bar{x}^2}{n s_{xx}} \right)\sigma^2 + \frac{x_0{}^2}{n s_{xx}}\sigma^2 - \frac{2 x_0 \bar{x}}{n s_{xx}}\sigma^2 \\
&= \left\{ \frac{1}{n} + \frac{(x_0 - \bar{x})^2}{n s_{xx}} \right\}\sigma^2
\end{aligned}
$$

Y_0 は $\hat{a}_0$, $\hat{a}_1$ の1次式だから，正規分布に従う変数 y_i の1次式で表され，Y_0 も正規分布に従う．したがって $u = (Y_0 - \eta_0)/\sqrt{V(Y_0)}$ と標準化すると，u の分布は標準正規分布になり，分母に含まれる未知の誤差分散 σ^2 にその不偏推定値 V_e を代入すると，

$$
(55)\quad t = \frac{Y_0 - \eta_0}{\sqrt{\left\{ \dfrac{1}{n} + \dfrac{(x_0 - \bar{x})^2}{n s_{xx}} \right\}V_e}}
$$

は自由度 $n-2$ の t 分布に従う．これより，**$x = x_0$ に対する y の期待値 η_0 の信頼率 $1 - \alpha$ の信頼区間は**

$$
(56)\quad Y_0 - t_\alpha(n-2)\sqrt{\left\{ \frac{1}{n} + \frac{(x_0 - \bar{x})^2}{n s_{xx}} \right\}V_e} \leq \eta_0
$$

$$\leq Y_0+t_\alpha(n-2)\sqrt{\left\{\frac{1}{n}+\frac{(x_0-\bar{x})^2}{ns_{xx}}\right\}V_e}$$

のように求められる. $D_0{}^2=(x_0-\bar{x})^2/s_{xx}=\{(x_0-\bar{x})/\sqrt{s_{xx}}\}^2$ とおけば, $D_0{}^2$ は x_0 と平均 $\bar{x}$ との間の標準偏差で標準化した距離の2乗に相当し, 信頼区間の幅はこの $D_0{}^2$ の小さいところでは小さく, $D_0{}^2$ の大きいところでは大きくなることがわかる.

　次に説明変数 x がある特定の値 x_0 をとるときに得られるであろう目的変数 y の値 (期待値 η_0 ではなく観測される1つの y の値) の信頼区間について考えよう. y はいままでに観測されている($y_1, \cdots, y_n$)やそれらにもとづく $\hat{a}_1$, $\hat{a}_0$ とは独立に, 平均 η_0, 分散 σ^2 の (正規) 分布に従うから, Y_0-y の分散は

$$(57)\qquad V(Y_0-y)=V(Y_0)+V(y)=\left\{1+\frac{1}{n}+\frac{(x_0-\bar{x})^2}{ns_{xx}}\right\}\sigma^2$$

となる. これより **$x=x_0$ のとき観測される目的変数 y の値の信頼率 $1-\alpha$ の信頼区間は**

$$(58)\qquad Y_0-t_\alpha(n-2)\sqrt{\left\{1+\frac{1}{n}+\frac{(x_0-\bar{x})^2}{ns_{xx}}\right\}V_e}\leq y$$

$$\leq Y_0+t_\alpha(n-2)\sqrt{\left\{1+\frac{1}{n}+\frac{(x_0-\bar{x})^2}{ns_{xx}}\right\}V_e}$$

で与えられる.

　例9. 表5のボール投げのデータがある母集団からの標本であるとして, 握力が30kgであるような生徒のボール投げの期待値 $E(y)$ および1回の試行の結果 y の95%信頼区間を求めよ. また x のいろいろの値に対して $E(y)$ および y の信頼限界(=信頼区間の上限・下限)を求めてその軌跡を図示せよ.

　[解]　(56)に(52)を代入すると $E(y)$ の95%信頼限界は

$$\hat{a}_0+\hat{a}_1x_0\pm t_{0.05}(n-2)\sqrt{\left\{\frac{1}{n}+\frac{(x_0-\bar{x})^2}{ns_{xx}}\right\}V_e}$$

$$=11.77+0.433x_0$$

$$\pm 2.160\times\sqrt{\left\{\frac{1}{15}+\frac{(x_0-33.333)^2}{15\times45.422}\right\}\times7.744}$$

と表され，ここで，$x_0=30$ とおけば 24.76 ± 1.73 を得る．すなわち，$E(y)$ の95%信頼区間は $23.03\le E(y)\le 26.49$．

また，(58)に(52)を代入すると y の95%信頼限界は

$$\hat{a}_0+\hat{a}_1 x_0 \pm t_{0.05}(n-2)\sqrt{\left\{1+\frac{1}{n}+\frac{(x_0-\bar{x})^2}{ns_{xx}}\right\}V_e}$$

$$= 11.77+0.433\,x_0 \pm 2.160\sqrt{\left\{1+\frac{1}{15}+\frac{(x_0-33.333)^2}{15\times45.422}\right\}\times7.744}$$

と表され，$x_0=30$ とおけば 24.76 ± 6.26 を得る．すなわち，y の95%信頼区間は $18.50\le y\le 31.02$．

x の各点に対する $E(y)$ および y の95%信頼限界を求めてそれらを結ぶと次のようになる．

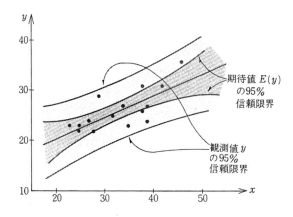

§11. 回帰係数の推定と検定（重回帰の場合）

説明変数の数を p として，母集団において次のような回帰モデルがなりたっていると仮定する．

(59) $\quad y_i = a_0 + a_1 x_{1i} + \cdots + a_p x_{pi} + e_i, \quad i = 1, 2\cdots$

ここに $(x_{1i}, x_{2i}, \cdots, x_{pi})$ は実験者あるいは調査者により指定される指定変数，

e_i は独立な確率変数で，正規分布 $N(0, \sigma^2)$ に従うものとする.

標本のデータ $(x_{1i}, x_{2i}, \cdots, x_{pi}, y_i)$, $i=1, 2, \cdots, n$ を得たとき，それにもとづく回帰係数 $\hat{a}_j$ は(21)より，

$$j\text{列}$$

$$\hat{a}_j = \frac{\begin{vmatrix} s_{11} & s_{12} & \cdots & s_{y1} & \cdots & s_{1p} \\ s_{21} & s_{22} & \cdots & s_{y2} & \cdots & s_{2p} \\ & & \cdots\cdots\cdots\cdots & & \\ s_{p1} & s_{p2} & \cdots & s_{yp} & \cdots & s_{pp} \end{vmatrix}}{\begin{vmatrix} s_{11} & s_{12} & \cdots\cdots\cdots\cdots & s_{1p} \\ s_{21} & s_{22} & \cdots\cdots\cdots\cdots & s_{2p} \\ & & \cdots\cdots\cdots\cdots & \\ s_{p1} & s_{p2} & \cdots\cdots\cdots\cdots & s_{pp} \end{vmatrix}}$$

$$= \frac{s_{y1}V_{1j}+s_{y2}V_{2j}+\cdots+s_{yp}V_{pj}}{|V|}$$

と表される. ここに $|V|$ は(16)で定義された分散共分散行列 $V=(s_{jl})$ の行列式, V_{jl} はその j 行 l 列の余因子である. V の逆行列の (j, l) 要素を s^{jl} と表せば $V_{lj}/|V|=s^{jl}$ であるから，

(60) $$\hat{a}_j = \sum_{l=1}^{p} s^{jl} s_{yl} = \frac{1}{n}\sum_{i=1}^{n}\sum_{l=1}^{p} s^{jl}(x_{li}-\bar{x}_l)y_i,$$

と表され，これを正規方程式（問題 **A1.3** の解答の⑤）の1番目の式に代入して

(61) $$\hat{a}_0 = \bar{y}-(\hat{a}_1\bar{x}_1+\cdots+\hat{a}_p\bar{x}_p)$$

$$= \frac{1}{n}\sum_{i=1}^{n}\left\{1-\sum_{j=1}^{p}\sum_{l=1}^{p}\bar{x}_j s^{jl}(x_{li}-\bar{x}_l)\right\}y_i,$$

を得る，したがって，$\hat{a}_j, \hat{a}_0$ は正規分布に従う変数 y_i, $i=1, 2, \cdots, n$ の1次式で表されることがわかる. これより回帰係数 $\hat{a}_j$ および定数項 $\hat{a}_0$ の期待値と分散を求めると，

$$(62) \quad \begin{cases} E(\hat{a}_j) = a_j, \quad j = 1, 2, \cdots, p \,;\; E(\hat{a}_0) = a_0 \\[2mm] V(\hat{a}_j) = s^{jj}\sigma^2/n, \quad j = 1, 2, \cdots, p \\[2mm] \mathrm{Cov}(\hat{a}_j, \hat{a}_l) = s^{jl}\sigma^2/n, \quad j \neq l,\, j, l = 1, 2, \cdots, p \\[2mm] V(\hat{a}_0) = (1/n + \sum_{j=1}^{p} \sum_{l=1}^{p} \bar{x}_j \bar{x}_l s^{jl}/n)\sigma^2 \\[4mm] \mathrm{Cov}(\hat{a}_0, \hat{a}_j) = -\sum_{l=1}^{p} \bar{x}_l s^{jl}\sigma^2/n, \quad j = 1, 2, \cdots, p \end{cases}$$

となる(問題 **A1.8**). 1 行目の式より標本のデータを用いて計算した $\hat{a}_0$, $\hat{a}_1$, $\cdots$, $\hat{a}_p$ は母集団における値 a_0, a_1, $\cdots$, a_p に対して不偏推定値となっていることが言える.

単回帰の場合と同様に,

$$(63) \quad u = \frac{\hat{a}_j - a_j}{\sqrt{V(\hat{a}_j)}}, \qquad j = 0, 1, 2, \cdots, p$$

のように標準化すると u は標準正規分布 $N(0, 1)$ に従い, 分母に含まれる未知の誤差分散 σ^2 を不偏推定値 (問題A1.9).

$$(64) \quad V_e = F(\hat{a}_0, \hat{a}_1, \cdots, \hat{a}_p)/(n - p - 1)$$

でおきかえて得られる統計量

$$(65) \quad t = \frac{\hat{a}_j - a_j}{\sqrt{s^{jj} V_e/n}}, \qquad j = 1, 2, \cdots, p$$

$$(66) \quad t = \frac{\hat{a}_0 - a_0}{\sqrt{(1 + \sum_{j=1}^{p} \sum_{l=1}^{p} \bar{x}_j \bar{x}_l s^{jl}) V_e/n}}$$

はいずれも自由度 $n - p - 1$ の t 分布に従うことが知られている. ここに

$$(67) \quad F(\hat{a}_0, \hat{a}_1, \cdots \hat{a}_p) = \sum_{i=1}^{n} \{y_i - (\hat{a}_0 + \hat{a}_1 x_{1i} + \cdots + \hat{a}_p x_{pi})\}^2$$

$$= \sum_{i=1}^{n} \{(y_i - \bar{y}) - \hat{a}_1(x_{1i} - \bar{x}_1) - \cdots - \hat{a}_p(x_{pi} - \bar{x}_p)\}^2 = n(s_{yy} - \sum_{l=1}^{p} s_{yl}\hat{a}_l)$$

である. これより, $\hat{a}_j$, $\hat{a}_0$ の信頼区間および仮説 H_0: $a_j = a_j^{(0)}$ あるいは H_0: $a_0 = a_0^{(0)}$ の検定($a_j^{(0)}$, $a_0^{(0)}$ は与えられた値)は次のようになる.

a_j, $j = 1, 2, \cdots, p$ の信頼率 $1 - \alpha$ の信頼区間:

(68) $\quad \hat{a}_j - t_\alpha(n-p-1)\sqrt{s^{jj}V_e/n} \leq a_j$

$\qquad \leq \hat{a}_j + t_\alpha(n-p-1)\sqrt{s^{jj}V_e/n}$

a_0 の信頼率 $1-\alpha$ の信頼区間:

(69) $\quad \hat{a}_0 - t_\alpha(n-p-1)\sqrt{(1+\sum_{j=1}^{p}\sum_{l=1}^{p}\bar{x}_j\bar{x}_l s^{jl})V_e/n} \leq a_0$

$\qquad \leq \hat{a}_0 + t_\alpha(n-p-1)\sqrt{(1+\sum_{j=1}^{p}\sum_{l=1}^{p}\bar{x}_j\bar{x}_l s^{jl})V_e/n}$

仮説 $\mathrm{H}_0 : a_j = a_j^{(0)}$ の検定($j = 1, 2, \cdots, p$):

(70) $\quad |t| = \dfrac{|\hat{a}_j - a_j^{(0)}|}{\sqrt{s^{jj}V_e/n}} \geq t_\alpha(n-p-1)$

ならば危険率 α で仮説を棄却し，不等号の向きが逆ならば仮説を採択.

仮説 $\mathrm{H}_0 : a_0 = a_0^{(0)}$ の検定:

(71) $\quad |t| = \dfrac{|\hat{a}_0 - a_0^{(0)}|}{\sqrt{(1+\sum_{j=1}^{p}\sum_{l=1}^{p}\bar{x}_j\bar{x}_l s^{jl})V_e/n}} \geq t_\alpha(n-p-1)$

ならば危険率 α で仮説を棄却し，不等号の向きが逆ならば仮説を採択.

例10. 回帰モデル

(72) $\quad y_i = 10 + 2x_{1i} + 0x_{2i} + e_i, \quad i=1, 2, \cdots$

がなりたっている母集団からのランダムな標本とみなせる (x_{1i}, x_{2i}, y_i), $i=1$, 2, $\cdots$, 20を乱数を用いて生成し，表9のデータを得た．$\hat{a}_1$, $\hat{a}_2$, $\hat{a}_0$ を計算し，(68)～(69)を用いて a_1, a_2, a_0 の95％信頼区間を求めよ．また(70)を用いて a_1, a_2 がゼロであるか否かの検定をおこなえ.

[解] 表9のデータより分散および共分散を求めると

$$V = (s_{jl}) = \begin{pmatrix} 1.0108 & -0.2583 \\ -0.2583 & 1.3682 \end{pmatrix}$$

$$\begin{pmatrix} s_{y1} \\ s_{y2} \end{pmatrix} = \begin{pmatrix} 1.7691 \\ -0.2869 \end{pmatrix}$$

となり，V の逆行列は

$$V^{-1} = (s^{jl}) = \frac{1}{|V|} \begin{pmatrix} 1.3682 & 0.2583 \\ 0.2583 & 1.0108 \end{pmatrix} = \begin{pmatrix} 1.0395 & 0.1962 \\ 0.1962 & 0.7679 \end{pmatrix}$$

のように求まる．(60)より

$$\hat{a}_1 = \sum_{j=1}^{p} s^{1j} s_{yj} = 1.0395 \times 1.7691 + 0.1962 \times (-0.2869)$$

$$= 1\ 7826$$

$$\hat{a}_2 = \sum_{j=1}^{p} s^{2j} s_{yj} = 0.1962 \times 1.7691 + 0.7679 \times (-0.2869)$$

$$= 0.1268$$

表9　回帰モデル(72)にもとづいて生成されたデータ

y	x_1	x_2	y	x_1	x_2
10.2586	0.0123	1.5832	8.6349	− 1.1634	0.7996
11.2446	0.2734	− 0.3379	7.0955	− 1.3524	− 0.9260
10.1737	− 0.6522	− 1.1740	14.1483	1.8813	− 1.5539
9.5814	− 0.1434	− 2.1200	6.6631	− 1.7501	1.1897
9.1810	− 0.0601	0.0307	10.2481	0.6610	− 0.9878
11.2372	1.0072	0.4261	11.1812	0.5000	− 0.2471
9.2793	0.2271	− 0.2518	9.8880	− 0.9572	2.6891
11.7277	1.0074	0.0147	14.1247	2.1318	0.0770
9.6473	− 0.1371	0.6241	10.4406	− 0.0204	− 2.0220
7.5428	− 0.2918	− 0.4940	12.3518	1.3780	0.7045

残差平方和 $F(\hat{a}_0, \hat{a}_1, \hat{a}_2)$ は

$$F(\hat{a}_0, \hat{a}_1, \hat{a}_2) = \sum_{i=1}^{n} \{y_i - (\hat{a}_0 + \hat{a}_1 x_{1i} + \hat{a}_2 x_{2i})\}^2$$

$$= n s_{yy} - n \sum_{j=1}^{2} s_{yj} \hat{a}_j$$

$$= 75.458 - 20\{1.7691 \times 1.7826 + (-0.2869) \times 0.1268\}$$

$$= 13.115$$

であるから，

$$V_e = F(\hat{a}_0, \hat{a}_1, \hat{a}_2)/(n-p-1) = 13.115/17 = 0.7715$$

従って，a_1, a_2 の95％信頼限界は(68)より

$$\hat{a}_1 \pm t_\alpha(n-p-1)\sqrt{s^{11}V_e/n}$$

$$= 1.7826 \pm 2.110\sqrt{\frac{1.0395 \times 0.7715}{20}}$$

$$= 1.7826 \pm 0.4225$$

$$\hat{a}_2 \pm t_\alpha(n-p-1)\sqrt{s^{22}V_e/n}$$

$$= 0.1268 \pm 2.110\sqrt{\frac{0.7679 \times 0.7715}{20}}$$

$$= 0.1268 \pm 0.3631$$

よって

$$1.3601 \leq a_1 \leq 2.2051$$

$$-0.2363 \leq a_2 \leq 0.4899.$$

また，$\bar{x}_1 = 0.1276$, $\bar{x}_2 = -0.0988$, $\bar{y} = 10.2325$ であるから

$$\hat{a}_0 = \bar{y} - (\hat{a}_1\bar{x}_1 + \hat{a}_2\bar{x}_2) = 10.0176$$

$$\sum_{j=1}^{2}\sum_{l=1}^{2}\bar{x}_j\bar{x}_l s^{jl}$$

$$= (0.1276)^2 \times 1.0395 + 2 \times 0.1276 \times (-0.0988)$$

$$\times 0.1962 + (-0.0988)^2 \times 0.7679$$

$$= 0.01947$$

これより a_0 の95％信頼限界は，

$$\hat{a}_0 \pm t_\alpha(n-p-1)\sqrt{(1 + \sum_{j=1}^{2}\sum_{l=1}^{2}\bar{x}_j\bar{x}_l s^{jl})V_e/n}$$

$$= 10.0176 \pm 2.110\sqrt{(1 + 0.01947) \times 0.7715/20}$$

$$= 10.0176 \pm 0.4184$$

よって　　　　　$9.5992 \leq a_0 \leq 10.4360.$

次に a_1, a_2 の検定をおこなう．$H_0: a_1 = 0$ に対しては

$$t = \frac{\hat{a}_1}{\sqrt{s^{11}V_e/n}} = \frac{1.7826}{\sqrt{1.0395 \times 0.7715/20}} = 8.902$$

この値は $t_{0.001}(17) = 3.965$ より大きいから危険率0.1％で有意であり，$a_1 = 0$ とは言えない．また $H_0: a_2 = 0$ に対しては

$$t = \frac{\hat{a}_2}{\sqrt{s^{22}V_e/n}} = \frac{0.1268}{\sqrt{0.7679 \times 0.7715/20}} = 0.737$$

この値は $t_{0.05}(17) = 2.110$ より小さいから危険率5％で有意ではなく，$H_0: a_2 = 0$ は棄却されない．

　上で求めた信頼区間は母集団での値 $a_1 = 2$, $a_2 = 0$, $a_0 = 10$ を区間内に含んでおり，また回帰係数の検定では $H_0: a_1 = 0$ は棄却されるが，$H_0: a_2 = 0$ は棄却されておらず，母集団における関係が標本からよく推測されていることがわかる．

　次に，回帰の有意性，言いかえると，とりあげた説明変数 $x_1, \cdots, x_p$ が全体として y の予測に役立つと言えるのかどうかの検定問題を考える．そのため観測値 y_i の変動（平方和）を次のように分解する(問題 **A1.10**).

(73)　$$\sum_{i=1}^{n}(y_i - \bar{y})^2 = \sum_{i=1}^{n}(Y_i - \bar{Y})^2 + \sum_{i=1}^{n}(y_i - Y_i)^2$$

　　　　全変動　　回帰による　　　回帰からの残
　　　　(S_T)　　変動(S_R)　　　差変動(S_e)

ここに Y_i は指定変数の組$(x_{1i}, \ldots, x_{pi})$に対して

(74)　$$Y_i = \hat{a}_0 + \hat{a}_1 x_{1i} + \cdots + \hat{a}_p x_{pi}$$

のように計算される予測値である．右辺の第1項 S_R は回帰式にもとづく予測値 Y_i の変動，第2項 S_e は残差＝観測値ー予測値の変動であって，前者は全変動のうち回帰によって説明される部分，後者は説明されない部分の変動である．もしとりあげた説明変数 $x_1, \cdots x_p$ が y の予測に有効であるとすれば，S_R が大きく(全変動 S_T は説明変数のとり方には依存せず一定であるから，S_e が小さく)，逆に無効であるとすれば，S_R が小さく(S_e が大きく)なると期待される．ここで

(75)　$$R^2 = S_R/S_T = \sum_{i=1}^{n}(Y_i - \bar{Y})^2 / \sum_{i=1}^{n}(y_i - \bar{y})^2$$

とおけば，R^2は全体の変動のうち回帰によって説明される部分の大きさの割合を表し，その意味で**決定係数**(coefficient of determination)あるいは**寄与率**と呼ばれる．S_eは最小化された予測誤差の平方和 $F(\hat{a}_0, \hat{a}_1, ..., \hat{a}_p)$ に等しく，R^2の平方根は§7で定義した重相関係数 $r_{y\cdot12\cdots p}$ に等しい（問題 **A1.10**）．

モデルが適合しているとき $\Sigma(y_i - Y_i)^2/\sigma^2$ は自由度 $n-p-1$ のカイ2乗分布に従い，またとくに説明変数 $x_1, \cdots, x_p$ が y の予測に何ら寄与しない，言いかえれば母集団における回帰係数の値が $a_1 = \cdots = a_p = 0$ のときには，$\Sigma(Y_i - \bar{Y})^2/\sigma^2$ も $\Sigma(y_i - Y_i)^2/\sigma^2$ とは独立に自由度 p のカイ2乗分布に従うことが知られている．これより次のような分散分析表が構成される．

分散分析表

変動要因	平　方　和	自由度	不偏分散	分　散　比
回　帰による	$S_R = \sum\limits_{i=1}^{n}(Y_i - \bar{Y})^2$	p	$V_R = S_R/p$	$F_0 = V_R/V_e$
回　帰からの	$S_e = \sum\limits_{i=1}^{n}(y_i - Y_i)^2$	$n-p-1$	$V_e = S_e/(n-p-1)$	
全　体	$S_T = \sum\limits_{i=1}^{n}(y_i - \bar{y})^2$	$n-1$		

この分散分析表において分散比 F_0 が $F_0 \geq F_n{}^p{}_{-p-1}(\alpha)$ ならば仮説 H_0: $a_1 = \cdots = a_p = 0$ は危険率 α で棄却され（このとき回帰は有意であるといわれる），とりあげた説明変数は全体として y の予測に役立つと結論づけられる．ここに $F_n{}^p{}_{-p-1}(\alpha)$ は自由度 $(p, n-p-1)$ の F 分布の上側 100α %点である．

例11. 表5のボール投げ(y)と握力(x_1)，身長(x_2)，体重(x_3)のデータがある母集団からの標本であるとして，分散分析表を作成し，回帰の有意性を検定せよ．

［解］

$$S_T = \sum_{i=1}^{n}(y_i - \bar{y})^2 = \sum_{i=1}^{n}y_i{}^2 - \frac{\left(\sum\limits_{i=1}^{n}y_i\right)^2}{n}$$

$$= 10525 - \frac{(393)^2}{15} = 228.4$$

$$S_R = \sum_{i=1}^{n}(Y_i - \bar{Y})^2 = \sum_{i=1}^{n}\{\hat{a}_1(x_{1i}-\bar{x}_1)+\cdots+\hat{a}_p(x_{pi}-\bar{x}_p)\}^2$$

$$= n\sum_{j=1}^{p}\sum_{l=1}^{p}s_{jl}\hat{a}_j\hat{a}_l = n\sum_{l=1}^{p}s_{yl}\hat{a}_l = 157.9$$

$$S_e = S_T - S_R = 228.4 - 157.9 = 70.5$$

これより次の分散分析表を得る.

分散分析表

変 動 要 因	平 方 和	自 由 度	不 偏 分 散	分 散 比
回 帰 に よ る	157.9	3	52.63	8.21 **
回 帰 か ら の	70.5	11	6.41	
全　　　　体	228.4	14		

$F_0 = 8.21 > F_{11}^{3}(0.01) = 6.217$　であるから, $H_0: a_1 = a_3 = 0$ は危険率1％で棄却され, とりあげた3つの説明変数は y の予測に役立つと言える.

§12.　回帰式による予測値の区間推定（重回帰の場合）

説明変数$(x_1, \cdots, x_p)$がある特定の値$(x_{10}, \cdots, x_{p0})$をとるときの目的変数 y の期待値 η_0 は, 回帰式を用いて

$$Y_0 = \hat{a}_0 + \hat{a}_1 x_{10} + \cdots + \hat{a}_p x_{p0}$$

によって推定（予測）することができる. このとき

(76)
$$E(Y_0) = E(\hat{a}_0) + E(\hat{a}_1)x_{10} + \cdots + E(\hat{a}_p)x_{p0}$$
$$= a_0 + a_1 x_{10} + \cdots + a_p x_{p0} = \eta_0$$

となり, 予測値 Y_0 は η_0 に対する不偏推定値である. また Y_0 の分散は次のように評価できる.

(77)
$$V(Y_0) = V(\hat{a}_0 + \hat{a}_1 x_{10} + \cdots + \hat{a}_p x_{p0})$$
$$= V(\hat{a}_0) + 2\sum_{j=1}^{p}x_{j0}\text{Cov}(\hat{a}_0, \hat{a}_j) + \sum_{j=1}^{p}\sum_{l=1}^{p}x_{j0}x_{l0}\text{Cov}(\hat{a}_j, \hat{a}_l)$$
$$= \left\{\frac{1}{n} + \frac{1}{n}\sum_{j=1}^{p}\sum_{l=1}^{p}(x_{j0}-\bar{x}_j)(x_{l0}-\bar{x}_l)s^{jl}\right\}\sigma^2$$

σ^2 に対する推定値として，前節と同様に $V_e = F(\hat{a}_0, \hat{a}_1, \cdots, \hat{a}_p)/(n-p-1)$ を用いると，η_0 に対する信頼率 $1-\alpha$ の信頼区間は

$$(78) \quad Y_0 - t_\alpha(n-p-1) \sqrt{\left\{ \frac{1}{n} + \frac{1}{n} D_0^2 \right\} V_e}$$

$$\leq \eta_0 \leq Y_0 + t_\alpha(n-p-1) \sqrt{\left\{ \frac{1}{n} + \frac{1}{n} D_0^2 \right\} V_e}$$

のように求められる．ここに

$$(79) \quad D_0^2 = \sum_{j=1}^{p} \sum_{l=1}^{p} (x_{j0} - \bar{x}_j)(x_{l0} - \bar{x}_l) s^{jl}$$

とする．この D_0^2 は一変量の場合の(56)の $(x_0 - \bar{x})^2/s_{xx}$ (=標準偏差で標準化した平均からの距離の2乗) を多変量の場合に一般化したものに相当し，点 $(x_{10}, \cdots, x_{p0})$ と重心 $(\bar{x}_1, \cdots, \bar{x}_p)$ との間の**マハラノビスの汎距離**と呼ばれる．(78)をみると，D_0^2 の小さいところ，すなわち重心の近くでは信頼区間の巾が小さく，D_0^2 の大きいところ，すなわち重心から遠く離れたところでは信頼区間の巾が大きくなっていることがわかる．

次に説明変数の特定の値 $(x_{10}, \cdots, x_{p0})$ に対応して得られるであろう目的変数 y の値 (期待値 η_0 ではなく観測される y の値) の信頼区間について考えよう．y はいままでに観測されている $(y_1, \cdots, y_n)$ とは独立に，従ってそれらにもとづく $\hat{a}_1, \cdots, \hat{a}_p$ とは独立に平均 η_0，分散 σ^2 の正規分布に従うから，$Y_0 - y$ の分散は

$$(80) \quad V(Y_0 - y) = V(Y_0) + V(y) = \left\{ 1 + \frac{1}{n} + \frac{1}{n} D_0^2 \right\} \sigma^2$$

となる．これより $(x_{10}, \cdots x_{p0})$ に対応して観測される目的変数 y に対する信頼率 $1-\alpha$ の信頼区間は

$$(81) \quad Y_0 - t_\alpha(n-p-1) \sqrt{\left\{ 1 + \frac{1}{n} + \frac{1}{n} D_0^2 \right\} V_e}$$

$$\leq y \leq Y_0 + t_\alpha(n-p-1) \sqrt{\left\{ 1 + \frac{1}{n} + \frac{1}{n} D_0^2 \right\} V_e}$$

で与えられる．

例12.　例10で求めた y の x_1, x_2 に対する回帰式により目的変数 y の値を推定するとき，$x_1=1.0$, $x_2=2.0$ に対する y の期待値 $E(y)$ および 1 つの観測値 y の 95 ％信頼区間を求めよ.

［解］

$$D_0{}^2 = \sum_{j=1}^{2} \sum_{l=1}^{2} (x_{j0}-\bar{x}_j)(x_{l0}-\bar{x}_l)s^{jl}$$

$$= (1.0-0.1276)^2 \times 1.0395$$

$$+2(1.0-0.1276)(2.0+0.0988)\times 0.1962$$

$$+(2.0+0.0988)^2 \times 0.7679 = 4.8922$$

$$Y_0 = \hat{a}_0 + \hat{a}_1 x_{10} + \hat{a}_2 x_{20}$$

$$= 10.0176 + 1.7826 \times 1.0 + 0.1268 \times 2.0 = 12.054$$

$E(y)$ の95％信頼限界:

$$Y_0 \pm t_{0.05}(n-p-1) \sqrt{\left\{\frac{1}{n}+\frac{1}{n}D_0{}^2\right\}V_e}$$

$$= 12.054 \pm 2.110 \sqrt{\left\{\frac{1}{20}+\frac{1}{20}\times 4.8922\right\}\times 0.7715}$$

$$= 12.054 \pm 1.006$$

従って，$11.048 \leq E(y) \leq 13.060$. すなわち $x_1=1.0$, $x_2=2.0$ のときの y の期待値は最小11.048，最大13.060と推定される.

y の95％信頼限界:

$$Y_0 \pm t_{0.05}(n-p-1) \sqrt{\left\{1+\frac{1}{n}+\frac{1}{n}D_0{}^2\right\}V_e}$$

$$= 12.054 \pm 2.110 \sqrt{\left\{1+\frac{1}{20}+\frac{1}{20}\times 4.8922\right\}\times 0.7715}$$

$$= 12.054 \pm 2.109$$

従って，$9.945 \leq y \leq 14.163$，すなわち $x_1=1.0$, $x_2=2.0$ のときの 1 つの観測値 y は最小9.945，最大14.163と推定される.

§13. 説明変数の選択

　これまでの議論では，回帰モデルに含まれる説明変数 $x_1, ..., x_p$ は定められ
たものとして回帰係数や予測値を計算してきた．しかし，実際に現象を分析
する場合には，目的変数 y に影響をおよぼすかも知れないと考えられる変数
は多数あり，その中から次のようなことを考慮し，しかも実質科学的にも重
要な変数をとりあげるのが普通である．

1）回帰モデルに無駄な変数（真の回帰係数がゼロであるような変数）が含
　　まれる場合，回帰係数の推定値 $\hat{a}_j$，目的変数の予測値 Y_0 は不偏であるが，誤
　　差分散の推定値 V_e の自由度 $n-p-1$ が小さくなり，$\hat{a}_i$ や Y_0 の推定精度が
　　悪くなる．

2）必要な変数（真の回帰係数がゼロでない変数）が回帰モデルの中からも
　　れている場合，回帰係数の推定値，目的変数の予測値は偏りを持ち，また
　　誤差分散の推定値 V_e は過大評価になる．

3）説明変数の中に互に相関が高い変数が含まれる場合には，分散共分散行
　　列 $V=(s_{jt})$ の行列式がゼロに近くなるため，逆行列の要素 $s^{jj}=V_{jj}/|V|$ が
　　大きくなり，回帰係数の推定精度は悪くなる．（説明変数の中の1つと残り
　　の変数との重相関係数が $R=1$ のときには分散共分散行列 (s_{jt}) の行列式は
　　ゼロになり逆行列が存在しない．そのため回帰係数の推定値 $\hat{a}_j$ は得られな
　　い．）このような場合**多重共線性**(multicollinearity)の問題があると言う．

　上の2）の観点からはできるだけもれなく説明変数を選ぶべきであるが，
1）や3）の観点からはあまり寄与の大きくない変数や他の変数と相関が高
い変数はなるべく含めないことが望ましいことになる．回帰係数がゼロでは
ないが小さいときには，平均2乗誤差 $E(\hat{a}_j-a_j)^2$, $E(\hat{y}-y)^2$ はその変数をおと
した方が小さい場合があることが知られている．実際に回帰式を利用する実
質科学的な立場から考えれば，測定しやすい変数，制御しやすい変数が望ま
しい．

　説明変数の候補の中から"最良な"変数を選択して回帰式を求めるための
統計的方法として次のような方法が提案されている．

(1) 総あたり法(all possible subsets method)

p 個の説明変数の候補の中から $1 \sim p$ 個の変数の可能なすべての部分集合に対応する $2^p - 1$ 通りの回帰モデルを検討する方法.p が大きくなると場合の数は急速に大きくなり,計算時間が膨大になる.

(2) 前進選択法(forward selection method)

説明変数が1つも含まれない場合からスタートして,次のような手順で変数を1つずつ増加させる.

(i) 目的変数 y との単相関が最大(言いかえると,1つずつ順番に変数を採用してみて回帰式を計算したとき,回帰係数の検定のための t の絶対値または F 値が最大)の変数を選び,回帰係数がゼロであるという仮説の検定をして仮説が棄却されなければどの変数も回帰モデルに含めない.仮説が棄却されればこの変数をとりこんで次のステップに進む.

(ii) 既に入っている変数に加えて残りの変数を1つずつ順番に採用してみて偏相関係数が最大(回帰係数検定のための t の絶対値または F 値が最大)の変数を選ぶ.選ばれた変数に対する回帰係数がゼロであるという仮説の検定をおこない,仮説が棄却されなければ終了.仮説が棄却されれば選ばれた変数をとりこんで次のステップへ進む.

(iii) 回帰式を計算する.もしモデルにすべての変数が含まれていれば終了.そうでなければステップ(ii)へ戻る.

(3) 後退消去法(backward elimination method)

説明変数の候補すべてが含まれた状態からスタートして次のような手順で変数を1つずつ減少させる.

(i) モデルに含まれている変数の各々に対する回帰係数検定のための t または F 値を計算し,その中の絶対値が最小となる変数を選ぶ.回帰係数がゼロであるという仮説が棄却されなければその変数をおとして次のステップへ進む.棄却されれば終了.

(ii) もしモデルに含まれる変数がなくなっていれば終了.そうでなければ回帰式を計算しなおしてステップ(i)に戻る.

(4) 逐次法(stepwise method)

前進選択法では1度入った変数はおとされることがないという点を改良し

て，次のような手順で変数を増減させる．

(i) 目的変数 y との単相関が最大（言いかえると，1つずつ順番に変数を採用してみて回帰式を計算したとき，回帰係数検定のための t の絶対値または F 値が最大）の変数を選ぶ．選ばれた変数に対する回帰係数がゼロであるという仮説の検定をおこない，棄却されなければどの変数も回帰モデルに含めない．棄却されればこの変数をとりこんで次のステップに進む．

(ii) 既に入っている変数に加えて残りの変数を順番に1つずつ採用してみて偏相関が最大（回帰係数検定のための t の絶対値または F 値が最大）の変数を選ぶ．回帰係数がゼロであるという仮説の検定をおこない棄却されなければ終了．棄却されれば選ばれた変数をとりこんで次のステップに進む．

(iii) 回帰式を計算して各変数について回帰係数の検定をおこない，F 値が最小になる変数について仮説が棄却されなければその変数をおとす．

(iv) すべての変数がとりこまれていれば終了．そうでなければステップ(ii)に戻る．

上の(1)～(4)の各方法において，回帰係数の検定は次のようにおこなう．p 個の変数を含むモデルでの変数 x_j に対する回帰係数がゼロという仮説 $H_0: a_j = 0$ の検定は，(70)式で $a_j^{(0)}$ をゼロとおき

$$(82) \qquad t = \frac{\hat{a}_j}{\sqrt{s^{jj} V_e / n}}$$

の値を求めて自由度 $n-p-1$ の t 分布の限界値と比較し，$|t| \geq t_\alpha(n-p-1)$ ならば仮説を棄却，$|t| < t_\alpha(n-p-1)$ ならば仮説を採択すればよい．あるいは，t 分布と F 分布の関係より

$$(83) \qquad F = \frac{\hat{a}_j^2}{s^{jj} V_e / n}$$

の値を求めて自由度 $(1, n-p-1)$ の F 分布の限界値と比較し，$|F| \geq F^1_{n-p-1}(\alpha)$ ならば仮説を棄却しても同じ結果が得られる．

例13. 例6の成績データに対して前進選択法，後退消去法，逐次法の各方法を適用してみよう．

前進選択法:

ステップ 1. x_1, x_2, x_3 を 1 つずつ説明変数として採用してみて回帰式を求め、回帰係数を検定するための F 値($= t^2$)を計算すると、それぞれ 22.294, 0.808, 7.351 となるので、このうち最大を与える x_1 を選ぶ。(y と x_1, x_2, x_3 との単相関係数がそれぞれ 0.744, 0.207, 0.539 となることから、その最大を与える x_1 を選んでもよい。) x_1 を説明変数とする回帰式および関連する統計量を求めると

説 明 変 数	回帰係数 $\hat{a}_j$	標準誤差 $SE(\hat{a}_j)$	F
x_1 (入試数学)	1.0193	0.2159	22.294

定数項　$\hat{a}_0 = -3.6829$,　　　残差平方和　$S_e = 3007.2$

重相関係数　$R = 0.7438$

となる。ただし、標準誤差は　$SE(\hat{a}_j) = \sqrt{s^{jj} V_e / n}$　により求められる。

ステップ 2. すでにモデルに入っている x_1 はそのままにして、残りの x_2 と x_3 とを 1 つずつ加えてみて回帰式を求め、回帰係数を検定するための F 値を求めるとそれぞれ 0.621, 0.105 となるので、大きい方を与える x_2 を選ぶ(単相関係数としては x_3 の方が x_2 より大きいが、x_1 がすでに入っているときの付加的な情報としては x_2 の方が大きいことになる)。x_1 と x_2 を説明変数とする回帰式および関連する統計量を求めると次のようになる.

説 明 変 数	$\hat{a}_j$	$SE(\hat{a}_j)$	F
x_1 (入試数学)	1.1013	0.2418	20.751
x_2 (入試国語)	-0.1745	0.2215	0.621

$\hat{a}_0 = 3.2025$,　　$S_e = 2901.3$,　　$R = 0.7543$

$F = 0.621$ を限界値 $F^1{}_{17}(\alpha)$ と比較するわけであるが、ここでは F の限界値は自由度によらず 2.0 としておく。(変数増減の際の限界値としては経験的に 2.0 がよいと言われている。また最近モデル選択の基準として C_p 統計量, AIC がよく用いられるが、これらの基準は n が大きいとき F の限界値を 2.0 に選ぶことに対応することが知られている。) いま $F = 0.621 < 2.0$ だから仮説

$H_0: a_2 = 0$ は棄却されない．従って変数 x_2 はとりこまないことになり，結局前進選択法により次のモデルが選択される．

$$y = -3.6829 + 1.0193x_1, \quad R = 0.7438$$

後退消去法:

ステップ1．説明変数として x_1, x_2, x_3 のすべての変数を含んだモデルについて回帰式および関連する統計量を求めると次のようになる．

説明変数	$\hat{a}_j$	$SE(\hat{a}_j)$	F
x_1（入試数学）	1.1232	0.3526	10.145
x_2（入試国語）	-0.1680	0.2400	0.490
x_3（知能偏差値）	-0.0591	0.6756	0.008

$\hat{a}_0 = 4.9328$, $S_e = 2.8999$, $R = 0.7545$

x_3 に対応する F 値が最小になり $F = 0.008 < F^1{}_{16}(\alpha) = 2.0$ がなりたつから，仮説 $H_0: a_3 = 0$ は棄却されない．そこで変数 x_3 をおとして次のステップにすすむ．

ステップ2．説明変数として x_1 と x_2 を含むモデルについて回帰式および関連する統計量を求めると次のようになる．

説明変数	$\hat{a}_j$	$SE(\hat{a}_j)$	F
x_1（入試数学）	1.1013	0.2418	20.751
x_2（入試国語）	-0.1745	0.2215	0.621

$\hat{a}_0 = 3.2025$, $S_e = 2901.3$ $R = 0.7543$

x_2 に対応する F 値が最小になり $F = 0.621 < F^1{}_{17}(\alpha) = 2.0$ がなりたつから仮説 $H_0: a_2 = 0$ は棄却されない．そこで変数 x_2 をおとして次のステップにすすむ．

ステップ3．説明変数として x_1 のみを含むモデルについて回帰式および関連する統計量を求めると次のようになる．

説明変数	$\hat{a}_j$	$SE(\hat{a}_j)$	F
x_1（入試数学）	1.0193	0.2159	22.294

$$\hat{a}_0 = -3.6829, \ S_e = 3007.2, \ R = 0.7438$$

ここで $F = 22.294 > F^1{}_{18}(\alpha) = 2.0$ だから仮説 $H_0: a_1 = 0$ は棄却される. 従って変数 x_1 はおとさないのがよいことになり, 結局後退消去法でも, 前進選択法の場合と同じモデル

$$y = -3.6829 + 1.0193x_1, \ R = 0.7438$$

が選択される.

逐次法:

  まず x_1 が入った後, 2つ目の変数 x_2 が入らないので, 前進選択法とまったく同じプロセスで同じモデルが選択される.

  この例の場合, 前進選択法, 後退消去法, 逐次法の各方法により同じモデルが選択されたが, 場合によると別々のモデルが選択されることがある. どの方法を用いるにせよ, コンピュータによって自動的に選択されたモデルをうのみにして利用するのは好ましくない. 後退消去法で F の限界値を非常に大きくとって (例えば $F^1{}_{n-p-1}(\alpha) = 100$) 全変数を含むモデルから1個の変数だけを含むモデルまで, あるいは前進選択法で F の限界値を非常に小さくとって (例えば $F^1{}_{n-p-1}(\alpha) = 0$) 1個の変数だけを含むモデルから全変数を含むモデルまでの全プロセスを出力してその結果をまとめておき, R が大きく変化するところまでをとるのも1つの方法である. そのように全プロセスをまとめて表をつくっておくと, 選択されたモデルによる R が全変数を用いた可能な最大の R と比べてどの程度か, 説明変数の数をどのくらいにすれば R はどの程度になるかのおおよその情報がつかめるし, また先に述べた多重共線性が存在するとき回帰係数の精度が悪く, 値が不安定になることを思い出せば, 変数減少または増加に伴なう回帰係数の推移を追っていくことにより多重共線関係が生じているかどうか, 生じているとすればどの変数が入ったときに生じているかが推察できる.

〰〰〰〰〰〰〰〰〰〰〰〰〰〰〰〰〰〰〰〰〰〰〰〰〰〰〰〰〰〰

問 題 A

1.1 (4)式の導き方を述べよ.

1.2 (9)式の等式を証明せよ.

1.3 (15) 式の導き方を述べよ.

1.4

$$
\boldsymbol{y} = \begin{pmatrix} y_1 \\ y_2 \\ \vdots \\ y_n \end{pmatrix} \qquad X = \begin{pmatrix} 1 & x_{11} & x_{21} & \cdots & x_{p1} \\ 1 & x_{12} & x_{22} & \cdots & x_{p2} \\ \hline \multicolumn{5}{c}{\cdots\cdots\cdots\cdots\cdots\cdots\cdots\cdots} \\ \multicolumn{5}{c}{\cdots\cdots\cdots\cdots\cdots\cdots\cdots\cdots} \\ 1 & x_{1n} & x_{2n} & \cdots & x_{pn} \end{pmatrix}
$$

$$
\boldsymbol{a} = \begin{pmatrix} a_0 \\ a_1 \\ a_2 \\ \vdots \\ a_p \end{pmatrix} \qquad \boldsymbol{e} = \begin{pmatrix} e_1 \\ e_2 \\ \vdots \\ e_n \end{pmatrix}
$$

とおいて行列の形で回帰係数 a を表わせ.

1.5 (26)式を証明せよ.

1.6 (28)式を証明せよ.

1.7 (32)式を証明せよ.

1.8 (62)の各式を導け.

1.9 (64)の V_e が σ^2 に対する不偏推定値であることを証明せよ.

1.10 (73)のような変動の分解ができることを示し,(75)で定義される寄与率 R^2 が重相関係数 $r_{y\cdot12\cdots p}$ の2乗に等しいことを証明せよ.

問 題 B

1.11 次に示すデータは某高校の実力テストの点数(x)と某大学の入試の点数
(y)を22人の生徒に対して示したものである.このデータにおける y の x への
回帰直線の方程式を求めよ.   (1000点満点)

生 徒 番 号	入試の点数 (y)	高校の実力テストの点数 (x)
1	673	527
2	690	731
3	503	425
4	870	853
5	612	620
6	595	516
7	920	872
8	671	638
9	536	585
10	615	627
11	485	477
12	806	763
13	512	545
14	656	603
15	621	585
16	718	674
17	517	483
18	890	821
19	423	327
20	778	704
21	736	640
22	362	317

1.12 次に示すデータは中学1年生男子20名の走り幅とびの記録(y)と身長(x)を
示すものである.x と y の相関係数を求めよ.

走り幅とび(y) (cm)	身　長(x) (cm)	走り幅とび(y) (cm)	身　長(x) (cm)
276	132	326	143
328	136	334	135
329	147	375	157
368	159	475	154
340	140	406	155
280	144	348	145
360	165	331	155
365	159	360	156
340	150	346	140
338	149	372	150

1.13　次のデータは昭和30年から47年までのわが国のエンゲル係数 y（消費支出に対する食費支出の%）と国民総生産 x（単位：千億円），および $\log_{10} x$ の値を表すものである。このとき、　(1)　x と y，　(2)　$X = \log_{10} x$ と y について、y の x（または X）への回帰直線，相関係数を求めよ。

年次	エンゲル 係　数 (y)	国民総生産 (x) (千億円)	$\log_{10} x$	年次	エンゲル 係　数 (y)	国民総生産 (x) (千億円)	$\log_{10} x$
30	46.9	86	1.93	39	37.9	289	2.46
31	45.0	97	1.99	40	38.1	320	2.51
32	44.0	111	2.05	41	37.1	368	2.57
33	43.8	115	2.06	42	36.6	436	2.64
34	42.4	129	2.11	43	35.5	517	2.71
35	41.6	155	2.19	44	34.6	603	2.78
36	40.3	191	2.28	45	34.2	710	2.85
37	39.0	212	2.33	46	33.4	790	2.90
38	38.5	245	2.39	47	33.1	907	2.96

1.14　次に示すデータは高校生22人の物理の学力 y と、物理の興味 x_1，数学の学力 x_2，知能偏差値 x_3 との関係を調べたものである。ただし点数は1年間の平均点を100点満点で表したものである。(20)式の連立方程式を出し、y の x_1, x_2, x_3 に対する重回帰式を求めよ。また y と x_1, x_2, x_3 の重相関係数を求めよ。

生　徒番　号	物理成績（ y ）	物理興味（ x_1 ）	数学成績（ x_2 ）	知能偏差値（ x_3 ）
1	43	35	50	55
2	62	44	50	70
3	15	20	10	32
4	23	32	15	45
5	84	70	88	80
6	90	76	90	92
7	67	58	82	54
8	45	37	52	45
9	75	85	92	60
10	13	10	15	25
11	56	52	58	73
12	86	62	83	89
13	24	30	24	60
14	18	22	20	32
15	52	60	46	42
16	80	50	72	86
17	70	92	63	76
18	32	38	25	17
19	37	45	30	25
20	50	46	55	73
21	60	63	59	73
22	72	43	70	72

1.15　表5に示すデータで y と x_1, x_2, x_3 の重相関係数を求めよ.

1.16　例1では表3の世帯数(x)とゴミの排出量(y)のデータを用いて y の x に対する回帰直線を求めた. このデータがある母集団からの標本であるとして, (i) $\hat{a}_1$, $\hat{a}_0$ の95%信頼区間を求めよ. (ii) 将来世帯数が $x=100$ になったときのゴミの排出量の期待値 $E(y)$ と観測される y の値の95%信頼区間を求めよ. また x の各点に対して $E(y)$ および y の95%信頼限界を求めてその軌跡を図示せよ.

1.17　例5でとりあげた表5のボール投げ(y), 握力(x_1), 身長(x_2), 体重(x_3)のデータがある母集団からの標本であるとして, y の x_1, x_2, x_3 に対する重回帰において, (i)母回帰係数 a_1, a_2, a_3 がゼロでないかどうかの検定をおこなえ, (ii) a_1, a_2, a_3 の95%信頼区間を求めよ.

第 2 章

主成分分析法

主成分分析法は多くの変量の値を，できるだけ情報の損失なしに，1つまたは少数個の総合的指標（主成分）で代表させる方法である．いくつかのテストの成績を総合した総合的成績，いろいろな症状を総合した総合的な重症度，種々の財務指標にもとづく企業の評価・・・を求めたいといった場合に用いられる．

また，p 変量の n 個のデータ $(x_{1i}, x_{2i}, ..., x_{pi})$，$i = 1, 2, \cdots, n$ は，p 次元空間の中の n 個の点としてあらわすことができるが，$p > 3$ のときには点の間の位置関係について具体的なイメージがわきにくい．主成分分析法は，このような場合に n 個の点の間の位置関係をできるだけ保存しながら，低い次元で表す方法ともいうことができ，多変量データを要約する 1 つの有力な方法である．

§1. 主成分分析とは ── 2変量の場合

　表1のように n 個の個体について p 個の特性値（変量）が観測されている
とする. 例えば, n 人について, 国語, 社会, 英語, …などの入学試験の成績,
垂直とび, ボール投げ, …などの体力テストの成績, GOT, GPT, …などの臨
床検査の結果, あるいは発熱, 胸痛, …などの各種症状などが得られている
という場合を想定してもらえばよい.

表1　n 個体についての p 変量の観測値

変量 個体	x_1	x_2	$\cdots$	x_p
1	x_{11}	x_{21}		x_{p1}
2	x_{12}	x_{22}	$\cdots$	x_{p2}
3	x_{13}	x_{23}		x_{p3}
$\vdots$	$\vdots$	$\vdots$		$\vdots$
n	x_{1n}	x_{2n}		x_{pn}

　これら $x_1, x_2, \ldots, x_p$ を代表する総合的指標を求めたい, という場合を考えよ
う. 入学試験の場合ならば各科目の成績を総合した総合的成績, 体力テスト
の場合ならば各種の体力テストの結果を総合した総合的体力, 病気の場合な
らば種々の検査結果や症状を総合した, 全般的な重篤度を表す総合的指標を
求めたいという場合である.

　主成分分析法はこのような目的に利用され, 回帰分析の場合の目的変量 y
のような外的な基準を用いずに, p 個の変量 $x_1, \ldots, x_p$ だけの情報からそれら
の変量を代表する合成変量を求める方法である.

　簡単のため, まず $p = 2$ の場合について考えよう.

　例えば, 国語と数学の成績 x_1, x_2 があるとき, これらを総合した成績として,
しばしば合計点

(1) 　　　　　　$z = x_1 + x_2$

が用いられる. 合計点を用いるということは(1)の和が一定の (x_1, x_2) はすべて
同じ成績とみなそうという考え方である.

　(x_1, x_2) を平面上の点として表すとき, $x_1 + x_2 = $ 一定という条件をみたす点の

軌跡は図1に示すような平行な直線群になる．これらの直線群に直交する直線を OZ とすると，合計点をとるということは観測された点(x_1, x_2)からこの直線 OZ に垂線を下し，その直線との交点の位置で総合的成績を測定しようという考え方と言える．

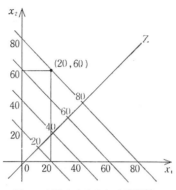

図1　合計点をあらわす座標軸

ところで，例えば国語の点数 x_1 は 0 〜100点の範囲にばらついているのに，数学の点数 x_2 は80〜100点の範囲にかたまっているという場合には，合計点の大小は主として x_1 によって定まり，x_2 の影響の度合は小さい．このように，単純な合計点をとることは見かけ上は x_1 と x_2 に等しい重みをかけているように見えるが，x_1 と x_2 の影響の大きさは一般に等しくなく，そのばらつきの大小に依存しているのである．

主成分分析では，x_1, x_2 に対する重み（係数）a_1, a_2 を積極的にもちこんで

$$(2) \qquad z = a_1 x_1 + a_2 x_2$$

の形の合成変量を考える．ここで係数 a_1, a_2 はこの z が x_1, x_2 をできるだけ"よく代表する"ように定められる．幾何学的には図1の OZ を x_1, x_2 軸と，45°に限定せず，係数 a_1, a_2 により定まるある適当な角度で交わる直線にとり，それへの垂線の足の位置を総合的指標として利用しようという考え方である．

ここでもとの変量 x_1, x_2 を"よく代表する"z を求めるため，以下の 2 〜 3 節で論じるような基準が用いられる．

§2. 2変量の場合の主成分の導出(1)

—— 合成変量の分散の最大化

変量 x_1, x_2 の平均，分散および共分散を

$$
(3) \quad \begin{cases}
\text{平均} \quad \bar{x}_1 = \frac{1}{n} \sum_{i=1}^{n} x_{1i}, \ \bar{x}_2 = \frac{1}{n} \sum_{i=1}^{n} x_{2i} \\[2mm]
\text{分散} \quad s_{11} = \frac{1}{n} \sum_{i=1}^{n} (x_{1i} - \bar{x}_1)^2, \ s_{22} = \frac{1}{n} \sum_{i=1}^{n} (x_{2i} - \bar{x}_2)^2 \\[2mm]
\text{共分散} \quad s_{12} = s_{21} = \frac{1}{n} \sum_{i=1}^{n} (x_{1i} - \bar{x}_1)(x_{2i} - \bar{x}_2)
\end{cases}
$$

とする．このとき(2)の形の合成変量 z の分散は

$$
(4) \quad V(z) \equiv \frac{1}{n} \sum_{i=1}^{n} (z_i - \bar{z})^2
$$

$$
= \frac{1}{n} \sum_{i=1}^{n} \{ a_1(x_{1i} - \bar{x}_1) + a_2(x_{2i} - \bar{x}_2) \}^2
$$

$$
= a_1^2 s_{11} + 2 a_1 a_2 s_{12} + a_2^2 s_{22}
$$

と表される．

　図2のように各点(x_{1i}, x_{2i})をプロットしたとき，もし観測値の点の集まりが1本の直線に十分近ければ，2次元平面上の点のちらばりはこの直線方向の（1次元の）点のちらばりで代表できるであろう．そのような意味でこれらの点のちらばりの最も大きい方向，すなわち図の OZ の方向をみつけ，各点の

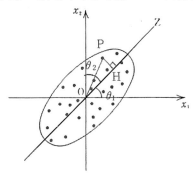

図2　点のちらばりの最も大きい方向

直線 OZ 方向の成分を総合的指標として用いようということは1つの自然な考え方と言えよう.

いま OZ と x_1 軸, x_2 軸のなす角をそれぞれ θ_1, $\theta_2(=90°-\theta_1)$ とすれば, 平面上の任意の点 $P(x_1, x_2)$ の OZ 軸上の座標 z (点 P から OZ に下した垂線の足 H までの原点 O から長さ) は

$$z = x_1 \cos\theta_1 + x_2 \cos\theta_2 = x_1 \cos\theta_1 + x_2 \sin\theta_1$$

と表される. これを(2)式と比較すると, a_1, a_2 はそれぞれ $\cos\theta_1$, $\cos\theta_2$ (方向余弦) にあたり,

$$(5) \qquad a_1{}^2 + a_2{}^2 = 1$$

のような条件をみたす. したがって問題は(5)の制約条件のもとで(4)の $V(z)$ を最大にするような a_1, a_2 を求めることに帰着する.

このような制約条件つき最大化問題は, Lagrange の未定乗数 λ を用いて

$$(6) \qquad F(a_1, a_2, \lambda) = a_1{}^2 s_{11} + 2a_1 a_2 s_{12} + a_2{}^2 s_{22} - \lambda(a_1{}^2 + a_2{}^2 - 1)$$

を a_1, a_2, λ に関して最大にする問題に変形される. F を a_1, a_2, λ で偏微分してゼロとおくと

$$\frac{\partial F}{\partial a_1} = 2(a_1 s_{11} + a_2 s_{12}) - 2\lambda a_1 = 0$$

$$\frac{\partial F}{\partial a_2} = 2(a_1 s_{12} + a_2 s_{22}) - 2\lambda a_2 = 0$$

$$\frac{\partial F}{\partial \lambda} = -(a_1{}^2 + a_2{}^2 - 1) = 0$$

となる. 第3式は(5)の制約式に一致し, 残りの式より

$$(7) \qquad \begin{cases} s_{11} a_1 + s_{12} a_2 = \lambda a_1 \\ s_{12} a_1 + s_{22} a_2 = \lambda a_2 \end{cases}$$

あるいは

$$(7)' \qquad \begin{cases} (s_{11} - \lambda) a_1 + s_{12} a_2 = 0 \\ s_{12} a_1 + (s_{22} - \lambda) a_2 = 0 \end{cases}$$

を得る. すなわち求める解 a_1, a_2 は(7)(または(7)')を満たさなければならない

(7)'は a_1, a_2 に関する連立1次方程式であるから, もし係数行列式がゼロでなければクラーメルの公式を用いて一意的に解け, $a_1 = a_2 = 0$ なる唯一の解をもつ. しかし, 2つの変量に対する係数がいずれもゼロというのは, (5)の

条件を満たさない無意味な解である.

(7)′がこのような無意味な解以外の解をもつためには係数行列式がゼロ，すなわち

(8)
$$\begin{vmatrix} s_{11}-\lambda & s_{12} \\ s_{12} & s_{22}-\lambda \end{vmatrix} = 0$$

でなければならない．(8)を整理すると次のような λ の2次方程式を得る．

(9)
$$\lambda^2 - (s_{11}+s_{22})\lambda + (s_{11}s_{22}-s_{12}{}^2) = 0$$

この2次方程式は

(10)
$$\lambda = \frac{s_{11}+s_{22} \pm \sqrt{(s_{11}+s_{22})^2 - 4(s_{11}s_{22}-s_{12}{}^2)}}{2}$$

$$= \frac{s_{11}+s_{22} \pm \sqrt{(s_{11}-s_{22})^2 + 4s_{12}{}^2}}{2}$$

のような2つの実根をもち，それらは

$$(s_{11}+s_{22})^2 - (\sqrt{(s_{11}-s_{22})^2 + 4s_{12}{}^2})^2$$
$$= 4(s_{11}s_{22}-s_{12}{}^2) = 4s_{11}s_{22}(1-r_{12}{}^2) \geqq 0, \quad r_{12}:\text{相関係数}$$

だからいずれも非負である．

これら2つの根を $\lambda_1, \lambda_2 (\lambda_1 \geqq \lambda_2 \geqq 0)$ と書くことにしよう．

(7)′に1つの根 λ_i を代入すると，

(11)
$$a_1 : a_2 = s_{12} : (\lambda_i - s_{11})$$

これより $s_{12} \neq 0$ ならば

$$a_2 = \frac{\lambda_i - s_{11}}{s_{12}} a_1$$

これを(5)に代入して

$$a_1{}^2 + \frac{(\lambda_i - s_{11})^2}{s_{12}{}^2} a_1{}^2 = 1$$

従って

(12)*
$$\begin{cases} a_1 = \dfrac{s_{12}}{\sqrt{s_{12}{}^2 + (\lambda_i - s_{11})^2}} \\ \\ a_2 = \dfrac{\lambda_i - s_{11}}{\sqrt{s_{12}{}^2 + (\lambda_i - s_{11})^2}} \end{cases}$$

を得る．これらを λ_i に対応する解であることを示すため，a_{1i}, a_{2i} と表すことにしよう．($s_{12}=0$ のときには，(10)より $\lambda_i=s_{11}$ または s_{22}, したがって(11)より $a_1 : a_2 = 1 : 0$ または $a_1 : a_2 = 0 : 1$ となる．)

このようにして $\lambda=\lambda_i$, $a_1=a_{1i}$, $a_2=a_{2i}$ $(i=1, 2)$ のような解が得られたが，これを(7)に代入し，第1式に a_{1i}, 第2式に a_{2i} を掛けて辺々を加えると

$$s_{11}a_{1i}{}^2 + 2s_{12}a_{1i}a_{2i} + s_{22}a_{2i}{}^2 = \lambda_i(a_{1i}{}^2 + a_{2i}{}^2)$$

となる．(4)より左辺は合成変量

(13)
$$z_i = a_{1i}x_1 + a_{2i}x_2$$

の分散であり，(5)の制約式を考慮すれば，右辺は λ_i に等しくなるから，

(14)
$$V(z_i) = \lambda_i$$

がなりたつ．

いま分散を最大にする合成変量を求めようとしているのであるから，(14)より2つの根 λ_1, λ_2 のうち大きい方 λ_1 に対応する (a_{11}, a_{21}) が求める係数になる．この係数を用いた合成変量

(15)
$$z_1 = a_{11}x_1 + a_{21}x_2$$

を**第1主成分**(1st *principal component*)と呼ぶ．第1主成分の分散は(14)より λ_1 に等しい．

分散共分散行列 V, 係数ベクトル $\boldsymbol{a}$ を

$$V = \begin{pmatrix} s_{11} & s_{12} \\ s_{12} & s_{22} \end{pmatrix} \qquad \boldsymbol{a} = \begin{pmatrix} a_1 \\ a_2 \end{pmatrix}$$

とおけば，(7)は

(16)
$$\begin{pmatrix} s_{11} & s_{12} \\ s_{12} & s_{22} \end{pmatrix}\begin{pmatrix} a_1 \\ a_2 \end{pmatrix} = \lambda \begin{pmatrix} a_1 \\ a_2 \end{pmatrix} \quad \text{あるいは} \quad V\boldsymbol{a} = \lambda\boldsymbol{a}$$

と表される．(16)（従って(7)または(7)′）を行列 V の**固有値問題**(eigenvalue problem)，(8)をその**特性方程式**(characteristic equation)，そして λ_1, λ_2 を行列 V の**固有値**(eigenvalue)，λ_1, λ_2 に対応して得られる $\boldsymbol{a}_1 = (a_{11}, a_{21})'$, $\boldsymbol{a}_2 = (a_{12}, a_{22})'$

注) $z = a_1x_1 + a_2x_2$ が求める合成変量の条件を満たしていれば，$a_1 \to -a_1$, $a_2 \to -a_2$ とおいた $-z$ もまたその条件を満たす．すなわち，点のちらばりの大きい方向をみつける場合直線上の向きはどちらでもよい．従ってここでは $a_1 = \pm s_{12}/\sqrt{s_{12}{}^2+(\lambda_i-s_{11})^2}$ のうち一方だけを考える．

を**固有ベクトル**(eigenvector)と呼ぶ. 第1主成分(15)は, 分散共分散行列 V の最大固有値 λ_1 に対応する, 固有ベクトル $\boldsymbol{a}_1=(a_{11},a_{21})'$ の要素を重みとする合成変量として得られることになる.

さて, 2次方程式(9)の根と係数との関係より

(17) $$\lambda_1+\lambda_2=s_{11}+s_{22}$$

がなりたち, λ_1, λ_2 は非負だから第1主成分(15)の分散 λ_1 はもとの変量 x_1, x_2 の分散の和 $s_{11}+s_{22}$ でおさえられる. もし λ_1 が十分大きく, もとの変量の分散のほとんど100%に相当するときには, 第1主成分だけで2次元平面上のばらつきの大部分を説明することになり, これ以上の主成分を考える必要はない.

第1主成分の分散 λ_1 が十分大きくないときには, 再び(2)の形の合成変量 z を考える. ただし, 今度は第1主成分で説明されなかった残りのばらつきを説明するような合成変量を求めようというわけであるから, z はすでに求まっている第1主成分とは無相関とする.

(18)
$$\mathrm{Cov}(z, z_1)=\frac{1}{n}\sum_{i=1}^n\{a_1(x_{1i}-\overline{x}_1)+a_2(x_{2i}-\overline{x}_2)\}\{a_{11}(x_{1i}-\overline{x}_1)+a_{21}(x_{2i}-\overline{x}_2)\}$$
$$=s_{11}a_1a_{11}+s_{12}a_1a_{21}+s_{12}a_2a_{11}+s_{22}a_2a_{21}$$
$$=a_1(s_{11}a_{11}+s_{12}a_{21})+a_2(s_{12}a_{11}+s_{22}a_{21})$$
$$=\lambda_1(a_1a_{11}+a_2a_{21})$$

と表せるから,

(19) $$a_1a_{11}+a_2a_{21}=0$$

および(5)の制約条件のもとで, (4)の $V(z)$ を最大化すればよい. (19)の条件を満たすベクトル (a_1,a_2) と (a_{11},a_{21}) とは互いに直交すると言う.

さてこのような制約条件のもとで(4)を最大化する問題は, Lagrange の未定乗数 λ,ν を用いると

$$F(a_1,a_2,\lambda,\nu)=a_1{}^2s_{11}+2a_1a_2s_{12}+a_2{}^2s_{22}-\lambda(a_1{}^2+a_2{}^2-1)-\nu(a_1a_{11}+a_2a_{21})$$

を最大化する問題になる.

a_1, a_2 で偏微分してゼロとおくと

$$(20) \quad \begin{cases} \dfrac{1}{2}\dfrac{\partial F}{\partial a_1} = a_1 s_{11} + a_2 s_{12} - \lambda a_1 - \dfrac{\nu}{2} a_{11} = 0 \\[3mm] \dfrac{1}{2}\dfrac{\partial F}{\partial a_2} = a_1 s_{12} + a_2 s_{22} - \lambda a_2 - \dfrac{\nu}{2} a_{21} = 0 \end{cases}$$

第1式に a_{11}, 第2式に a_{21} を掛けて加えて整理すると

$$(\lambda_1 - \lambda)(a_1 a_{11} + a_2 a_{21}) - \frac{\nu}{2}(a_{11}{}^2 + a_{21}{}^2) = 0$$

となり，(19)を考慮すると $\nu = 0$ を得る．

　従って，結局第1主成分の場合と同じ固有値問題(7)が得られる．すでに大きい方の固有値 λ_1 に対応する固有ベクトル (a_{11}, a_{21}) は，第1主成分に用いられているので，小さい方の固有値 λ_2 に対応する固有ベクトル (a_{12}, a_{22}) を用いて，**第2主成分**

$$(21) \qquad z_2 = a_{12} x_1 + a_{22} x_2$$

を得る．このとき，第2主成分の分散は(14)より λ_2 である．また，固有ベクトルの性質より (a_{12}, a_{22}) は (a_{11}, a_{21}) と直交し（すなわち $a_{11} a_{12} + a_{21} a_{22} = 0$ がなりたち），従って，(18)より第1主成分と第2主成分は互いに無相関になることがわかる（→問題 **A2.1**）．

　例1 表2は中学2年生23人の国語，社会，数学，理科，英語のテストの成績を示したものである．これら5科目のうち，数学(x_1)と英語(x_2)の成績に注目して，それら2科目の成績を代表する主成分を求めよ．

　[**解**] 　2つの変量 x_1, x_2 の平均，分散共分散行列を求めると

$$\bar{x}_1 = 72.87, \quad \bar{x}_2 = 93.78$$

$$V = \begin{pmatrix} s_{11} & s_{12} \\ s_{12} & s_{22} \end{pmatrix} = \begin{pmatrix} 239.24 & 53.02 \\ 53.02 & 24.95 \end{pmatrix}$$

特性方程式は

$$\begin{vmatrix} s_{11} - \lambda & s_{12} \\ s_{12} & s_{22} - \lambda \end{vmatrix} = \begin{vmatrix} 239.24 - \lambda & 53.02 \\ 53.02 & 24.95 - \lambda \end{vmatrix} = 0$$

すなわち

$$\lambda^2 - 264.19\lambda + 3157.92 = 0$$

これを解いて，

$$\lambda_1 = 251.64 \qquad \lambda_2 = 12.55$$

を得る．固有値 $\lambda_1 = 251.64$ に対応する固有ベクトルは(12)を利用して

$$a_{11} = \frac{s_{12}}{\sqrt{s_{12}{}^2 + (\lambda_1 - s_{11})^2}}$$

$$= -\frac{53.02}{\sqrt{(53.02)^2 + (251.64 - 239.24)^2}} = 0.974$$

表2　中学2年生23人の成績

データ番号	国語	社会	数学	理科	英語
1	29	33	55	79	84
2	71	68	72	64	97
3	74	91	79	76	100
4	52	56	58	60	85
5	77	92	96	88	98
6	60	85	66	66	88
7	81	91	73	63	95
8	61	84	72	78	92
9	70	75	81	67	96
10	53	70	73	51	92
11	69	64	96	57	97
12	87	89	90	85	100
13	83	75	96	81	98
14	76	61	67	57	86
15	87	82	78	82	97
16	77	80	78	70	94
17	38	43	45	12	96
18	67	73	78	67	95
19	83	77	80	67	100
20	47	61	56	21	95
21	70	62	88	51	96
22	81	51	63	66	92
23	51	16	36	48	84

$$a_{21} = \frac{\lambda_1 - s_{11}}{\sqrt{s_{12}{}^2 + (\lambda_1 - s_{11})^2}}$$

$$= \frac{251.64 - 239.24}{\sqrt{(53.02)^2 + (251.64 - 239.24)^2}} = 0.228$$

同様にして，固有値 $\lambda_2 = 12.55$ に対応する固有ベクトルとして

$$a_{12} = -0.228, \quad a_{22} = 0.974$$

を得る．

従って，第1主成分は

(22) $$z_1 = 0.974x_1 + 0.228x_2$$

その分散は 251.64，また第2主成分は

(23) $$z_2 = -0.228x_1 + 0.974x_2$$

その分散は 12.55 である．

各々のデータ (x_{1i}, x_{2i}) に対して，(22),(23)を用いて主成分の値を計算することができるが，その値を**主成分得点**(principal component score)と呼ぶ．

もとの変量 x_1, x_2 と主成分 z_1, z_2 との関係を示す(22)と(23)とは，x_1, x_2 軸から z_1, z_2 軸への座標変換と考えることができる．（係数は(5)の条件を満たすのでそれぞれ方向余弦——z_1 軸と x_1 軸とのなす角を θ とすると $\cos\theta = 0.974$，これより $\theta = 13.1°$ を得る——を表し，また(19)の条件を満たすので z_1 軸と z_2 軸とは互に直交する．）(x_{1i}, x_{2i}) の相関図に z_1, z_2 軸を書き加えると図3が得られる（但し，図を見やすくするために z_1, z_2 座標の原点は重心 $(\bar{x}_1, \bar{x}_2)$ に移してある）．図より第1主成分 z_1 が点のもっともひろがっている方向をよくとらえていることが観察される．

$x_1 - x_2$ 座標，$z_1 - z_2$ 座標はいずれも直交座標であるから，各点から重心までの距離の2乗は

$$(x_{1i} - \bar{x}_1)^2 + (x_{2i} - \bar{x}_2)^2 = (z_{1i} - \bar{z}_1)^2 + (z_{2i} - \bar{z}_2)^2$$

と表され，従って

$$\underbrace{\frac{1}{n}\sum_{i=1}^{n}(x_{1i} - \bar{x}_1)^2}_{x_1 \text{ の分散}} + \underbrace{\frac{1}{n}\sum_{i=1}^{n}(x_{2i} - \bar{x}_2)^2}_{x_2 \text{ の分散}}$$

$$= \frac{1}{n}\sum_{i=1}^{n}(z_{1i}-\bar{z}_1)^2 + \frac{1}{n}\sum_{i=1}^{n}(z_{2i}-\bar{z}_2)^2$$

$$\underbrace{\qquad\qquad}_{z_1 \text{ の分散}}\underbrace{\qquad\qquad}_{z_2 \text{ の分散}}$$

のような関係がなりたつ.（これは先に2次方程式の根と係数との関係から求められた(17)と同じである.）この関係は一般の p 変量の場合にもなりたち，もとの変量 $x_1,\dots,x_p$ の分散の総和は，互に無相関な主成分 $z_1,\dots,z_p$ による分散の和に分解される．ここで，各主成分の分散が全体の中で占める割合は，もとの変量による全分散のうち，その主成分で説明される割合を表し，その主成分の**寄与率**と呼ばれる．この例の場合の2つの主成分の寄与率は，それぞれ95.25%，4.75%であり，第1主成分だけで，もとの変量のもっていた分散の大部分が説明されていることがわかる．

　この例の場合，第1主成分 z_1 は，(22)の係数を見ればわかるように，x_1,x_2 のどちらが大きくなっても大きくなるという性質をもち，これら2つの成績を総合した成績を表すと解釈される．x_1 と x_2 の係数を比較すると，x_1 の係数の方がかなり大きくなっているが，これは x_1 の分散が x_2 の分散に比べて大きいことによる．これに対して，たまたまあまり点差が開かなかった英語(x_2)に対する重みが小さく，総合的成績 z_1 に英語の成績があまりきいてこないのは不都合であると考えるならば，§4 で述べるように予め変量の標準化をおこなって分散をそろえておいた上で，主成分を求めればよい．

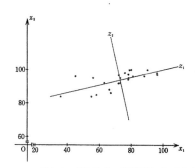

図3　数学(x_1)と英語(x_2)の相関図および主成分

（注．図をみやすくするため z_1, z_2 座標の原点
は重心($\bar{x}_1$, $\bar{x}_2$)の位置に移動してある.）

さて，上では合成変量の分散を最大化するという考え方にもとづいて主成分を求めたが，同じ主成分は次の(a)，(b)のような考え方からも導かれる．

(a) 各点から下した垂線の長さの2乗和を最小にするような直線のあてはめ

(b) 合成変量を用いてもとの変量を予測するときの，残差平方和の総和の最小化

このうち(a)は次のような考え方である．

2次元平面上に描かれた相関図に1本の直線

$$l: (x_1 - m_1)/a_1 = (x_2 - m_2)/a_2$$

をあてはめることを考える（図4参照）．　ここに a_1, a_2 は方向余弦であり，$a_1{}^2 + a_2{}^2 = 1$ を満たすものとする．

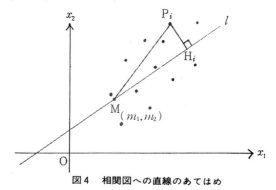

図4　相関図への直線のあてはめ

平面上の点のちらばり（重心からの距離の2乗の和）は直線 l の方向とそれに直交する方向のちらばりに分解される．そこで点のちらばりの最も大きい方向を見つけるため，各点から直線 l に下した垂線の長さの2乗和ができるだけ小さくなるような直線を求める．すなわち，図において

(24)
$$S = \sum_{i=1}^{n} \overline{P_i H_i}{}^2 \to \text{min.}$$

ところが，S を最小化する問題は

(25)
$$S' = n(a_1{}^2 s_{11} + 2a_1 a_2 s_{12} + a_2{}^2 s_{22}) \to \text{max.}$$

という形に変形され（→問題 **A2.2**），結局，(4)の分散を最大化する問題に帰着する．

　上の考え方は，平面上の相関図に対して直線をあてはめるという意味では回帰分析と似ているが，あてはめ方が異なっている．回帰分析においては x_1 から x_2 を予測，あるいは逆に x_2 から x_1 を予測するという方向性があるため，最小化すべき誤差として $x_2 - \hat{x_2}$ あるいは $x_1 - \hat{x_1}$ のように，x_2 軸，x_1 軸方向の誤差がとられる．これに対して主成分分析では，一方から他方を予測するという方向性がないため，最小化すべき誤差として，直線への距離（直線への垂線の長さ）がとられている．

　また(b)の考え方は合成変量 z を用いて

(26)
$$\begin{cases} x_1 = b_{01} + b_{11}z + e_1 \\ x_2 = b_{02} + b_{12}z + e_2 \end{cases}$$

のような回帰モデルにより，もとの変量 x_1, x_2 を予測するときの残差平方和の総和が最小になるような，すなわち x_1, x_2 が最もよく説明されるような z を求めようというものであるが，この基準から定式化しても，同じ主成分が導かれる．導出は省略するが，興味のある読者は試みられたい．

　(a), (b)の2つは"合成変量の分散を最大化する"基準の場合と同じ主成分を導く別の考え方であるが，異なった主成分を導く考え方もある．それについては次節で述べよう．

§3．2変量の場合の主成分の導出(2)

── もとの変量との（重）相関係数の2乗和の最大化

　合成変量がもとの変量を"よく代表する"ことを，もとの各変量との相関が高いことと考え，

(27)
$$Q = r^2(x_1, z) + r^2(x_2, z)$$

を最大化するという基準を導入する．

　この基準は相関係数のみを含むが，相関係数は各変量の平均，分散の大きさによらないから，各変量を

(28)
$$X_{ji} = (x_{ji} - \bar{x_j}) / \sqrt{s_{jj}}, \ i = 1, 2, \cdots, n, \ j = 1, 2$$

により平均0，分散1に標準化しておいて，もとの変量の代りに標準化された変量を用いても，この基準の値は変わらない．したがって，その標準化さ

れた変量 X_1, X_2 の合成変量

(29)
$$z = a_1 X_1 + a_2 X_2$$

の中で(27)の Q を最大にするものを求める.

(27)より

(30)
$$Q = r^2(X_1, z) + r^2(X_2, z) = (s_{X_1 z}^2 + s_{X_2 z}^2)/s_{zz}$$

ここで

$$分子 = (a_1 + a_2 r_{12})^2 + (a_1 r_{12} + a_2)^2$$
$$= (1 + r_{12}^2)a_1^2 + 4 r_{12} a_1 a_2 + (1 + r_{12}^2)a_2^2$$
$$分母 = a_1^2 + 2 r_{12} a_1 a_2 + a_2^2$$

と表されるから, Q を最大化する問題は

(31)
$$a_1^2 + 2 r_{12} a_1 a_2 + a_2^2 = \text{const.}$$

の制約条件のもとで

(32)
$$(1 + r_{12}^2)a_1^2 + 4 r_{12} a_1 a_2 + (1 + r_{12}^2)a_2^2$$

を最大化する問題になる.

Lagrange の未定乗数 λ を用いると

(33)
$$F(a_1, a_2, \lambda) = (1 + r_{12}^2)a_1^2 + 4 r_{12} a_1 a_2 + (1 + r_{12}^2)a_2^2$$
$$- \lambda(a_1^2 + 2 r_{12} a_1 a_2 + a_2^2 - \text{const.})$$

の最大化問題が導かれ, a_1, a_2 で微分してゼロとおくと

(34)
$$\begin{pmatrix} 1 + r_{12}^2 & 2 r_{12} \\ 2 r_{12} & 1 + r_{12}^2 \end{pmatrix}\begin{pmatrix} a_1 \\ a_2 \end{pmatrix} - \lambda \begin{pmatrix} 1 & r_{12} \\ r_{12} & 1 \end{pmatrix}\begin{pmatrix} a_1 \\ a_2 \end{pmatrix} = 0$$

あるいは

(34)′
$$\begin{pmatrix} 1 & r_{12} \\ r_{12} & 1 \end{pmatrix}\begin{pmatrix} 1 & r_{12} \\ r_{12} & 1 \end{pmatrix}\begin{pmatrix} a_1 \\ a_2 \end{pmatrix} = \lambda \begin{pmatrix} 1 & r_{12} \\ r_{12} & 1 \end{pmatrix}\begin{pmatrix} a_1 \\ a_2 \end{pmatrix}$$

を得る. 従って,

$$\begin{vmatrix} 1 & r_{12} \\ r_{12} & 1 \end{vmatrix} = 1 - r_{12}^2 \neq 0$$

すなわち, $r_{12} \neq \pm 1$ のとき

(35)
$$\begin{pmatrix} 1 & r_{12} \\ r_{12} & 1 \end{pmatrix}\begin{pmatrix} a_1 \\ a_2 \end{pmatrix} = \lambda \begin{pmatrix} a_1 \\ a_2 \end{pmatrix}$$

のような相関行列 ((i, j)要素に変量 x_i と x_j との相関係数をもつ行列) の固有

値問題が得られる.

　ここで(34)の左から(a_1, a_2)を掛けて λ について解くと，固有値 λ は最大にすべき Q と等しくなるから，Q を最大にする(a_1, a_2)は最大固有値 λ_1 に対応する固有ベクトル(a_{11}, a_{21})で与えられることになる. そして求める合成変量(第1主成分) は，標準化された変量を用いて

$$(36) \qquad z_1 = a_{11}X_1 + a_{21}X_2$$

と表される.

　第1主成分 z_1 だけで，もとの変量 X_1, X_2 が十分説明されていないとき，2番目の合成変量 (主成分) z_2 が考えられる. その際，z_2 はすでに求まっている z_1 で説明されない部分を説明するために導入される変量であるから，z_2 は z_1 と無相関と仮定される. また，(30)の基準は，説明変数が1個から2個にふえるから，

$$(30)' \qquad Q' = R^2(X_1; z_1, z_2) + R^2(X_2; z_1, z_2)$$

のように一般化される. ここに右辺の各項は X_1 と z_1, z_2 および X_2 と z_1, z_2 との間の重相関係数の2乗である. ところが，z_1 と z_2 とは互いに無相関だから

$$R^2(X_1; z_1, z_2) = r^2(X_1, z_1) + r^2(X_1, z_2)$$
$$R^2(X_2; z_1, z_2) = r^2(X_2, z_1) + r^2(X_2, z_2)$$

と表すことができ，(30)'は

$$(30)'' \qquad Q' = \lambda_1 + r^2(X_1, z_2) + r^2(X_2, z_2)$$

と変形できる.

　従って，z_1 と無相関という条件のもとで，(30)の Q を最大にするような z を求める問題に帰着し，結局，(35)の固有値問題の，小さい方の固有値 λ_2 に対応する固有ベクトル(a_{12}, a_{22})を係数として

$$(37) \qquad z_2 = a_{12}X_1 + a_{22}X_2$$

のように得られる.

§4. 変量の標準化

　§2では分散共分散行列 V の固有値問題が導かれたが，分散，共分散は各変量の測定単位のとり方によって変わり，従って，固有値問題の解も測定単位に依存する

例えば，変量 x_1 が cm, 変量 x_2 が g の単位で測定されて，その分散共分散行列が

$$\begin{pmatrix} 1 & 1 \\ 1 & 5 \end{pmatrix}$$

で与えられていたとしよう．この場合，特性方程式は

$$\begin{vmatrix} 1-\lambda & 1 \\ 1 & 5-\lambda \end{vmatrix} = \lambda^2 - 6\lambda + 4 = 0$$

となり，固有値

$$\lambda = 3 \pm \sqrt{5} = \begin{cases} 5.236 & (87.3\%) \\ 0.764 & (12.7\%) \end{cases}$$

が得られる．次に，同じデータで変量 x_1 を cm でなく mm で測定した場合について考えよう．分散共分散行列は

$$\begin{pmatrix} 100 & 10 \\ 10 & 5 \end{pmatrix}$$

のように変わり，特性方程式は

$$\begin{vmatrix} 100-\lambda & 10 \\ 10 & 5-\lambda \end{vmatrix} = \lambda^2 - 105\lambda + 400 = 0$$

従って，固有値は

$$\lambda = \frac{105 \pm \sqrt{9425}}{2} = \begin{cases} 101.04 & (96.2\%) \\ 3.96 & (3.8\%) \end{cases}$$

となる．それぞれの場合に対応して第1主成分を求めてみると

　　x_1: *cm* で測定→ $z_1 = 0.230x_1 + 0.973x_2$

　　$x_1{}^*$: *mm* で測定→ $z_1 = 0.995x_1{}^* + 0.104x_2 = 9.95x_1 + 0.104x_2$

　この例からわかるように，分散共分散行列の固有値問題を解いて主成分を求める場合，各変量の単位のとり方によって結果は異なってくる．

　ところで主成分分析を実際に応用する場面では，変量によって測定単位の質が異なる場合が多く，しかも，一般には各変量についてどの単位を使うのが適当であるのか明らかでない．そのような場合，結果がたまたま選んだ単位に依存してきまるのは好ましくないので，通常，各々の変量 x_j に対して，

あらかじめ㉘の形の変換をほどこして平均0,分散1に標準化した上で,主成分分析を適用することが多い.測定の単位が同じ場合でも,例1でふれたように,分散の小さい変量の重みが小さくなるのは不都合と考えられる場合には,変量の標準化によって分散をそろえて,主成分分析をおこなえばよい.標準化された変量の分散共分散行列はもとの変量の相関行列に等しいから,結局,§3で導かれた相関行列の固有値問題になる.

　変量を標準化せずに分散共分散行列の固有値問題の解から主成分を求める方法を**分散共分散行列を用いた主成分分析**,変量を標準化して相関行列の固有値問題の解から主成分を求める方法を**相関行列を用いた主成分分析**と呼んで区別することにしよう.

　例2　例1のデータについて相関行列を用いた主成分を求めよ.

　　[解]　相関行列: $R = \begin{pmatrix} 1.0 & 0.6862 \\ 0.6862 & 1.0 \end{pmatrix}$

　　特性方程式: $\begin{vmatrix} 1.0-\lambda & 0.6862 \\ 0.6862 & 1.0-\lambda \end{vmatrix} = \lambda^2 - 2\lambda + 0.5292 = 0$

これにより $\lambda_1 = 1.6862, \lambda_2 = 0.3138$. 大きい方の固有値 λ_1 を特性方程式の第1式に代入すると

$$-0.6862a_{11} + 0.6862a_{21} = 0 \qquad \therefore \quad a_{11} = a_{21}$$

従って,$a_1{}^2 + a_2{}^2 = 1$ となるように標準化すると

$$a_{11} = a_{21} = \sqrt{2}/2 = 0.707$$

を得る.すなわち,第1主成分は

(38) $$z_1 = 0.707X_1 + 0.707X_2$$

となる.ここに X_1, X_2 は

$$X_1 = (x_1 - 72.87)/\sqrt{239.24}, \quad X_2 = (x_2 - 93.78)/\sqrt{24.95}$$

のように標準化された変量である.この主成分の分散は 1.6862, 寄与率は 84.3％で,第1主成分だけで標準化変量 X_1, X_2 のもっていた分散の 84.3％ が説明されることがわかる.小さい方の固有値 λ_2 を用いると,同様にして,第2主成分

(39) $$z_2 = 0.707X_1 - 0.707X_2$$

を得る. この主成分の分散は 0.3138, 寄与率は 15.7 ％である.

(38), (39)は, 標準化していない変量 x_1, x_2 で表せば

$$z_1 = 0.0457(x_1 - 72.87) + 0.1415(x_2 - 93.78)$$
$$z_2 = 0.0457(x_1 - 72.87) - 0.1415(x_2 - 93.78)$$

となり, 例1の分散共分散行列を用いた主成分と比較すると x_1, x_2 の係数の大小関係が逆転していることがわかる. 例1の場合には全体のばらつきをよく説明するために分散の大きい x_1 に大きい重み（係数）をかけたが, 例2の場合は標準化された変量に平等な重みをかけたため, もとの変量に対する係数としては分散の大きい変量の方が小さくなったわけである. この違いは分散を最大化する§2の基準と相関係数の2乗和を最大にする§3の基準の性質の違いによるものと言えよう.

§5. p 変量の場合の主成分の導出(1)

—— 合成変量の分散の最大化

§2～3で2変量の場合の主成分の導出をおこなったが, それらは容易に p 変量の場合に拡張できる. すなわち, p 変量を代表する総合的指標としての主成分を導出するための基準として次のような諸基準が用いられる.

基準1　合成変量の分散の最大化
基準2　各点から下した垂線の長さの2乗和を最小にする直線のあてはめ.
基準3　合成変量を用いてもとの変量を予測するときの残差平方和の総和の最小化.
基準4　もとの変量との（重）相関係数の2乗和の最大化.

このうち基準1～3からは分散共分散行列の固有値問題, 基準4からは相関行列の固有値問題が導かれる.

まず基準1の場合について考えよう.

いま表1のように, p 個の特性値（変量）が n 個体について観測されているとしよう.

これら p 個の変量 x_1, x_2, ..., x_p を用いた次のような合成変量を考える.

(40)
$$z = a_1 x_1 + a_2 x_2 + \cdots + a_p x_p = \sum_{j=1}^{p} a_j x_j$$

　基準1はこの合成変量の分散を最大化しようという考え方である．それは表1のデータを p 次元ユークリッド空間における n 個の点と考えたとき，これらの点のちらばりの最も大きい方向 OZ を求めることに相当する

　z の分散 $V(z)$ は

(41)
$$V(z) = \frac{1}{n} \sum_{i=1}^{n} \{a_1(x_{1i} - \bar{x}_1) + \cdots + a_p(x_{pi} - \bar{x}_p)\}^2$$
$$= \sum_{j=1}^{p} \sum_{k=1}^{p} s_{jk} a_j a_k$$

と表される．2変量の場合と同様に，OZ と x_1軸, ..., x_p軸のなす角をそれぞれ θ_1, ..., θ_p とすれば，p 次元空間内の任意の点 $P(x_1, ..., x_p)$ の OZ 軸上の座標 Z は

$$Z = x_1 \cos\theta_1 + \cdots + x_p \cos\theta_p$$

と表される．これを(40)式と比較すると，a_1, ..., a_p はそれぞれ $\cos\theta_1$, ..., $\cos\theta_p$ に対応し，

(42)
$$a_1{}^2 + \ldots + a_p{}^2 = 1$$

のような条件をみたすことが知られている．

　こうして(42)の制約式のもとで(41)を最大化する問題に定式化される．Lagrange の未定乗数を λ とすれば，この制約つき最大問題は

(43)
$$F(a_1, \cdots, a_p, \lambda) \equiv \sum_{j=1}^{p} \sum_{k=1}^{p} s_{jk} a_j a_k - \lambda\left(\sum_{j=1}^{p} a_j{}^2 - 1\right)$$

を最大化する問題に変形され，各 a_j で偏微分してゼロとおけば，

(44)
$$\frac{1}{2} \frac{\partial F}{\partial a_j} = \sum_{k=1}^{p} s_{jk} a_k - \lambda a_j = 0, \quad j = 1, 2, \cdots, p$$

整理すると次の形になる．

(45)
$$\begin{cases} (s_{11} - \lambda)a_1 + s_{12}a_2 + \cdots + s_{1p}a_p = 0 \\ s_{21}a_1 + (s_{22} - \lambda)a_2 + \cdots + s_{2p}a_p = 0 \\ \cdots\cdots\cdots\cdots\cdots \\ s_{p1}a_1 + s_{p2}a_2 + \cdots + (s_{pp} - \lambda)a_p = 0 \end{cases}$$

また，分散共分散行列および係数ベクトルを

$$V = \begin{pmatrix} s_{11} & s_{12} \cdots s_{1p} \\ \cdots\cdots\cdots \\ s_{p1} & s_{p2} \cdots s_{pp} \end{pmatrix}, \quad \boldsymbol{a} = \begin{pmatrix} a_1 \\ \vdots \\ a_p \end{pmatrix}$$

とするとき，(44)は

(46) $$Va = \lambda a$$

と表すことができる．(46)は行列 V の**固有値問題**(eigenvalue problem)，その解 λ は行列 V の**固有値**(eigenvalue)，$\boldsymbol{a}$ は**固有ベクトル**(eigenvector)と呼ばれる．

さて，(45)を $a_1, \dots, a_p$ に関する連立方程式とみれば，もし係数行列式がゼロでなければ，クラーメルの公式によりこの連立方程式は唯一の解 $a_1 = a_2 = \cdots = a_p = 0$ をもつ．しかし，各変量の係数がすべてゼロというのは無意味な解である．

(45)の連立方程式が，この無意味な解以外の解をもつためには，係数行列式がゼロ，すなわち，

(47)
$$\begin{vmatrix} s_{11}-\lambda & s_{12} & \cdots & s_{1p} \\ s_{21} & s_{22}-\lambda & \cdots & s_{2p} \\ \cdots\cdots\cdots\cdots\cdots \\ s_{p1} & s_{p2} & \cdots s_{pp}-\lambda \end{vmatrix} = 0$$

でなければならない．(47)は λ の p 次の代数方程式で，固有値問題(46)の**特性方程式**(characteristic equation)と呼ばれ，行列 V の固有値はその根 $\lambda_1, \dots, \lambda_p$ として得られる．

各々の固有値 λ_i を(45)に代入すると，少なくとも 1 つの式は他の式に 1 次従属になるので，その 1 つの式を除き，その代りに(42)を考慮して係数 $a_1, \dots, a_p$ を求めることができる．これが固有値 λ_i に対応する固有ベクトルである．

行列 V は対称でかつ非負定符号である（任意のベクトル $\boldsymbol{a} = (a_1, \dots, a_p)'$ を用いて，2 次形式 $\boldsymbol{a}'V\boldsymbol{a} = \sum_j \sum_k s_{jk} a_j a_k$ をつくるとき，$\sum_j \sum_k s_{jk} a_j a_k = \frac{1}{n} \sum_i \{\sum_j a_j (x_{ji} - \bar{x}_j)\}^2 \geq 0$ がなりたつ）ことから，p 個の固有値は非負の実数であることが言える．ある固有値 λ と対応する固有ベクトル $(a_1, \dots, a_p)$ が求まったとき(44)の各式に a_j を掛けて加え，整理すると

(48)
$$\sum_{j=1}^{p} \sum_{k=1}^{p} s_{jk} a_j a_k = \lambda \sum_{j=1}^{p} a_j^2 = \lambda$$

となる. (48)の左辺は$(a_1, ..., a_p)$を係数とする(40)の形の合成変量 z の分散を表すから, z の分散がちょうど固有値に等しくなっていることがわかる. これより, 合成変量(40)の分散を最大にする係数 $a_1, ..., a_p$ は, 固有値 $\lambda_1 \geq \lambda_2 \geq \cdots \lambda_p \geq 0$ のうち, 最大の固有値 λ_1 に対応する固有ベクトルとして与えられる. この固有ベクトル$(a_{11}, ..., a_{p1})$の要素を係数とする合成変量

(49)
$$z_1 = a_{11}x_1 + a_{21}x_2 + \cdots + a_{p1}x_p$$

は**第1主成分**(1st principal component)と呼ばれ, その分散は λ_1 である.

特性方程式(47)より

(50)
$$(-1)^p \{\lambda^p - (s_{11} + s_{22} + \cdots + s_{pp})\lambda^{p-1} + (\lambda^{p-2}\text{以下の項})\} = 0$$

と表される. いま固有値 $\lambda_1, ..., \lambda_p$ は(50)の根であるから, { } 内は

(51)
$$(\lambda - \lambda_1)(\lambda - \lambda_2)\cdots(\lambda - \lambda_p)$$

と因数分解される. (50)と(51)の λ^{p-1} の係数を比較すると

(52)
$$\lambda_1 + \lambda_2 + \cdots + \lambda_p = s_{11} + s_{22} + \cdots + s_{pp}$$

すなわち, 固有値の和はもとの変量 $x_1, ..., x_p$ の分散の和に等しいことがわかる.

従って, 第1主成分 z_1 の分散 $V(z_1) = \lambda_1$ はその上限がもとの変量の分散の和でおさえられる. λ_1 が十分大きい場合には, 第1主成分だけでもとの変量のもっていた分散のほとんどが説明され —— この場合には後で述べるように, p 次元空間の n 個の点は, 第1主成分の方向の1本の直線の上にほとんど乗ることになる —— それ以上の主成分を考える必要はない.

λ_1 が十分大きくないときは第2主成分を考える. 第2主成分は第1主成分とは無相関であるような合成変量の中で分散が最大になるようにとられる. 再び(40)の形の合成変量 z を考える. z が第1主成分 z_1 と無相関であるという条件は, (44)を考慮すると

$$\text{Cov}(z, z_1) = \frac{1}{n} \sum_{i=1}^{n} \{\sum_{j=1}^{p} a_j(x_{ji} - \bar{x}_j)\} \{\sum_{k=1}^{p} a_{k1}(x_{ki} - \bar{x}_k)\}$$

$$= \sum_{j=1}^{p} \sum_{k=1}^{p} s_{jk} a_j a_{k1} = \lambda_1 \sum_{j=1}^{p} a_j a_{j1} = 0$$

となり，これより

(53)
$$\sum_{j=1}^{p} a_j a_{j1} = 0$$

と表される.

従って，結局(42)と(53)の制約条件のもとで(41)の分散を最大にする問題になる.
Lagrange の未定乗数 λ, ν を用いると

(54)
$$F(a_1, \cdots, a_p, \lambda, \nu)$$
$$\equiv \sum_{j=1}^{p} \sum_{k=1}^{p} s_{jk} a_j a_k - \lambda \left(\sum_{j=1}^{p} a_j^2 - 1 \right) - 2\nu \left(\sum_{j=1}^{p} a_j a_{j1} \right)$$

の最大化問題になり，各 a_j で偏微分してゼロとおくと

(55)
$$\frac{1}{2} \frac{\partial F}{\partial a_j} = \sum_{k=1}^{p} s_{jk} a_k - \lambda a_j - \nu a_{j1} = 0, \quad j = 1, 2, \cdots, p$$

この各式に a_{j1} を掛けて加えると

$$\sum_{j=1}^{p} \sum_{k=1}^{p} s_{jk} a_{j1} a_k - \lambda \sum_{j=1}^{p} a_j a_{j1} - \nu \sum_{j=1}^{p} a_{j1}^2 = 0$$

(42)と(53)を利用すると

(56)
$$\nu = \sum_{j=1}^{p} \sum_{k=1}^{p} s_{jk} a_{j1} a_k = \sum_{k=1}^{p} \lambda_1 a_{k1} a_k = 0$$

従って，求める $(a_1, ..., a_p)$ は第1主成分の場合と同じ固有値問題(45)または(46)の解として得られることになる.

　固有値は合成変量の分散を表すので，できるだけ大きい固有値に対応する固有ベクトルを採用したいが，すでに最大固有値 λ_1 に対応する固有ベクトル $(a_{11}, ..., a_{p1})$ は第1主成分に使われているから，**第2主成分**(2nd principal component)としては，2番目に大きい固有値 λ_2 に対する固有ベクトル $(a_{12}, ..., a_{p2})$ の要素を用いた合成変量

(57)
$$z_2 = a_{12} x_1 + a_{22} x_2 + \cdots + a_{p2} x_p$$

を採用すればよい. このとき第2主成分 z_2 の分散は λ_2 である.

　第2主成分までとってもなお不十分なときには，第3主成分がとられる.
第3主成分は第1主成分，第2主成分と無相関な合成変量の中で，分散が最大となるように求められる. Lagrange の未定乗数を用いて定式化すれば，分

散共分散行列 V の固有値のうち，3番目に大きい固有値 λ_3 に対応する固有ベクトル $(a_{13}, ..., a_{p3})$ の要素を係数として用いて

(58) $$z_3 = a_{13}x_1 + a_{23}x_2 + \cdots + a_{p3}x_p$$

として得られ，その分散は λ_3 となる（→問題 A2.3）．同様に第4，第5，…主成分を考えることができる．それらは行列 V の第4，5，…番目に大きい固有値 λ_4, λ_5, …に対応する固有ベクトルの要素を係数とする合成変量として求められる．(49), (57), (58), …を用いて各個体に対して主成分の値を計算したものを**主成分得点**(principal component score)と呼ぶ．

このように主成分としては，分散共分散行列 V の固有値 λ_1, ..., λ_p に対応する固有ベクトルを用いて，一般に p 個求めることができる．これら p 個の主成分の係数ベクトル，すなわち行列 V の固有ベクトル，は互に直交し，従って，各主成分は互に無相関である（→問題 A 2.4）．

係数ベクトルのノルムは1で互に直交しているから，主成分による表現は，p 次元ユークリッド空間の座標系を $(x_1, ..., x_p)$ 座標系から $(z_1, ..., z_p)$ 座標系に直交変換したことに相当する．このとき i 番目の点 P_i から重心までの距離の2乗は，直交座標の性質より

$$(x_{1i} - \bar{x}_1)^2 + \cdots + (x_{pi} - \bar{x}_p)^2$$
$$= (z_{1i} - \bar{z}_1)^2 + \cdots + (z_{pi} - \bar{z}_p)^2$$

と表され，これを n 点について加えると

(59)
$$\sum_{i=1}^{n}(x_{1i} - \bar{x}_1)^2 + \cdots + \sum_{i=1}^{n}(x_{pi} - \bar{x}_p)^2 = \sum_{i=1}^{n}(z_{1i} - \bar{z}_1)^2 + \cdots + \sum_{i=1}^{n}(z_{pi} - \bar{z}_p)^2$$

すなわち

(59)′ $$ns_{11} + \cdots + ns_{pp} = n\lambda_1 + \cdots + n\lambda_p$$

となる．

この関係は，各点から重心までの距離の2乗和を，データのちらばりの大きさを示す指標として用いるとき（それは分散の n 倍にあたる），各主成分がどの程度の大きさのちらばりを表現するかを示すものと考えることができる．各主成分のちらばりは $n\lambda_1 \geqq n\lambda_2 \geqq \cdots \geqq n\lambda_p$, のように，第1，第2，…

と番号が大きくなるにつれて小さくなる. もし $m+1$ 番目以下の固有値がゼロ, すなわち $\lambda_1 \geqq \cdots \geqq \lambda_m > \lambda_{m+1} = \cdots = \lambda_p = 0,$ ならば, m 個の主成分でデータのちらばりはすべて説明されたことになる. 幾何学的には, p 次元空間内の n 個の点が, その中の m 次元部分空間 ($m=1$ ならば直線, $m=2$ ならば平面, $m=3$ ならば3次元超平面, $\cdots$)の上にのっている場合に相当する. λ_{m+1} 以下が, ゼロではないが小さい場合には, m 次元部分空間からのわずかなずれを無視して, 第 $1 \sim m$ 主成分までで表しても, 情報の損失はほとんどないと考えられる.

全体のデータのちらばりのうち, ある主成分で説明される部分の割合, 例えば第 k 主成分ならば,

(60)
$$\lambda_k / \sum_{j=1}^{p} s_{jj}$$

をその主成分の**寄与率**, また $1 \sim k$ 主成分で説明される割合

(61)
$$(\lambda_1 + \lambda_2 + \cdots + \lambda_k) / \sum_{j=1}^{p} s_{jj}$$

を第 k 主成分までの**累積寄与率**と呼ぶ.

§6. p 変量の場合の主成分の導出(2)

—— もとの変量との（重）相関係数の2乗和の最大化

次に基準4にもとづいて主成分を導こう. もとの変量をできるだけ“よく代表する”合成変量を選ぶ意味で, 合成変量ともとの変量との相関係数の2乗和を考えて

(62)
$$Q = \sum_{j=1}^{p} r^2(x_j, z)$$

を最大化する.

相関係数は各変量の平均や分散の大きさには依存しないから, 簡単のため, まず各変量を

(63)
$$X_{ji} = (x_{ji} - \bar{x}_j) / \sqrt{s_{jj}}, \quad i = 1, 2, \cdots, n, \quad j = 1, 2, \cdots, p$$

により平均0, 分散1に標準化しておくことにする. そして, 標準化された変

量の合成変量

(64) $$z = a_1 X_1 + a_2 X_2 + \cdots + a_p X_p$$

を考える．(64)を(62)に代入すると

(65) $$Q = \sum_{j=1}^{p} r^2(X_j,\ a_1 X_1 + \cdots + a_p X_p) = \sum_{j=1}^{p} (\sum_{k=1}^{p} r_{jk} a_k)^2 / \sum_{j=1}^{p} \sum_{k=1}^{p} r_{jk} a_j a_k$$

ここに r_{jk} は x_j と x_k との相関係数である．

従って，問題は

(66) $$\sum_{j=1}^{p} \sum_{k=1}^{p} r_{jk} a_j a_k = \text{const.}$$

の条件のもとで

(67) $$\sum_{j=1}^{p} (\sum_{k=1}^{p} r_{jk} a_k)^2$$

を最大化する問題として定式化でき，Lagrange の未定乗数 λ を用いると

(68) $$F(a_1, \cdots, a_p, \lambda) \equiv \sum_{j=1}^{p} (\sum_{k=1}^{p} r_{jk} a_k)^2 - \lambda (\sum_{j=1}^{p} \sum_{k=1}^{p} r_{jk} a_j a_k - \text{const}).$$

の最大化問題に変形される．各 a_l で偏微分してゼロとおき，整理すると

(69) $$\sum_{j=1}^{p} \sum_{k=1}^{p} r_{lj} r_{jk} a_k - \lambda \sum_{j=1}^{p} r_{lj} a_j = 0,\ \ l = 1,\ 2,\ \cdots,\ p$$

行列で表すと

(70) $$\begin{pmatrix} r_{11} \cdots r_{1p} \\ \vdots \quad \vdots \\ r_{p1} \cdots r_{pp} \end{pmatrix} \begin{pmatrix} r_{11} \cdots r_{1p} \\ \vdots \quad \vdots \\ r_{p1} \cdots r_{pp} \end{pmatrix} \begin{pmatrix} a_1 \\ \vdots \\ a_p \end{pmatrix} - \lambda \begin{pmatrix} r_{11} \cdots r_{1p} \\ \vdots \quad \vdots \\ r_{p1} \cdots r_{pp} \end{pmatrix} \begin{pmatrix} a_1 \\ \vdots \\ a_p \end{pmatrix} = 0$$

従って，相関行列の行列式がゼロでない，すなわち

(71) $$\begin{vmatrix} r_{11} \cdots r_{1p} \\ \vdots \quad \vdots \\ r_{p1} \cdots r_{pp} \end{vmatrix} \neq 0$$

のとき，(70)より

$$(72) \qquad \begin{pmatrix} r_{11} \cdots r_{1p} \\ \vdots \qquad \vdots \\ r_{p1} \cdots r_{pp} \end{pmatrix} \begin{pmatrix} a_1 \\ \vdots \\ a_p \end{pmatrix} = \lambda \begin{pmatrix} a_1 \\ \vdots \\ a_p \end{pmatrix}$$

のような,相関行列 $R = (r_{jk})$ の固有値問題を得る.

(69)の各式に a_i を掛けて加え,λ について解くと,λ は(65)式の右辺,すなわち最大にすべき Q の値と等しくなることがわかる.従って,Q を最大にするためには,固有値問題(72)の最大固有値 λ_1 に対応する固有ベクトル$(a_{11}, ..., a_{p1})$ の要素を係数として用いて,合成変量を構成すればよいことになる.

このように構成された1つの合成変量(第1主成分)だけで,もとの変量のもっていた情報が十分表現できないときには,第2主成分以下の主成分が用いられる.第2主成分は第1主成分と無相関,第3主成分は第1,第2主成分と無相関,…という条件のもとで(65)の Q を最大にするという基準より求められるが,結局(72)の固有値問題の2番目,3番目,…に大きい固有値に対応する固有ベクトル$(a_{12}, ..., a_{p2})$, $(a_{13}, ..., a_{p3})$, …の要素を係数とする合成変量として得られる.

前節の基準からは分散共分散行列 V の固有値問題が得られたのに対し,本節の基準からは相関行列の固有値問題が得られた.両者は一般に異なった解を与える.

2変量の場合に述べたように,分散共分散行列の固有値問題の解はもとの変量の測定の単位のとり方に依存するが,変量の中に質の異なる変量が混っているような場合に各変量の単位のとり方を変えると別の解が得られるのでは不都合である.そのような不都合を避けるため,しばしば,予めすべての変量を平均0,分散1に標準化しておいてから,分析するということが行われる.標準化された変量の分散共分散行列は,もとの変量の相関行列に等しいから,それは標準化された変量について基準1~3にもとづく主成分を求めていると考えてもよいし,またもとの変量について基準4にもとづく主成分を求めていると考えてもよい.

§7. とりあげる主成分の数

　§5～6の方法を適用すると，p 変量の場合一般に p 個の固有値が得られ，対応する固有ベクトルの要素を係数として用いることにより，p 個の主成分を求めることができる．

　しかし，p 個の主成分全部を用いなくても，そのうちの一部で，もとの変量の持っていたばらつきの大部分が説明されることが多い．また複雑な現象をできるだけ単純化して理解しようという観点から言えば，少ない数の主成分で，もとの変量が代表されることが望ましい．

　このような意味で，実際の問題に主成分分析を適用する場合，主成分をいくつまでとりあげるかが問題になる．もとの変量の持っている情報の大部分が，主成分で説明される必要があるが，現象の単純化という点からは，できるだけ少数個であることが望ましい．各個体を $m(<p)$ 次元空間の中に位置づけて他の個体との関係を見ようとするときには，図的表現のために m が 2～3 であれば好都合である．

　主成分の数のきめ方に対して決定的な方法はないが，次の 1°～3° の考え方によりきめられることが多い．

1° 累積寄与率がある程度（例えば80％）以上大きくなること．

　　これは，とりあげた主成分がもとの変量を代表するという以上は，ばらつきの大部分を説明しなければならないという考え方による．

2° 各主成分の寄与率がもとの変量1個分以上あること，すなわち，分散共分散行列 V を用いる場合 $\lambda \geq \sum_{j=1}^{p} s_{jj}/p$．相関行列 R を用いる場合 $\lambda \geq 1$ であること．

　　これは，各主成分がもとの変量から構成される総合的指標と言えるためには，複数個の変量に含まれていた情報が集約されるので，変量1個分以上の情報を持っていなければならないという考え方による．

3° 固有値に関する検定．

　　もとの変量 $x_1, \ldots, x_p$ が多次元正規分布 $N(\mu, \Sigma)$[注] に従うことを仮定して，固有値に関して仮説 $H_0: \lambda_{m+1} = \cdots = \lambda_p$ の検定を行い，有意でなければ $m+1$ 番目以下の主成分はとりあげない．この仮説は m 個の主成分をとり出せ

ば残りの $p-m$ 次元はどの方向をとっても同等で，少ない個数の変量で代表させることができないことを意味する．

注）多次元正規分布 $x_1, ..., x_p$ の平均を $E(x_j)=\mu_j$，分散を $V(x_j)=\sigma_{jj}$，共分散を $\mathrm{Cov}(x_j, x_k)=\sigma_{jk}$ とするとき，p 次元正規分布の密度関数は次のように表される．

(73) $$f(x_1, ..., x_p)$$

$$= (2\pi)^{-p/2}|\Sigma|^{-\frac{1}{2}}\exp\left\{-\frac{1}{2}\sum_{j=1}^{p}\sum_{k=1}^{p}\sigma^{jk}(x_j-\mu_j)(x_k-\mu_k)\right\}$$

$$= (2\pi)^{-p/2}|\Sigma|^{-\frac{1}{2}}\exp\left\{-\frac{1}{2}(\boldsymbol{x}-\boldsymbol{\mu})'\Sigma^{-1}(\boldsymbol{x}-\boldsymbol{\mu})\right\}$$

ここに $\boldsymbol{\mu} = \begin{pmatrix} \mu_1 \\ \vdots \\ \mu_p \end{pmatrix}$, $\Sigma = \begin{pmatrix} \sigma_{11} \cdots \sigma_{1p} \\ \vdots \quad \vdots \\ \sigma_{p1} \cdots \sigma_{pp} \end{pmatrix}$

はそれぞれ平均ベクトル，分散共分散行列，σ^{jk} は Σ の逆行列の (j, k) 要素である．

分散共分散行列の固有値の検定 (Anderson)：λ_j, $\hat{\lambda}_j$ をそれぞれ母集団の分散共分散行列 Σ および標本分散共分散行列 $\hat{\Sigma} = \dfrac{n}{n-1}V$ の j 番目の固有値とするとき，$H_0: \lambda_{m+1} = \cdots = \lambda_p$ のもとで

(74) $$\chi_0^2 = -n\sum_{j=m+1}^{p}\ln\hat{\lambda}_j + n(p-m)\ln\frac{\sum_{j=m+1}^{p}\hat{\lambda}_j}{p-m}$$

は漸近的に (n が大きいとき近似的に)，自由度 $\phi = (p-m-1)(p-m+2)/2$ のカイ 2 乗分布に従うことが知られている．これを利用して

$\chi_0^2 \geqq \chi^2(\phi, 0.05)$ ならば H_0 を棄却（危険率 5 ％）

$\chi_0^2 < \chi^2(\phi, 0.05)$ ならば H_0 を採択（危険率 5 ％）

のように検定を行うことができる．

§8. 固有値問題の数値解法

§5 では，(44)の固有値問題の解法として，(47)の特性方程式 —— p 次の代数方程式 —— を解いて固有値 $\lambda_1, ..., \lambda_p$ を求め，続いてそれを(44)に代入して固有ベクトルを求めると説明した．その方法は固有値問題の理論を理解するためには適当であるが，数値解法としてはあまりよい方法ではない．固有値問題の数値解法としては，ヤコビ法やハウスホルダーの三重対角行列を用いる方

法など種々の解法が知られている．ここでは原理が簡単で，マイコンなどで
プログラム作成が容易なべき乗法(power method)について説明しよう．

べき乗法による固有値問題 $Va=\lambda a$ の解法:

1° 任意の p 次元ベクトル $\boldsymbol{a}^{(0)}=(a_1^{(0)}, ..., a_p^{(0)})'$ （例えば $a_j^{(0)}=1, j=1, 2, ...,$ p とおく）をとり，$i=0$ と設定する．ただし，ベクトルの p 個の要素のう
ち絶対値が最大の要素を 1 とする．

2°

$$Va^{(i)} = \begin{pmatrix} \sum_{j=1}^{p} s_{1j} a_j^{(i)} \\ \vdots \\ \sum_{j=1}^{p} s_{pj} a_j^{(i)} \end{pmatrix}$$

を計算し，p 個の要素の中の絶対値が最大の要素で各要素を割ったベクト
ルを $\boldsymbol{a}^{(i+1)}$ とする．

3° $\boldsymbol{a}^{(i)}$ と $\boldsymbol{a}^{(i+1)}$ の要素を比較し，予め指定された微小な ε に対して

$$|a_j^{(i)} - a_j^{(i+1)}| < \varepsilon, \qquad j=1, 2, ..., p$$

がなりたてば，収束したものとみなして 4° へ進む．そうでなければ，$i+1$
$\to i$ とおいて 2° に戻る．

4° $\boldsymbol{a}=\boldsymbol{a}^{(i+1)}$ のノルム，すなわち各要素の 2 乗和の平方根

$$\|\boldsymbol{a}\| = \sqrt{\sum_{j=1}^{p} a_j^2}$$

を求め，

$$a_j / \|\boldsymbol{a}\| \to a_j$$

のように基準化する．そうすると基準化された $\boldsymbol{a}$ は(42)を満たす．これが V
の最大固有値に対応する固有ベクトルになる．

5° $\lambda = \|Va\| / \|a\| = \|Va\|$ により固有値 λ を求める．

6° 4°～5°で得られた最大固有値 λ および対応する固有ベクトル $\boldsymbol{a}$ を用
いて，$V-\lambda aa'$ を計算し，これを改めて V とおきなおして，1°～5°の手
続をほどこすと，次に大きい固有値とそれに対応する固有ベクトルが得ら
れる．これを繰返すことにより，固有値 $\lambda_1 > \lambda_2 > \lambda_3 > \cdots$ と対応する固有ベ
クトル $\boldsymbol{a}_1, \boldsymbol{a}_2, \boldsymbol{a}_3 \cdots$ を求めることができる．

上の手続で固有値，固有ベクトルが求まることは次のように説明される．

第 k 固有値を λ_k, 対応する固有ベクトルを $\boldsymbol{a}_k$ とすれば

(75) $\qquad V\boldsymbol{a}_k = \lambda_k \boldsymbol{a}_k, \ k=1, ..., p$

p 個の式をまとめて表せば

(76)
$$V(\boldsymbol{a}_1\, \boldsymbol{a}_2\, \cdots \boldsymbol{a}_p) = (\boldsymbol{a}_1\, \boldsymbol{a}_2\, \cdots \boldsymbol{a}_p)\begin{pmatrix} \lambda_1 & & & O \\ & \lambda_2 & & \\ & & \ddots & \\ O & & & \lambda_p \end{pmatrix}$$

固有ベクトルは互に直交し

$$\boldsymbol{a}_j'\boldsymbol{a}_k = \delta_{jk} \ (\delta_{jk}: \text{Kronecker のデルタ})$$

であるから，$A=(\boldsymbol{a}_1\, \boldsymbol{a}_2\, \cdots\, \boldsymbol{a}_p)$ とおくと

$$A'A = AA' = I$$

のような関係がなりたつ．

従って，(76)の両辺に右から $A' = (\boldsymbol{a}_1\, \boldsymbol{a}_2\, \cdots\, \boldsymbol{a}_p)'$ を掛けると

(77)
$$V = (\boldsymbol{a}_1 \cdots \boldsymbol{a}_p)\begin{pmatrix} \lambda_1 & & O \\ & \ddots & \\ O & & \lambda_p \end{pmatrix}\begin{pmatrix} \boldsymbol{a}_1' \\ \vdots \\ \boldsymbol{a}_p' \end{pmatrix}$$
$$= \lambda_1 \boldsymbol{a}_1\boldsymbol{a}_1' + \lambda_2 \boldsymbol{a}_2\boldsymbol{a}_2' + \cdots \lambda_p \boldsymbol{a}_p\boldsymbol{a}_p'$$

となり，これより

$$V^r = (\lambda_1\boldsymbol{a}_1\boldsymbol{a}_1' + \lambda_2\boldsymbol{a}_2\boldsymbol{a}_2' + \cdots + \lambda_p\boldsymbol{a}_p\boldsymbol{a}_p')^r$$
$$= \lambda_1{}^r\boldsymbol{a}_1\boldsymbol{a}_1' + \lambda_2{}^r\boldsymbol{a}_2\boldsymbol{a}_2' + \cdots + \lambda_p{}^r\boldsymbol{a}_p\boldsymbol{a}_p'$$

両辺を $\lambda_1{}^r$ で割って

$$\lambda_1{}^{-r}V^r = \boldsymbol{a}_1\boldsymbol{a}_1' + \left(\frac{\lambda_2}{\lambda_1}\right)^r \boldsymbol{a}_2\boldsymbol{a}_2' + \cdots + \left(\frac{\lambda_p}{\lambda_1}\right)^r \boldsymbol{a}_p\boldsymbol{a}_p'$$

任意のベクトル $\boldsymbol{a}^{(0)}$ を右から掛けると

(78)
$$\lambda_1{}^{-r}V^r\boldsymbol{a}^{(0)} = \boldsymbol{a}_1(\boldsymbol{a}_1'\,\boldsymbol{a}^{(0)}) + \left(\frac{\lambda_2}{\lambda_1}\right)^r \boldsymbol{a}_2(\boldsymbol{a}_2'\,\boldsymbol{a}^{(0)}) + \cdots$$
$$+ \left(\frac{\lambda_p}{\lambda_1}\right)^r \boldsymbol{a}_p(\boldsymbol{a}_p'\,\boldsymbol{a}^{(0)})$$

となる．いま $\lambda_1 > \lambda_2 \geqq \cdots \geqq \lambda_p \geqq 0$ とすると，$r \to \infty$ のとき右辺の第2項以下

は 0 に収束する. 従って, $a_1{}'a^{(0)} \neq 0$ ならば $r \to \infty$ のとき $V^r a^{(0)}$ は最大固有値 λ_1 に対応する固有ベクトル a_1 の定数倍の形に近づくことがわかる.

同様に $V_1 = V - \lambda_1 a_1 a_1{}'$ とおけば

$$V_1 = \lambda_2 a_2\, a'_2 + \cdots + \lambda_p a_p a'_p$$

と表され, $\lambda_2 > \lambda_3 \geqq \cdots \geqq \lambda_p$ ならば, $r \to \infty$ のとき $V_1{}^r a^{(0)}$ は 2 番目に大きい固有値 λ_2 に対応する固有ベクトル a_2 の定数倍に近づくことが言える. 3 番目以下の固有値とそれに対応する固有ベクトルについても同様である.

例 3 身体測定値の分析

表3に示すデータはある中学1年生30人の身長 (cm), 体重 (kg), 胸囲 (cm), 座高 (cm) の測定結果を示したものである. 測定の単位に cm, kg と異質なものが混っているから, 予め各測定値を標準化した上で (従って相関行列を用いて) 主成分を求めよ.

表3 中学1年生30人の身体測定値

生徒番号	身長	体重	胸囲	座高	生徒番号	身長	体重	胸囲	座高
1	148	41	72	78	16	139	34	71	76
2	160	49	77	86	17	149	36	67	79
3	159	45	80	86	18	142	31	66	76
4	153	43	76	83	19	150	43	77	79
5	151	42	77	80	20	139	31	68	74
6	140	29	64	74	21	161	47	78	84
7	158	49	78	83	22	140	33	67	77
8	137	31	66	73	23	152	35	73	79
9	149	47	82	79	24	145	35	70	77
10	160	47	74	87	25	156	44	78	85
11	151	42	73	82	26	147	38	73	78
12	157	39	68	80	27	147	30	65	75
13	157	48	80	88	28	151	36	74	80
14	144	36	68	76	29	141	30	67	76
15	139	32	68	73	30	148	38	70	78

[**解**]　各変量の平均と標準偏差を求めると

	平 均 ($\bar{x}_j$)	標準偏差 ($\sqrt{s_{jj}}$)
x_1	149.00	7.193
x_2	38.70	6.352
x_3	72.23	5.064
x_4	79.37	4.199

また，相関行列は

$$R = \begin{pmatrix} 1.0000 & 0.8632 & 0.7321 & 0.9205 \\ 0.8632 & 1.0000 & 0.8965 & 0.8827 \\ 0.7321 & 0.8965 & 1.0000 & 0.7829 \\ 0.9205 & 0.8827 & 0.7829 & 1.0000 \end{pmatrix}$$

となる．ここで初期ベクトルとして $\boldsymbol{a}^{(0)} = (1\ 1\ 1\ 1)'$ を選んで，べき乗法を適用する．

$$Ra^{(0)} = \begin{pmatrix} 1.0000 & 0.8632 & 0.7321 & 0.9205 \\ 0.8632 & 1.0000 & 0.8965 & 0.8827 \\ 0.7321 & 0.8965 & 1.0000 & 0.7829 \\ 0.9205 & 0.8827 & 0.7829 & 1.0000 \end{pmatrix} \begin{pmatrix} 1 \\ 1 \\ 1 \\ 1 \end{pmatrix}$$

$$= \begin{pmatrix} 3.51580 \\ 3.64240 \\ 3.41150 \\ 3.58610 \end{pmatrix}$$

最大要素が1となるように基準化すると

$$\boldsymbol{a}^{(1)} = (0.965243\ 1.000000\ 0.936608\ 0.984543)'$$

続いて

$$Ra^{(1)} = \begin{pmatrix} 1.0000 & 0.8632 & 0.7321 & 0.9205 \\ 0.8632 & 1.0000 & 0.8965 & 0.8827 \\ 0.7321 & 0.8965 & 1.0000 & 0.7829 \\ 0.9205 & 0.8827 & 0.7829 & 1.0000 \end{pmatrix} \begin{pmatrix} 0.965243 \\ 1.000000 \\ 0.936608 \\ 0.984543 \end{pmatrix}$$

$$
= \begin{pmatrix} 3.42041 \\ 3.54192 \\ 3.31056 \\ 3.48902 \end{pmatrix}
$$

$\boldsymbol{a}^{(2)} = (0.965692\ 1.000000\ 0.934679\ 0.985064)'$

このようにして、逐次的に $\boldsymbol{a}^{(i)}$, $i=1, 2, \ldots$ を求めていく（表4）。相続く $\boldsymbol{a}^{(i)}$ と $\boldsymbol{a}^{(i+1)}$ の要素の差が 10^{-5} 以下になったら、収束したものと判定することにすれば、5回の反復で収束し、$\boldsymbol{a}'\boldsymbol{a}=1$ と基準化しなおして、固有ベクトル

$$
\boldsymbol{a}_1 = (0.49697\ 0.51457\ 0.48090\ 0.50693)
$$

を得る。対応する固有値は 3.5411 になる。

表4 べき乗法による R の最大固有値と対応する固有ベクトルの計算

サイクル (i)	固有ベクトル				固有値
	$a_1{}^{(i)}$	$a_2{}^{(i)}$	$a_3{}^{(i)}$	$a_4{}^{(i)}$	
0	1.0	1.0	1.0	1.0	
1	0.965243	1.0	0.936608	0.984543	3.64240
2	0.965692	1.0	0.934679	0.985064	3.54192
3	0.965796	1.0	0.934575	0.985146	3.54104
4	0.965806	1.0	0.934567	0.985154	3.54111
5	0.965807	1.0	0.934567	0.985155	3.54112

次に

$$
R_1 = R - \lambda_1 \boldsymbol{a}_1 \boldsymbol{a}_1'
$$

$$
= \begin{pmatrix} 1.0000 & 0.8632 & 0.7321 & 0.9205 \\ 0.8632 & 1.0000 & 0.8965 & 0.8827 \\ 0.7321 & 0.8965 & 1.0000 & 0.7829 \\ 0.9205 & 0.8827 & 0.7829 & 1.0000 \end{pmatrix}
$$

$$
- 3.5411 \begin{pmatrix} 0.49697 \\ 0.51457 \\ 0.48090 \\ 0.50693 \end{pmatrix} (0.49697\ 0.51457\ 0.48090\ 0.50693)
$$

$$= \begin{pmatrix} 0.1254 & -0.0424 & -0.1142 & 0.0284 \\ -0.0424 & 0.0624 & 0.0202 & 0.0410 \\ -0.1142 & 0.0202 & 0.1811 & -0.0804 \\ 0.0284 & -0.0410 & -0.0804 & 0.0900 \end{pmatrix}$$

を求め，これに対して再びべき乗法を適用する．このようにして次々に固有値・固有ベクトルを求めると，表5のような固有値・固有ベクトルが得られる．

注）上の計算プロセスより明らかなように数値計算の誤差は小さい固有値になる程累積していくことがわかる．従ってべき乗法で小さい方の固有値まで求めるときには，有効数字を十分とっておかなければならない．コンピュータを用いて精度のよい結果を得たいときにはヤコビ法，ハウスホルダー法などを使う方がよい．

各主成分は固有ベクトルの要素を係数にして標準化変量 $X_j = (x_j - \bar{x_j})/\sqrt{s_{jj}}$, $j = 1, 2, 3, 4$ の線形式として構成される．

表5　相関行列 R の固有値・固有ベクトル

変量 ＼ 主成分	I	II	III	IV
身　長(X_1)	0.497	-0.543	-0.450	-0.506
体　重(X_2)	0.515	0.210	-0.462	0.691
胸　囲(X_3)	0.481	0.725	0.175	-0.461
座　高(X_4)	0.507	-0.368	0.744	0.232
固　有　値	3.541	0.313	0.079	0.066
寄　与　率	0.885	0.078	0.020	0.017
累積寄与率	0.885	0.963	0.983	1.000

各主成分の解釈は係数（固有ベクトルの要素）を考慮して次のように行われる．第1主成分の係数は，いずれも正で0.5前後の値になっている．すなわち，各標準化変量の和に近い形であり，どの変量が大きくなってもこの主成分の値は大きくなる，という性質をもつ．従って第1主成分は全体的な大きさを表す主成分と解釈される．このような性質をもつ因子は大きさの因子(size factor)と呼ばれる．

第2主成分の係数は，体重と胸囲で正，身長と座高で負であるから，太ってずんぐりした人では大きい値に，やせてのっぽの人では小さい値になる．従って，第2主成分は太っているかやせているかを表す主成分と解釈される．

このような因子は，先の大きさの因子に対して，形の因子(shape factor)と呼ばれる.

第1主成分に対応する固有値は 3.541 で，その寄与率は 88.5 ％と大きく，第2主成分に対応する固有値は 0.313 で，その寄与率は 7.8 ％と小さい. 第1～2主成分の累積寄与率は 96.3 ％である. 前節の 1°～2°の考え方によると，第1主成分だけをとりあげればよいことになる. 実際，もとのデータのもっているちらばりのほぼ 90 ％が，大きさを表す第1主成分だけで説明され，第2主成分に対応する固有値は 1 より小さい.

しかし，ここではより詳細にみるために，第1主成分で説明し残された部分のおよそ 2/3 を説明し，また上のような意味のある解釈ができる第2主成分までとりあげておこう.

第1，2主成分得点を計算して図示すると，図5を得る. この図で，右の方にプロットされた点は大きい人，左の方にプロットされた点は小さい人，上の方にプロットされた点は太った人，下の方にプロットされた点はやせた人を表す.

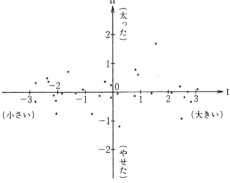

図5　第1－2主成分得点による相関図

§9.　適用例

適用例の1つとして，嗜好調査データにもとづく食品の分類に主成分分析を用いた例（戸田・田中 (1967)）を紹介しよう.

種々の食品に対する消費者の嗜好を把握するため次のような調査が行われた.

　調査食品としては日本人の食生活で重要と考えられる100種類が選ばれた．その内訳は主食19（米10，めん類6，パン類3），汁物4，肉料理10，魚料理11，卵料理6，野菜料理14，大豆加工品4，その他の副食3，飲物14，菓子類11，果物4である．調査対象は大阪のある企業の社員およびその家族1539人であるが，ここで紹介する結果は，そのうち表6に示す785人にもとづくものである．嗜好を測定する尺度としては表7のような尺度が用いられた．

表6　調　査　数

グループ			人　数
番号	性	年令	
1	男	15才以下	94
2	男	16 ～ 20	64
3	男	21 ～ 30	57
4	男	31 ～ 40	50
5	男	41才以上	121
6	女	15才以下	102
7	女	16 ～ 20	64
8	女	21 ～ 30	53
9	女	31 ～ 40	78
10	女	41才以上	102
計			785

表7　嗜好を測定する尺度

評定尺度値	尺　　　度
9	もっとも好きな食品に入る
8	いつも食べたい
7	機会があればいつも食べたい
6	好きだから時々食べたい
5	時には好きだと思うこともある
4	たまたま手に入れば食べてみる
3	ほかになにもない時に食べる
2	もし強制されれば食べる
1	おそらく食べる気にならない

　調査結果の集計として，まず，性・年令によって表6に示すような10グループに層別し，各グループ毎の各食品の平均嗜好度が計算された（表8）．代表的な食品の平均嗜好度を図示すると図6のとおりである．これによると，ごはんは性・年令にかかわらず全体的に嗜好度が高く，ハムエッグ，オレンジジュース，チョコレートは若い層ほど好まれるが，みそ汁，焼魚，きゅうりもみは年とった層ほど好まれること，また，みそ汁，トンカツは女性より男性に，きゅうりもみは男性より女性に好まれることなどがわかる．

　次にこれらの食品を，性・年令による10グループの平均嗜好度のパターンによって分類するため，主成分分析が適用された．

　性・年令による10グループの平均嗜好度を10個の変量と考えたときの，各変量の平均と分散および変量間の相関行列は表9，10に示すとおりである．表9によると年令の若い層では平均，分散とも大きく，また同じ年令層では，男性のグループより女性のグループの方が平均は小さく，分散は大きい傾向がみられる．表10からは，年令の近いグループの間では相関が高く，年令差が大きくなるにつれて相関が低くなっていること，そして同じ年令層の男女間の相関もかなり高いことが読みとられる．

表8　食品の平均嗜好度

食品名 ＼ グループ	1	2	3	4	5	6	7	8	9	10
1. ごはん	7.69	7.31	7.47	7.76	7.87	7.51	7.24	7.70	7.91	7.95
2. お茶漬	6.59	5.56	6.21	6.04	5.81	6.64	6.11	6.53	6.44	6.64
3. おじや	4.55	4.18	4.36	4.25	4.53	4.60	3.66	4.04	3.68	4.43
4. やきめし	6.78	6.11	6.30	5.98	5.56	6.37	6.29	5.43	5.32	5.28
5. 親子丼	6.47	6.24	6.02	5.42	5.88	6.00	5.60	4.60	5.40	5.95
6. 巻寿司	6.96	6.81	6.91	6.48	6.23	7.09	7.27	7.13	6.86	7.36
7. チキンライス	6.57	5.70	5.89	5.16	5.30	6.07	5.56	4.50	4.92	5.33
8. カレーライス	7.32	6.95	6.02	4.98	4.88	6.82	6.40	5.53	5.61	5.33
9. ドライカレー	6.51	6.15	5.51	4.68	4.16	5.17	4.81	4.70	4.86	3.82
10. 餅	6.86	6.05	5.85	6.14	6.75	6.71	5.39	5.42	6.03	6.59
11. うどん	7.04	6.03	6.53	6.02	6.68	6.78	5.91	6.26	5.76	5.95
12. ざるそば	6.59	6.30	6.29	5.94	6.10	5.93	5.52	5.35	5.45	5.85
13. ひやむぎ	5.93	4.76	5.09	5.51	5.79	5.49	4.97	4.69	5.30	5.61
14. やきそば	7.00	6.31	6.82	6.26	5.26	6.69	6.27	5.94	5.78	5.26

食品名 ＼ グループ	1	2	3	4	5	6	7	8	9	10
15. インスタント ラーメン	6.63	5.47	5.54	4.88	4.70	5.89	4.64	4.43	4.00	3.98
16. スパゲッティ	6.56	6.57	5.74	4.76	4.39	6.56	6.29	5.61	5.22	4.72
17. アンパン	5.80	5.44	4.75	4.69	4.65	5.23	4.83	4.66	4.72	4.98
18. トースト	6.39	6.14	6.21	5.48	5.40	6.32	6.19	6.44	5.49	5.49
19. サンドウィッチ	7.19	6.66	6.58	5.33	5.03	7.13	7.19	6.62	5.78	5.23
20. みそ汁	5.76	6.63	7.02	7.37	7.27	5.93	5.89	6.70	6.82	6.97
21. すまし汁	5.74	5.71	5.93	6.12	6.24	5.42	5.69	6.10	6.25	6.45
22. ポタージュ	5.52	5.28	5.17	4.69	4.87	4.86	4.66	4.10	4.62	4.10
23. コンソメ	4.89	4.75	5.02	5.14	4.65	4.96	4.17	3.89	4.61	4.01
24. すきやき	6.46	6.88	6.93	6.74	6.52	6.14	6.64	5.81	6.14	6.59
25. トンカツ	6.42	6.79	7.26	6.68	6.48	6.32	5.85	5.14	6.21	5.55
26. 鳥のからあげ	5.89	6.51	6.46	6.31	5.76	5.54	4.38	4.51	5.75	5.11
27. 酢豚	4.16	4.73	5.73	5.79	5.29	3.35	4.16	4.33	5.49	4.72
28. ぎょうざ	5.99	6.10	5.84	5.49	4.82	5.04	4.44	4.09	5.01	4.31
29. コロッケ	6.97	5.84	5.47	4.58	4.75	6.71	5.90	5.08	4.87	5.01
30. ハンバーグ	7.15	6.76	6.56	5.73	5.13	6.99	6.27	5.75	5.58	4.98
31. ビーフシチュー	5.38	5.74	5.87	5.16	5.15	5.33	4.89	4.71	5.28	4.96
32. ビフテキ	7.38	7.84	8.04	7.58	7.25	6.68	6.31	6.29	6.68	6.14
33. ハム	7.00	6.52	6.49	5.90	5.60	6.58	5.94	5.02	5.71	5.14
34. さしみ	5.81	6.66	7.28	6.54	7.38	5.73	6.10	6.29	6.43	7.06
35. 貝の酢のもの	3.32	4.09	5.13	5.52	5.24	3.27	3.74	4.35	4.92	5.22
36. 焼魚	4.97	4.67	5.16	5.26	6.04	4.86	4.43	4.62	5.85	6.05
37. 煮魚	3.84	3.84	4.47	4.29	5.37	3.97	3.73	3.88	5.08	5.50
38. うなぎの蒲焼	6.12	6.57	6.66	7.02	6.97	5.40	4.76	3.72	5.33	6.09
39. 魚の天ぷら	4.14	4.28	5.60	4.74	5.53	3.99	4.35	4.25	4.95	5.17
40. 魚のフライ	4.57	4.64	5.80	4.50	5.67	4.20	4.97	4.57	4.92	5.35
41. カキフライ	4.34	5.11	6.85	6.34	6.58	3.60	5.13	5.67	5.79	5.97
42. 鯛ちり	4.97	5.06	6.13	6.35	6.96	4.74	5.04	5.54	5.73	6.51
43. カマボコ	5.83	5.34	5.89	5.80	5.07	6.01	5.23	5.42	5.99	6.31
44. 魚肉ソーセージ	5.27	4.31	4.65	3.73	3.72	5.29	3.71	3.19	3.50	3.35
45. 生卵	5.31	4.88	5.35	5.47	5.63	4.37	3.79	3.67	4.00	4.24
46. 茶碗蒸し	6.47	6.00	6.68	6.88	7.08	6.29	6.48	6.28	6.67	7.31
47. 卵焼	7.22	6.59	6.60	6.38	6.34	6.66	6.33	6.53	5.88	6.46
48. ゆで卵	6.74	6.59	6.61	6.88	6.44	6.48	6.38	6.09	6.03	6.52
49. ハムエッグ	6.76	6.36	6.33	5.82	5.11	6.05	5.81	5.47	5.42	4.88
50. オムレツ	7.16	6.39	6.21	5.61	5.85	6.67	6.53	6.04	5.96	5.80

グループ 食品名	1	2	3	4	5	6	7	8	9	10
51. きゅうりもみ	4.44	5.32	5.47	5.55	5.68	5.00	5.98	6.32	5.79	6.22
52. ほうれんそうのおひたし	5.11	4.48	6.07	6.46	6.45	5.25	5.56	6.13	6.40	6.70
53. きんぴらごぼう	4.54	4.50	4.60	4.88	5.03	4.66	5.23	5.12	5.41	5.54
54. うずらの煮豆	4.53	4.15	4.14	4.27	4.98	4.43	4.12	3.68	4.97	5.55
55. はくさいの漬物	5.16	5.54	6.74	6.82	7.08	5.89	5.88	7.25	6.86	7.25
56. おでん	5.33	6.39	5.49	5.86	5.68	5.81	5.42	5.91	5.71	6.31
57. たくあん	4.84	5.58	5.74	5.55	6.00	5.07	5.17	5.72	6.01	6.30
58. さといもの煮付	4.61	3.71	4.35	4.47	4.86	4.33	4.27	3.92	4.94	5.58
59. アスパラガス	3.51	3.39	4.69	4.61	4.42	3.18	2.93	3.56	4.14	3.61
60. マッシュポテト	5.31	5.09	5.11	4.17	4.46	5.25	5.15	4.69	4.41	4.20
61. 野菜サラダ	5.83	6.38	7.23	5.48	5.59	6.46	7.44	7.06	6.49	6.13
62. もやし炒め	4.18	4.61	5.45	4.60	4.67	4.68	4.73	5.04	4.95	5.25
63. 八宝菜	4.60	5.08	6.11	6.02	5.50	4.61	5.74	5.75	6.14	5.81
64. 精進揚	4.83	5.14	6.23	5.88	6.29	5.48	5.59	5.58	6.05	5.97
65. 昆布の佃煮	4.55	4.49	4.65	4.98	5.34	4.57	4.02	4.62	5.01	5.59
66. 梅干し	4.00	3.95	5.51	5.00	5.15	4.45	4.63	5.38	4.06	5.22
67. 味付のり	7.60	6.75	7.19	7.40	7.29	7.50	7.09	7.11	7.69	7.49
68. 湯豆腐	5.12	5.31	6.21	6.12	6.74	4.99	5.11	5.06	5.59	5.93
69. 冷奴	5.66	5.92	6.95	6.42	6.55	5.48	6.17	5.83	6.09	6.27
70. 高野豆腐	5.09	4.61	5.11	5.06	5.35	4.63	4.48	4.17	5.53	6.00
71. 納豆	4.97	3.72	4.16	3.64	4.31	4.19	3.49	3.16	3.79	3.93
72. ブドウ酒	4.58	4.96	6.02	5.43	5.39	4.66	4.23	4.22	4.14	4.39
73. 清酒	3.91	3.91	5.09	5.98	5.79	2.83	2.32	2.76	2.75	2.70
74. ビール	4.56	5.13	6.68	7.15	6.45	3.32	3.64	4.22	4.28	3.59
75. ウィスキー	3.92	4.19	4.95	4.85	4.76	2.09	2.56	2.66	2.07	1.79
76. 緑茶	6.13	6.29	7.05	6.76	6.63	6.52	6.81	7.21	6.83	7.35
77. 紅茶	6.08	6.73	6.56	5.80	5.48	5.77	6.00	5.96	5.68	5.75
78. コーヒー	6.20	6.75	6.23	6.58	5.49	5.02	6.31	6.28	6.18	5.76
79. 牛乳	7.40	7.27	6.75	6.70	6.82	6.27	6.25	5.04	6.36	5.16
80. カルピス	8.05	6.84	6.72	6.34	5.90	7.82	7.02	6.29	6.73	6.11
81. オレンジジュース	7.80	6.59	6.42	6.18	5.78	7.60	6.57	5.94	5.91	5.21
82. 粉末ジュース	6.97	5.31	5.25	4.83	4.21	6.73	5.06	4.73	4.16	4.25
83. コーラ	6.87	6.86	6.23	5.56	4.96	5.60	5.77	4.49	3.87	3.34
84. サイダー	7.60	6.60	5.80	5.32	5.33	6.90	6.35	5.51	5.49	5.67
85. ネクター	6.96	5.61	4.34	4.28	4.15	6.46	5.70	5.31	4.77	4.19
86. 栗まんじゅう	5.71	5.58	5.46	5.10	5.57	5.46	5.94	5.19	5.78	6.23

食品名＼グループ	1	2	3	4	5	6	7	8	9	10
87. ようかん	5.30	5.88	5.35	5.24	5.68	5.17	5.91	5.06	5.56	6.10
88. おかき	7.09	6.39	5.60	6.18	5.81	7.12	6.69	5.96	6.28	6.60
89. カステラ	6.93	6.73	5.60	5.63	6.13	7.13	6.66	6.42	6.44	6.50
90. チューインガム	7.46	6.19	5.42	4.70	3.68	7.33	6.73	5.58	4.18	3.39
91. ビスケット	6.38	5.28	5.07	3.96	4.25	6.28	5.21	4.65	4.49	4.64
92. ホットケーキ	7.41	6.97	5.91	4.96	4.86	7.19	6.72	5.98	5.53	5.52
93. チョコレート	7.77	6.47	5.71	5.26	4.91	7.72	7.03	6.42	5.52	5.46
94. シュークリーム	7.96	7.13	6.36	6.18	5.71	7.92	7.59	6.87	6.77	6.43
95. プリン	7.62	6.48	5.75	4.69	4.65	7.82	7.17	6.31	5.53	5.58
96. アイスクリーム	8.44	7.52	6.82	6.88	6.05	8.48	8.33	7.25	6.83	6.55
97. みかん	7.81	7.31	6.93	7.42	6.60	8.10	7.56	7.79	7.82	7.67
98. バナナ	8.29	7.45	7.00	6.76	6.69	8.14	7.09	6.83	6.83	7.13
99. リンゴ	7.20	6.42	6.23	5.92	5.91	6.98	6.44	6.04	6.14	6.02
100. パイ缶	7.62	7.33	6.91	6.90	6.47	7.33	6.69	7.23	6.79	6.70

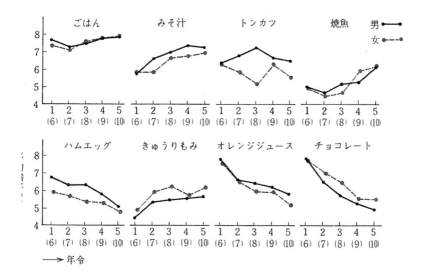

図6　代表的食品の平均嗜好度

表9 食品の平均嗜好度の平均および分散

グループ	平　均	分　散
1	6.038	1.536
2	5.785	1.069
3	5.947	0.682
4	5.670	0.838
5	5.641	0.782
6	5.781	1.675
7	5.564	1.399
8	5.378	1.259
9	5.517	1.033
10	5.542	1.279

(n = 100)

表10 相関行列

	1	2	3	4	5	6	7	8	9	10
1	1.000									
2	.871	1.000								
3	.516	.759	1.000							
4	.370	.604	.852	1.000						
5	.172	.402	.726	.874	1.000					
6	.938	.821	.517	.358	.208	1.000				
7	.811	.838	.658	.488	.354	.889	1.000			
8	.615	.709	.698	.620	.523	.746	.894	1.000		
9	.500	.647	.701	.721	.710	.621	.768	.852	1.000	
10	.330	.457	.558	.632	.748	.493	.642	.778	.911	1.000

この相関行列の固有値と固有ベクトルを求めると表11が得られる.

表11 相関行列の固有値および固有ベクトル

主 成 分	I	II	III
1	0.286	0.446	0.194
2	0.331	0.240	0.336
3	0.323	− 0.166	0.442
4	0.299	− 0.359	0.375
5	0.261	− 0.507	0.128
6	0.309	0.408	− 0.084
7	0.344	0.253	− 0.171
8	0.348	0.032	− 0.290
9	0.346	− 0.164	− 0.322
10	0.303	− 0.267	− 0.522
固 有 値	6.83	1.76	0.75
寄 与 率	0.683	0.176	0.075
累積寄与率	0.683	0.859	0.934

これより,

(1) 第1主成分の分散(寄与率)は 6.83(68.3 %). 係数はいずれも 0.3 前後の値である. このことから, 第1主成分は性・年令を通じて全般的な嗜好度を表していると解釈される.

(2) 第2主成分の分散(寄与率)は 1.76(17.6 %). 係数は, 男女とも低年令層で正の大きい値をとり, 年令が大きくなるにつれて減少して負の値をとるようになる. これより, 第2主成分は年令による嗜好の違いを表すものと解釈される.

(3) 第3主成分の分散(寄与率)は 0.75(7.5 %). 係数は男性のグループではすべて正の値をとり, 女性のグループではすべて負の値をとる. したがって, 第3主成分は男性と女性の嗜好の違いを表すものと解釈される.

これら第1～3主成分の累積寄与率は 93.4 %である. 4番目以下の固有値(寄与率)は 0.26(2.6 %), 0.12(1.2 %), …であり, いずれも小さいので無視する. 第3主成分に対する固有値も1より小さく, §7の2°の考え方によればすてられることになるが, 固有値の3番目と4番目の間に落差があること, また

第3主成分は上述のように明確な解釈をもつことなどの理由により，第3主成分までをとりあげておく．

　次に，各食品について主成分得点が計算され，第1〜3主成分による3次元空間に各食品が位置づけられた．第1主成分と第2主成分の平面に各食品をプロットした図を図7に，第2主成分と第3主成分の平面に各食品をプロットした図を図8に示す．100種類の食品はこの3次元空間の中でほぼ偏平な楕円体を構成しており，アルコール飲料がこれからかけはなれた位置にある．第2主成分と第3主成分の平面でみると，果物，純日本的なめん類，ごはん類がほぼ中央にあり，これらのまわりに，子供に好まれるものとしてハンバーグ，コロッケ，ハムエッグのような料理，インスタントラーメン，やきそばのようなめん類，カレーライス，チキンライスのようなごはん料理，洋菓子，パン類，清涼飲料水があり，女性に好まれるものとして和菓子，女性の大人に好まれるものとして野菜料理，大人に好まれるものとして魚料理，豆腐料理，男性の大人に好まれるものとして肉料理がある．コーラ，うなぎの蒲焼，牛乳は男性に好まれるものとして，チューインガムは子供に好まれるものとして特異な位置にある．またブドウ酒は他のアルコール飲料にくらべて女性側に寄っている．

　このような主成分得点の3次元空間における位置にもとづいて，「一般に好まれるかどうか」，「子供に好まれるか，大人に好まれるか」，「男性に好まれるか女性に好まれるか」という観点から100種類の食品の分類が行われた．そのような分類を，もし主成分分析を用いずに行おうとすれば，各食品に対して図6のようなグラフを描き，それを見て直感にもとづいて，これは「大人の男性に好まれる」，それは「一般に好まれる」，…などと一つずつ分類することになる．結果的に似たような分類が得られるとしてもこれではあまりに主観的で，再現性も期待できない．これに対して主成分分析を応用すれば，各食品の主成分得点を用いて，客観的に分類することができるのである．

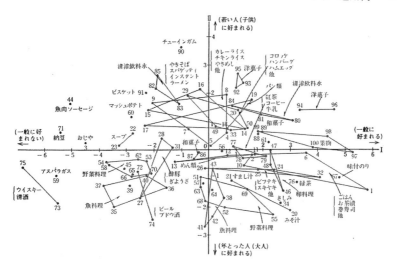

図7　第1主成分 ― 第2主成分平面における食品の位置
（図中の数字は表8の食品名の欄の番号をあらわす）

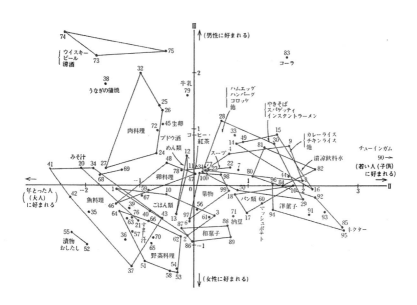

図8　第2主成分 ― 第3主成分平面における食品の位置

~~~~~~

問 題 A

2.1　固有値 λ_1 に対応する固有ベクトル(a_{11}, a_{21})と固有値 λ_2 に対応する固有ベクトル(a_{12}, a_{22})とが直交することを証明せよ.

2.2　⒇の最小化問題が㉕の最大化問題になることを示せ.

2.3　第3主成分が, 3番目に大きい固有値に対応する固有ベクトルの要素を係数として, 㘅で与えられることを示せ.

2.4　主成分は互に無相関であることを証明せよ.

問 題 B

2.5　表2の中で国語(x_1)と社会(x_2)の成績を用いて主成分を求めよ. 但し, 両方のテストは100点満点で単位はそろっているから, 分散共分散行列を用いるものとする. また, x_1 の x_2 への回帰直線, x_2 の x_1 への回帰直線を求め, 第1主成分と合わせて相関図上に図示せよ.

2.6　次の表は中学1年男子30人の体力テストのうち背筋力(x_1)と握力(x_2)の成績を示したものである. これらの成績と相関が高いという意味で, これらを代

生徒番号	背筋力(x_1)	握　力(x_2)	生徒番号	背筋力(x_1)	握　力(x_2)
1	74	26	16	71	24
2	130	39	17	91	22
3	80	24	18	60	19
4	100	34	19	82	24
5	90	37	20	101	20
6	46	19	21	102	34
7	90	32	22	80	24
8	86	27	23	97	24
9	70	23	24	82	20
10	100	28	25	97	34
11	80	25	26	55	19
12	84	23	27	80	18
13	102	36	28	74	22
14	86	28	29	62	22
15	69	24	30	95	25

表する合成変量，すなわち相関行列を用いた場合の第 1 主成分，を求めよ．また このときの主成分と，もとの変量 x_1，x_2 との相関係数を求めよ．

2.7　表 2 の国語，社会，数学，理科，英語の 5 科目の成績を用いて，主成分を求めよ．

第3章

判別分析法

判別分析法はいくつかの変量 x_1, $\cdots$, x_p に関して群ごとに得られている過去のデータ（サンプル）にもとづき，これらの変量の値から，個体がどの群に属するかを判別（予測）する方法である．回帰分析において目的変数が分類（名義尺度）で得られるような場合に相当する．いろいろな症状や臨床検査の結果から病気を診断したり，出土された化石についての種々の測定値から年代の判別したりする場面で応用されている．

§1. 判別分析の考え方

判別分析とは，例えば高校3年生の校内の実力テストの点数から1つの大学への合格，不合格を判別するとか，集団検診で年令，血圧，尿中の蛋白量，眼底所見などいくつかの測定値から，ある1つの病気にかかっているかいないかを判別するとか，出土された化石の分析結果から，その化石がある年代よりも前のものか後のものかを判別するといったような，いくつかの変量の測定値から目的とする判別をおこなうものである．これらの判別をおこなうためには，1人の生徒の実力テストの結果が大学への合格群に属するか，不合格群に属するか，また1人の集団検診の結果が病気群に属するか，健康群に属するか，また1つの化石がある年代よりも前の群に属するか，後の群に属するかの判別の基準をつくらなければならない．このような基準を求めるための定式化にはいくつかの方法があるが，ここではマハラノビスの距離を用いて説明する．

わかりやすいために1変量の判別分析の場合からはじめよう．

§2. 1変量による判別分析

2.1 判別方式

いま2つの群があり，各群の母平均 $\mu^{(1)}$, $\mu^{(2)}$，母分散 $\sigma_{(1)}^2$, $\sigma_{(2)}^2$ が既知としよう．$\mu^{(i)}$, $\sigma_{(i)}^2$ が既知ということは現実には考えにくいが，十分大きい大きさのサンプルが得られており，

I群の平均: $\mu^{(1)} \leftarrow$ $\overline{x}^{(1)} = \dfrac{1}{n_1} \sum_{i=1}^{n_1} x_i^{(1)}$

分散: $\sigma_{(1)}^2 \leftarrow$ $s_{(1)}^2 = \dfrac{1}{n_1-1} \sum_{i=1}^{n_1} (x_i^{(1)} - \overline{x}^{(1)})^2$

II群の平均: $\mu^{(2)} \leftarrow$ $\overline{x}^{(2)} = \dfrac{1}{n_2} \sum_{i=1}^{n_2} x_i^{(2)}$

分散: $\sigma_{(2)}^2 \leftarrow$ $s_{(2)}^2 = \dfrac{1}{n_2-1} \sum_{i=1}^{n_2} (x_i^{(2)} - \overline{x}^{(2)})^2$

のように，母数 $\mu^{(i)}$，$\sigma_{(i)}^2$ のところに推定値 $\bar{x}^{(i)}$，$s_{(i)}^2$ を代入しても，誤差が小さい場合を想定してもらえばよい．なお，I 群，II 群の名前のつけ方は任意だから，一般性を失うことなく $\mu^{(1)} < \mu^{(2)}$ と仮定しておく．

さて，新しい大きさ 1 のサンプル（個体）x が得られたとき，I 群，II 群の平均 $\mu^{(1)}$，$\mu^{(2)}$ からの標準化した平方距離：

$$\text{(1)} \qquad D_1{}^2 = \frac{(x-\mu^{(1)})^2}{\sigma_{(1)}{}^2}, \ D_2{}^2 = \frac{(x-\mu^{(2)})^2}{\sigma_{(2)}{}^2}$$

を考える．D_1，D_2 は平均からのユークリッド距離を標準偏差を単位として，その何倍という形で測ったもので，§3 の 2 変量以上の判別分析のところで述べるマハラノビスの汎距離に相当する．1 次元数直線上での，サンプル点 x と $\mu^{(1)}$，$\mu^{(2)}$ との単なるユークリッド距離とは異なることに注意されたい．この $D_1{}^2$，$D_2{}^2$ を用いて，距離の近い方に判別しようという考え方は 1 つの自然な考え方と言えよう．

判別方式（一般の場合）：サンプル x に対して

$$\text{(2)} \qquad \begin{cases} D_1{}^2 < D_2{}^2 \Rightarrow x \text{ は I 群に属すると判別}. \\ D_1{}^2 > D_2{}^2 \Rightarrow x \text{ は II 群に属すると判別}. \end{cases}$$

両群の分散が等しい（$\sigma_{(1)}{}^2 = \sigma_{(2)}{}^2$）場合と等しくない（$\sigma_{(1)}{}^2 \neq \sigma_{(2)}{}^2$）場合にわけて詳しくみると次のようになる．

　i) $\sigma_{(1)}{}^2 = \sigma_{(2)}{}^2$ とみなされる場合

$\sigma_{(1)}{}^2 = \sigma_{(2)}{}^2 = \sigma^2$ とおくと

$$\begin{aligned} D_2{}^2 - D_1{}^2 &= \{(x-\mu^{(2)})^2 - (x-\mu^{(1)})^2\}/\sigma^2 \\ &= \{-2(\mu^{(2)}-\mu^{(1)})x + (\mu^{(2)}+\mu^{(1)})(\mu^{(2)}-\mu^{(1)})\}/\sigma^2 \\ &= -\frac{2(\mu^{(2)}-\mu^{(1)})}{\sigma^2}\left(x - \frac{\mu^{(1)}+\mu^{(2)}}{2}\right) \end{aligned}$$

仮定より $\mu^{(2)}-\mu^{(1)} > 0$ だから

$$\begin{cases} D_2{}^2 - D_1{}^2 > 0 \ \Rightarrow \ x < \dfrac{\mu^{(1)}+\mu^{(2)}}{2} = \bar{\mu} \\[3mm] D_2{}^2 - D_1{}^2 < 0 \ \Rightarrow \ x > \dfrac{\mu^{(1)}+\mu^{(2)}}{2} = \bar{\mu} \end{cases}$$

となり，判別方式は次のように書ける.

判別方式($\sigma_{(1)}{}^2 = \sigma_{(2)}{}^2$の場合)：サンプル x に対して

(3)
$$\begin{cases} x < \bar{\mu} \Rightarrow x \text{ は I 群に属すると判別.} \\ x > \bar{\mu} \Rightarrow x \text{ は II 群に属すると判別.} \end{cases} \quad \text{(図 1 参照)}$$

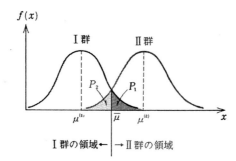

I群の領域 ← | → II群の領域

図1　1変量による判別（$\sigma_{(1)}{}^2 = \sigma_{(2)}{}^2$のとき）

ii）$\sigma_{(1)}{}^2 \neq \sigma_{(2)}{}^2$ とみなされる場合

$D_1{}^2 = D_2{}^2$を満たす境界の値を c とすると

$$\frac{(c - \mu^{(1)})^2}{\sigma_{(1)}{}^2} = \frac{(\mu^{(2)} - c)^2}{\sigma_{(2)}{}^2}$$

$$\Rightarrow \frac{c - \mu^{(1)}}{\sigma_{(1)}} = \pm \frac{\mu^{(1)} - c}{\sigma_{(2)}}$$

であるから，これを解いて

$$c = \frac{\mu^{(1)}\sigma_{(2)} + \mu^{(2)}\sigma_{(1)}}{\sigma_{(1)} + \sigma_{(2)}} \quad \text{または} \quad c' = \frac{\mu^{(1)}\sigma_{(2)} - \mu^{(2)}\sigma_{(1)}}{\sigma_{(2)} - \sigma_{(1)}}$$

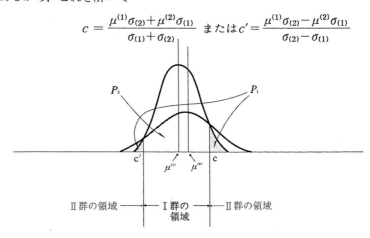

II群の領域 —— I群の領域 —— II群の領域

図2　1変量による判別（$\sigma_{(1)}{}^2 \neq \sigma_{(2)}{}^2$のとき）

を得る．これより判別方式は次のように書ける．ただし，$\mu^{(1)} < \mu^{(2)}$とする．

判別方式($\sigma_{(1)}^2 \neq \sigma_{(2)}^2$の場合):

(4) $\begin{cases} c' < x < c = x は \text{I群に属すると判別.} \\ x < c' または x > c = x は \text{II群に属すると判別.} \end{cases}$ （図2を参照）

2.2　誤判別の確率

P_1: I群からのサンプルであるにもかかわらず，II群であると判定する誤判別の確率．

P_2: II群からのサンプルであるにもかかわらずI群であると判定する誤判別の確率．

とする．このとき，上の判別方式を用いたときの誤判別の確率は次のように評価できる．

i）　$\sigma_{(1)}^2 = \sigma_{(2)}^2 = \sigma^2$の場合

I群，II群の確率分布が正規分布 $N(\mu^{(1)}, \sigma^2)$, $N(\mu^{(2)}, \sigma^2)$であると仮定できる場合を考えよう．$u = \dfrac{x - \mu^{(1)}}{\sigma}$ あるいは $u = \dfrac{x - \mu^{(2)}}{\sigma}$ は，x がI群あるいはII群からのサンプルであるとき $N(0, 1)$にしたがう．したがってつぎのようになる．

$$(5) \qquad P_1 = Pr\left\{ u = \frac{x - \mu^{(1)}}{\sigma} > \frac{\bar{\mu} - \mu^{(1)}}{\sigma} \,\middle|\, x \text{ がI群に属する} \right\}$$

$$P_2 = Pr\left\{ u = \frac{x - \mu^{(2)}}{\sigma} < \frac{\bar{\mu} - \mu^{(2)}}{\sigma} \,\middle|\, x \text{ がII群に属する} \right\}$$

ただし，両群の共通の分散 σ^2に対しては

$$\sigma^2 \longleftarrow \{((n_1 - 1)s_{(1)}^2 + (n_2 - 1)s_{(2)}^2)/(n_1 + n_2 - 2)\}$$

と代入する．$\dfrac{\bar{\mu} - \mu^{(1)}}{\sigma} = \dfrac{\mu^{(2)} - \bar{\mu}}{\sigma}$ がなりたつから $P_1 = P_2$となる．

ii）　$\sigma_{(1)}^2 \neq \sigma_{(2)}^2$の場合

i）と同様な正規分布を仮定すると，

$u = \dfrac{x - \mu^{(1)}}{\sigma_{(1)}}$ あるいは $u = \dfrac{x - \mu^{(2)}}{\sigma_{(2)}}$ は x がI群あるいはII群に属すると

き $N(0,1)$ にしたがうので，誤判別の確率は

(6) $P_1 = Pr\left\{u = \dfrac{x-\mu^{(1)}}{\sigma_{(1)}} > \dfrac{c-\mu^{(1)}}{\sigma_{(1)}} \text{ または } u = \dfrac{x-\mu^{(1)}}{\sigma_{(1)}} < \dfrac{c'-\mu^{(1)}}{\sigma_{(1)}} \;\middle|\; x \text{ が I 群に属する}\right\}$

$P_2 = Pr\left\{\dfrac{c'-\mu^{(2)}}{\sigma_{(2)}} < u = \dfrac{x-\mu^{(2)}}{\sigma_{(2)}} < \dfrac{c-\mu^{(2)}}{\sigma_{(2)}} \;\middle|\; x \text{ が II 群に属する}\right\}$

となる.

なお，簡便的には，I 群の中で II 群と誤判別された個数を k_1, II 群の中で I 群と誤判別された個数を k_2 とするとき

(7) $\qquad P_1 = \dfrac{k_1}{n_1}, \qquad P_2 = \dfrac{k_2}{n_2}$

のように評価することもできる. ただし，n_1, n_2 はそれぞれ I 群, II 群のサンプルの大きさとする. この方法は精密ではないが，正規性が仮定できない場合にも適用できる.

2.3 判別方式 i) ii) の選択のための等分散性の検定

2 つの群の分散が等しいかどうかにより用いるべき判別方式が異なることがわかった. 両群の分散が等しいとみなされるかどうかの判断のためには，次のような等分散性の検定が役立つ.

I 群, II 群の確率分布をそれぞれ $N(\mu^{(1)}, \sigma_{(1)}{}^2)$, $N(\mu^{(2)}, \sigma_{(2)}{}^2)$ とするとき，帰無仮説 $H_0: \sigma_{(1)}{}^2 = \sigma_{(2)}{}^2$, 対立仮説 $H_1: \sigma_{(1)}{}^2 \neq \sigma_{(2)}{}^2$ を検定する. これには，統計量

(8) $\qquad F = \dfrac{s_{(1)}{}^2}{s_{(2)}{}^2}$

が自由度 (n_1-1, n_2-1) の F 分布に従うことが利用できる.

$$Pr\left\{F > F_{n_2-1}^{n_1-1}\left(\frac{\alpha}{2}\right)\right\} = \frac{\alpha}{2},$$

$$Pr\left\{F < F_{n_2-1}^{n_1-1}\left(1-\frac{\alpha}{2}\right)\right\} = \frac{\alpha}{2}$$

であるような $F_{n_2-1}^{n_1-1}\left(\dfrac{\alpha}{2}\right),\ F_{n_2-1}^{n_1-1}\left(1-\dfrac{\alpha}{2}\right)=1/F_{n_1-1}^{n_2-1}(\alpha)$ を

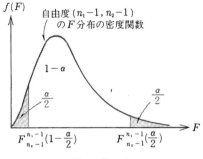

図3　F 分布

F 分布表から読みとり

(9) $\qquad F>F_{n_2-1}^{n_1-1}\left(\dfrac{\alpha}{2}\right)$ または $F<F_{n_2-1}^{n_1-1}\left(1-\dfrac{\alpha}{2}\right)$ （図3参照）

なら有意水準 α で仮説 H_0 を棄却し，両群の分散は等しくないと考える.

表1　不合格群, 合格群の成績（合計点）

不合格群（Ⅰ群）　　　　　　　　合格群（Ⅱ群）

生徒番号	点 数	生徒番号	点 数	生徒番号	点 数	生徒番号	点 数
1	150	11	126	1	190	11	157
2	127	12	123	2	168	12	205
3	160	13	131	3	215	13	168
4	162	14	128	4	204	14	152
5	129	15	114	5	171	15	165
6	175	16	146	6	226	16	159
7	136	17	180	7	150	17	182
8	198	18	122	8	245	18	199
9	140	19	153	9	178	19	151
10	147	20	177	10	203	20	179

例1. 表1に示すデータは，ある大学に合格したグループ（合格群）20人と，不合格になったグループ（不合格群）20人の3教科の実力テストの合計点 (300点満点) を示すものである．2つの群の確率分布は正規分布であると

仮定し，20人はそれぞれの群からのランダムサンプルとして，判別方式と誤判別の確率 P_1, P_2 を求めよ．また，155点，173点，160点の3人の大学への合否を判別せよ．

[**解**]　I群，II群の平均 $(\bar{x}^{(1)}, \bar{x}^{(2)})$，分散 $(s_{(1)}^2, s_{(2)}^2)$，標準偏差はそれぞれ次のようになる．

	平　均	分　散	標準偏差
不合格群（I群）	146.2	528.6	23.0
合格群（II群）	183.4	717.4	26.8

まず両群の等分散性の検定をおこなってみる．
$s_{(1)}^2 = 528.6,\ s_{(2)}^2 = 717.4$ であるから(8)式より

$$F = \frac{528.6}{717.4} = 0.737$$

となり，$\alpha = 0.05$ とおくと，

$$F_{19}^{19}\left(\frac{\alpha}{2}\right) = F_{19}^{19}(0.025) = 2.53$$

$$F_{19}^{19}\left(1 - \frac{\alpha}{2}\right) = 1/F_{19}^{19}\left(\frac{\alpha}{2}\right) = \frac{1}{2.53} = 0.395$$

となって(9)式は成り立たない．したがって，仮説 $H_0: \sigma_{(1)}^2 = \sigma_{(2)}^2$ は棄却されない．そこで，両群の分散が等しいと考えて判別方式 i ）を用いることにする．

$$\bar{\mu} = (\mu^{(1)} + \mu^{(2)})/2 = (146.2 + 183.4)/2 = 164.8$$

となり，(3)式より判別方式はつぎのようになる．

$$\begin{cases} x < 164.8 \Rightarrow x は I 群に判別 \\ x > 164.8 \Rightarrow x は II 群に判別 \end{cases}$$

誤判別の確率は(5)式より

$$P_1 = P_2 = Pr\left\{ \frac{x - 146.2}{24.96} > \frac{164.8 - 146.2}{24.96} \right\}$$

$$= Pr\left\{ \frac{x - 146.2}{24.96} > 0.745 \right\} = 0.228\,(22.8\%)$$

$$\left(\begin{array}{l} u = \dfrac{x-146.2}{24.96} \text{ は } N(0,1) \text{（平均 0 ，分散 1 の正規分布）にしたが} \\ \text{うから，正規分布表より } 0.228 \text{ が読みとられる.} \end{array} \right)$$

また，155点，173点，160点の 3 人は $\bar{\mu}=164.8$ と比較して，それぞれ，I 群，II 群，I 群に判別される.

§3. 2変量による判別分析

2 変量以上の判別分析においては，マハラノビスの汎距離が用いられる.そこで，まずこの汎距離の説明からはじめよう.

3.1 マハラノビスの汎距離

いま，2 変量を x_1, x_2 で表すと，1 つのサンプルあるいは個体 (x_1, x_2) は x_1 軸，x_2 軸からなる直交座標上の点と考えることができ，とくに確率分布が 2 変量正規分布と仮定できるとき，サンプル (x_1, x_2) の現われる確率は図 4 のように表される. 2 変量 x_1, x_2 の平均を μ_1, μ_2，分散を $\sigma_1{}^2, \sigma_2{}^2$，相関係数を ρ とする.このとき，標準化した変量 u_1, u_2 を

$$u_1 = \frac{x_1-\mu_1}{\sigma_1}, \qquad u_2 = \frac{x_2-\mu_2}{\sigma_2}$$

とする. u_1, u_2 の平均は共に 0 ，分散は共に 1 で相関係数は ρ と変らない.

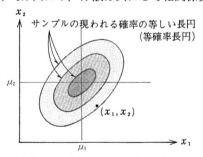

図4　2変量正規分布からのサンプルの現われる確率

つぎに

$$z_1 = \frac{u_2+u_1}{\sqrt{2}}, \qquad z_2 = \frac{u_2-u_1}{\sqrt{2}}$$

なる変換をおこなうと図5のようになり，z_1軸とu_1軸は45°の傾きをもつ．z_1，z_2は互いに相関のない変数であり，主成分分析法のところで述べた第1主成分，第2主成分にあたる．

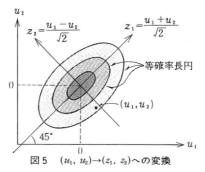

図5　$(u_1, u_2) \rightarrow (z_1, z_2)$への変換

(x_1, x_2)が2変量の確率変数であるとき，(z_1, z_2)も確率変数となるので，平均をE，分散をV，共分散をCovという記号で表すと，$E(u_1)=E(u_2)=0$，$V(u_1)=V(u_2)=1$であるから次式を得る．

$$V(z_1) = E(z_1 - E(z_1))^2$$

$$= E\left(\frac{u_1 + u_2}{\sqrt{2}}\right)^2$$

$$= \frac{1}{2}\left(V(u_1) + V(u_2) + 2\mathrm{Cov}(u_1, u_2)\right)$$

$$= \frac{1}{2}(1 + 1 + 2\rho) = 1 + \rho$$

$$V(z_2) = E\left(\frac{u_1 - u_2}{\sqrt{2}}\right)^2 = 1 - \rho$$

$$\mathrm{Cov}(z_1, z_2) = E(z_1 - E(z_1))(z_2 - E(z_2))$$

$$= E\left(\frac{u_1 + u_2}{\sqrt{2}}\right)\left(\frac{u_1 - u_2}{\sqrt{2}}\right)$$

$$= E\left(\frac{u_1^2 - u_2^2}{2}\right) = 0$$

さて，z_1とz_2とは互いに無相関だから，1変量の場合の自然な一般化として，任意の点(z_1, z_2)と重心$(0, 0)$との平方距離D^2をz_1方向の平方距離とz_2方

向の平方距離の和として次のように定義する.

$$D^2 = \frac{z_1{}^2}{V(z_1)} + \frac{z_2{}^2}{V(z_2)} = \frac{u_1{}^2 + u_2{}^2 - 2\rho u_1 u_2}{1-\rho^2}$$ (10)

この式で示される距離 D を**マハラノビスの汎距離**(Mahalanobis' generalized distance)と呼ぶ. 図5に正規分布が仮定できる場合の等確率長円が示されているが, それはちょうど重心からの距離 D の等しい点の軌跡でもある.

例えば, 変量 x_1, x_2 が平均 50, 60, 分散 8^2, 10^2, 相関係数 $\rho=0.8$ の2変量正規分布をもつとき,

    ① $(x_1, x_2)=(60, 50)$ ② $(x_1, x_2)=(65, 70)$

という2つのサンプルの平均からのユークリッドの距離は,

①では $\sqrt{(60-50)^2+(50-60)^2} = \sqrt{200} = 14.14$

②では $\sqrt{(65-50)^2+(70-60)^2} = \sqrt{325} = 18.03$

と①の方が, 重心の位置に近いが, マハラノビスの汎距離の平方は(10)式より

①では $D^2 = \left\{ \left(\frac{60-50}{8}\right)^2 + \left(\frac{50-60}{10}\right)^2 \right.$

$$\left. -2 \cdot 0.8 \left(\frac{60-50}{8}\right)\left(\frac{50-60}{10}\right) \right\} \Big/ (1-0.8^2)$$

$$= 12.674, \quad \therefore D = \sqrt{12.674} = 3.56$$

②では $D^2 = \left\{ \left(\frac{65-50}{8}\right)^2 + \left(\frac{70-60}{10}\right)^2 \right.$

$$\left. -2 \cdot 0.8 \left(\frac{65-50}{8}\right)\left(\frac{70-60}{10}\right) \right\} \Big/ (1-0.8^2)$$

$$= 4.2100, \quad \therefore D = \sqrt{4.2100} = 2.05$$

となり, ②の方が重心に近いことがわかる. これは相関係数が 0.8 ということから, 図5で z_1 軸の方向の分散が大きく, z_2 軸の方向の分散が小さいことによるものである.

ここで, D^2 を行列で表示してみよう. 行列での表示は, 2変量を一般の p 変量($p \geqq 3$)に拡張したときに同じ形式で表すことができるので便利である.

$$R = \begin{pmatrix} 1 & \rho \\ \rho & 1 \end{pmatrix} \qquad \boldsymbol{u} = \begin{pmatrix} u_1 \\ u_2 \end{pmatrix}$$

とおくと，R の逆行列

$$R^{-1} = \begin{pmatrix} \dfrac{1}{1-\rho^2} & \dfrac{-\rho}{1-\rho^2} \\[3mm] \dfrac{-\rho}{1-\rho^2} & \dfrac{1}{1-\rho^2} \end{pmatrix}$$

となり，

(11) $$D^2 = \boldsymbol{u}' R^{-1} \boldsymbol{u} \left(= \frac{u_1{}^2 + u_2{}^2 - 2\rho u_1 u_2}{1-\rho^2} \right)$$

と表される（→問題 **A3.1**）.

また，変数 $\boldsymbol{x}' = (x_1, \ x_2)$ を用いて表すと次のようになる（→問題 **A3.2**）.

(12) $$D^2 = (\boldsymbol{x}-\boldsymbol{\mu})' \Sigma^{-1} (\boldsymbol{x}-\boldsymbol{\mu}), \quad \text{ただし，} \ \boldsymbol{\mu} = \begin{pmatrix} \mu_1 \\ \mu_2 \end{pmatrix}, \ \Sigma^{-1} \text{は} \ \Sigma \ \text{の逆行列}$$

$$\Sigma = \begin{pmatrix} \sigma_1{}^2 & \rho\sigma_1\sigma_2 \\ \rho\sigma_1\sigma_2 & \sigma_2{}^2 \end{pmatrix} : x_1, \ x_2 \text{の分散共分散行列}$$

さて，任意の点から重心までの距離（マハラノビスの汎距離）が定義されたので，これにもとづいて各群の重心までのマハラノビスの汎距離の大小でどちらの群に属するかの判別を行えばよい．ただし，上では各群の平均，分散，共分散が既知としてマハラノビスの汎距離を求めたが，実際に適用するときにはサンプル（今までに得られているデータ）の情報を利用する．すなわち，I群，II群からのそれぞれ大きさ n_1, n_2 のサンプルを

I群からのサンプル

サンプルNo. ＼ 変量	x_1	x_2
1	$x_{11}{}^{(1)}$	$x_{21}{}^{(1)}$
2	$x_{12}{}^{(1)}$	$x_{22}{}^{(1)}$
$\vdots$		
i	$x_{1i}{}^{(1)}$	$x_{2i}{}^{(1)}$
$\vdots$		
n_1	$x_{1n_1}{}^{(1)}$	$x_{2n_1}{}^{(1)}$

II群からのサンプル

サンプルNo. ＼ 変量	x_1	x_2
1	$x_{11}{}^{(2)}$	$x_{21}{}^{(2)}$
2	$x_{12}{}^{(2)}$	$x_{22}{}^{(2)}$
$\vdots$		
i	$x_{1i}{}^{(2)}$	$x_{2i}{}^{(2)}$
$\vdots$		
n_2	$x_{1n_2}{}^{(2)}$	$x_{2n_2}{}^{(2)}$

とするとき，これらのサンプルからの推定値を用いる（矢印の方向に代入する）．

I 群の

平均: $\mu_1^{(1)} \longleftarrow \bar{x}_1^{(1)} = \dfrac{1}{n_1} \sum\limits_{i=1}^{n_1} x_{1i}^{(1)}$

$\mu_2^{(1)} \longleftarrow \bar{x}_2^{(1)} = \dfrac{1}{n_1} \sum\limits_{i=1}^{n_1} x_{2i}^{(1)}$

分散: $\sigma_{1(1)}^2 \longleftarrow s_{(1)1}^2 = \dfrac{1}{n_1-1} \sum\limits_{i=1}^{n_1} (x_{1i}^{(1)} - \bar{x}_1^{(1)})^2$

$\sigma_{2(1)}^2 \longleftarrow s_{2(1)}^2 = \dfrac{1}{n_1-1} \sum\limits_{i=1}^{n_1} (x_{2i}^{(1)} - \bar{x}_2^{(1)})^2$

共分散: $\sigma_{12(1)} \longleftarrow s_{12(1)} = \dfrac{1}{n_1-1} \sum\limits_{i=1}^{n_1} (x_{1i}^{(1)} - \bar{x}_1^{(1)})(x_{2i}^{(1)} - \bar{x}_2^{(1)})$

相関係数: $\rho_{(1)} = \sigma_{12(1)}/\sigma_{1(1)}\sigma_{2(1)} \longleftarrow r_{(1)} = s_{12(1)}/s_{1(1)}s_{2(1)}$

II 群の

平均: $\mu_1^{(2)} \longleftarrow \bar{x}_1^{(2)} = \dfrac{1}{n_2} \sum\limits_{i=1}^{n_2} x_{1i}^{(2)}$

$\mu_2^{(2)} \longleftarrow \bar{x}_2^{(2)} = \dfrac{1}{n_2} \sum\limits_{i=1}^{n_2} x_{2i}^{(2)}$

分散: $\sigma_{1(2)}^2 \longleftarrow s_{1(2)}^2 = \dfrac{1}{n_2-1} \sum\limits_{i=1}^{n_2} (x_{1i}^{(2)} - \bar{x}_1^{(2)})^2$

$\sigma_{2(2)}^2 \longleftarrow s_{2(2)}^2 = \dfrac{1}{n_2-1} \sum\limits_{i=1}^{n_2} (x_{2i}^{(2)} - \bar{x}_2^{(2)})^2$

共分散: $\sigma_{12(2)} \longleftarrow s_{12(2)} = \dfrac{1}{n_2-1} \sum\limits_{i=1}^{n_2} (x_{1i}^{(2)} - \bar{x}_1^{(2)})(x_{2i}^{(2)} - \bar{x}_2^{(2)})$

相関係数: $\rho_{(2)} = \sigma_{12(2)}/\sigma_{1(2)}\sigma_{2(2)} \longleftarrow r_{(2)} = s_{12(2)}/s_{1(2)}s_{2(2)}$

3.2　判別方式

図 6 のように I 群，II 群の重心 $\boldsymbol{\mu}^{(1)} = (\mu_1^{(1)}, \mu_2^{(1)})'$, $\boldsymbol{\mu}^{(2)} = (\mu_1^{(2)}, \mu_2^{(2)})'$ からの

マハラノビスの汎距離を $D_1{}^2$, $D_2{}^2$で表すと(10)式より

$$
(13)\begin{cases}
D_1{}^2 = \dfrac{1}{1-\rho_{(1)}{}^2}\left\{\left(\dfrac{x_1-\mu_1{}^{(1)}}{\sigma_{1(1)}}\right)^2+\left(\dfrac{x_2-\mu_2{}^{(1)}}{\sigma_{2(1)}}\right)^2\right. \\
\qquad\qquad\left. -2\rho_{(1)}\left(\dfrac{x_1-\mu_1{}^{(1)}}{\sigma_{1(1)}}\right)\left(\dfrac{x_2-\mu_2{}^{(1)}}{\sigma_{2(1)}}\right)\right\} \\[4mm]
D_2{}^2 = \dfrac{1}{1-\rho_{(2)}{}^2}\left\{\left(\dfrac{x_1-\mu_1{}^{(2)}}{\sigma_{1(2)}}\right)^2+\left(\dfrac{x_2-\mu_2{}^{(2)}}{\sigma_{2(2)}}\right)^2\right. \\
\qquad\qquad\left. -2\rho_{(2)}\left(\dfrac{x_1-\mu_1{}^{(2)}}{\sigma_{1(2)}}\right)\left(\dfrac{x_2-\mu_2{}^{(2)}}{\sigma_{2(2)}}\right)\right\}
\end{cases}
$$

となる.

I群, II群の分散共分散行列をそれぞれ

$$
\Sigma_{(1)}=\begin{pmatrix}\sigma_{1(1)}{}^2 & \sigma_{12(1)} \\ \sigma_{12(1)} & \sigma_{2(1)}{}^2\end{pmatrix},\quad
\Sigma_{(2)}=\begin{pmatrix}\sigma_{1(2)}{}^2 & \sigma_{12(2)} \\ \sigma_{12(2)} & \sigma_{2(2)}{}^2\end{pmatrix}
$$

とおいてつぎの2つの場合について考える.

 i) $\Sigma_{(1)}=\Sigma_{(2)}$ とみなされる場合

$\sigma_{1(1)}=\sigma_{1(2)}=\sigma_1$, $\sigma_{2(1)}=\sigma_{2(2)}=\sigma_2$, $\sigma_{12(1)}=\sigma_{12(2)}=\sigma_{12}$, $\rho_{(1)}=\rho_{(2)}=\rho$ とおくとき, 次式を得る（→問題 A 3.3）.

$$
(14)\qquad D_2{}^2-D_1{}^2=2\ \{a_1(x_1-\bar{\mu}_1)+a_2(x_2-\bar{\mu}_2)\}=2z
$$

ただし,

$$
\bar{\mu}_1=\frac{\mu_1{}^{(1)}+\mu_1{}^{(2)}}{2},\quad \bar{\mu}_2=\frac{\mu_2{}^{(1)}+\mu_2{}^{(2)}}{2},
$$

$$
a_1=\frac{1}{1-\rho^2}\left(\frac{\mu_1{}^{(1)}-\mu_1{}^{(2)}}{\sigma_1{}^2}-\rho\frac{\mu_2{}^{(1)}-\mu_2{}^{(2)}}{\sigma_1\sigma_2}\right)
$$

$$
a_2=\frac{1}{1-\rho^2}\left(\frac{\mu_2{}^{(1)}-\mu_2{}^{(2)}}{\sigma_2{}^2}-\rho\frac{\mu_1{}^{(1)}-\mu_1{}^{(2)}}{\sigma_1\sigma_2}\right)
$$

補注1： $\sigma_1{}^2$, $\sigma_2{}^2$, σ_{12} の推定値はそれぞれつぎのようになる（矢印の方向に代入する）.

$$
\sigma_1{}^2 \leftarrow \frac{(n_1-1)s_{1(1)}{}^2+(n_2-1)s_{1(2)}{}^2}{n_1+n_2-2}
$$

$$\sigma_2{}^2 \leftarrow \frac{(n_1-1)s_{2(1)}{}^2+(n_2-1)s_{2(2)}{}^2}{n_1+n_2-2}$$

$$\sigma_{12} \leftarrow \frac{(n_1-1)s_{12(1)}+(n_2-1)s_{12(2)}}{n_1+n_2-2}$$

補注 2：$D_2{}^2-D_1{}^2$ の行列表示

$$\Sigma_{(1)}=\Sigma_{(2)}=\Sigma=\begin{pmatrix} \sigma_1{}^2 & \sigma_1\sigma_2\rho \\ \sigma_1\sigma_2\rho & \sigma_2{}^2 \end{pmatrix},$$

$$\Sigma^{-1}=\begin{pmatrix} \dfrac{1}{(1-\rho^2)\sigma_1{}^2} & \dfrac{-\rho}{(1-\rho^2)\sigma_1\sigma_2} \\ \dfrac{-\rho}{(1-\rho^2)\sigma_1\sigma_2} & \dfrac{1}{(1-\rho^2)\sigma_2{}^2} \end{pmatrix}$$

となるから次式を得る（→問題 **A3.4.**）.

(15)　　　$D_2{}^2-D_1{}^2=2(\boldsymbol{x}-\bar{\boldsymbol{\mu}})'\Sigma^{-1}\boldsymbol{d},$

ただし，　$\boldsymbol{x}-\bar{\boldsymbol{\mu}}=\begin{pmatrix} x_1-\bar{\mu}_1 \\ x_2-\bar{\mu}_2 \end{pmatrix},\qquad \boldsymbol{d}=\begin{pmatrix} \mu_1{}^{(1)}-\mu_1{}^{(2)} \\ \mu_2{}^{(1)}-\mu_2{}^{(2)} \end{pmatrix}$

(14)式よりつぎの判別方式を得る.

判別方式（$\Sigma_{(1)}=\Sigma_{(2)}$ の場合）：サンプル(x_1, x_2)に対して

(16)　　$\begin{cases} z>0\ (D_2{}^2>D_1{}^2)\Rightarrow \text{I 群に判別} \\ z<0\ (D_2{}^2<D_1{}^2)\Rightarrow \text{II 群に判別} \end{cases}$

このとき,

(17)　　　$z=a_1(x_1-\bar{\mu}_1)+a_2(x_2-\bar{\mu}_2)$

は x_1, x_2の 1 次式（線形式）になっているので，**線形判別関数**(linear discriminant function)と呼ばれる.

　この判別方式は，図 6 のように両群の重心からの距離が等しい$(D_1=D_2)$点の軌跡($\Sigma_{(1)}=\Sigma_{(2)}$のとき直線になる)を求め，その直線を境界線として，どちらの群に属するかを判別する方式である. (17)式の $z=a_1(x_1-\bar{\mu}_1)+a_2(x_2-\bar{\mu}_2)$の値は，図 6 に示すように，点$(x_1, x_2)$から $D_1=D_2$になる直線に垂直な直線 z に対して垂線を下したときの z 上の値で，I 群か II 群かを $z=0$ を判別境界として定めるものである. このとき，両群に正規分布を仮定しておくと，直線 z 上で I 群と II 群との分布の重なり度合が最も小さくなることが知られており，

したがって誤判別の確率が最も小さくなるようにつくられた判別方式である
ところに特徴が見られる.

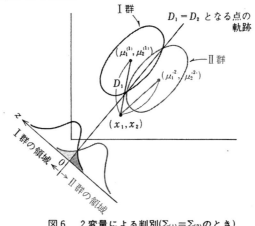

図6　2変量による判別($\Sigma_{(1)}=\Sigma_{(2)}$のとき)

ii) $\Sigma_{(1)} \neq \Sigma_{(2)}$ とみなされる場合

$\Sigma_{(1)}=\Sigma_{(2)}$の場合のように式は簡単にならないので，マハラノビスの汎距離
そのものを用いて，次のように判別する.

判別方式（一般の場合）：サンプル(x_1, x_2)に対して

(18)
$$\begin{cases} D_2{}^2 > D_1{}^2 \Rightarrow \text{I 群に判別} \\ D_2{}^2 < D_1{}^2 \Rightarrow \text{II 群に判別} \end{cases}$$

この場合，$D_2{}^2 - D_1{}^2 = 2z$ と書くことにすると，z は x_1, x_2 の非線形判別関数
（x_1, x_2の2乗およびx_1, x_2の積の項を含む）となり，(14)式のような簡単な式にな
らない.

3.3 誤判別の確率

i) $\Sigma_{1)}=\Sigma_{(2)}=\Sigma$ の場合

(x_1, x_2)の確率分布が I 群，II 群とも正規分布 $N(\boldsymbol{\mu}_1, \Sigma)$, $N(\boldsymbol{\mu}_2, \Sigma)$であると
仮定すると，z も正規分布にしたがい，その平均と分散は，
$\boldsymbol{x}=(x_1, x_2)'$が I 群からのサンプルであるとき：

$$E(z) = E\{(\boldsymbol{x}-\bar{\boldsymbol{\mu}})' \textstyle\sum^{-1}\boldsymbol{d}\}$$
$$= (\boldsymbol{\mu}^{(1)}-\bar{\boldsymbol{\mu}})' \textstyle\sum^{-1}\boldsymbol{d} = \triangle^2/2$$

$$V(z) = V\{(\boldsymbol{x}-\bar{\boldsymbol{\mu}})'\textstyle\sum^{-1}\boldsymbol{d}\}$$
$$= (\textstyle\sum^{-1}\boldsymbol{d})'\sum(\sum^{-1}\boldsymbol{d}) = \triangle^2$$

$\boldsymbol{x}=(x_1, x_2)'$ が，II群からのサンプルであるとき:

$$E(z) = E\{(\boldsymbol{x}-\bar{\boldsymbol{\mu}})'\textstyle\sum^{-1}\boldsymbol{d}\}$$
$$= (\boldsymbol{\mu}^{(2)}-\bar{\boldsymbol{\mu}})'\textstyle\sum^{-1}\boldsymbol{d} = -\triangle^2/2$$
$$V(z) = V\{(\boldsymbol{x}-\bar{\boldsymbol{\mu}})'\textstyle\sum^{-1}\boldsymbol{d}\}$$
$$= (\textstyle\sum^{-1}\boldsymbol{d})'\sum(\sum^{-1}\boldsymbol{d}) = \triangle^2$$

のようになる．従って z の分布は，(x_1, x_2) が I 群からのサンプルのとき N-$(\triangle^2/2, \triangle^2)$，II群からのサンプルのとき $N(-\triangle^2/2, \triangle^2)$ となることがわかる（図 7 参照）．

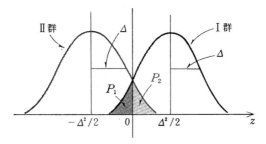

図7　2変量による判別($\Sigma_{(1)}=\Sigma_{(2)}$のとき)— z の分布

(18)
$$\triangle^2 = \boldsymbol{d}'\Sigma^{-1}\boldsymbol{d} = \boldsymbol{d}'\boldsymbol{a}$$
$$= a_1(\mu_1^{(1)}-\mu_1^{(2)}) + a_2(\mu_2^{(1)}-\mu_2^{(2)})$$

は 2 群の重心間のマハラノビスの平方距離に相当する．ただし，$\boldsymbol{a}=(a_1, a_2)'$ は線形判別関数(17)の係数のベクトルである．これより II 群からのサンプルに対して標準化変量 $u=(z+\triangle^2/2)/\triangle$ は $N(0, 1)$ にしたがうから，誤判別の確率は次のようになる．

(19)
$$P_1 = P_2 = Pr\{z>0 \mid (x_1, x_2) が II 群に属する\}$$
$$= Pr\{u=(z+\triangle^2/2)/\triangle > \triangle/2\}$$
$$= Pr\{u>\triangle/2\}$$

ⅱ）$\Sigma_{(1)} \neq \Sigma_{(2)}$ の場合（簡便法）

この場合には z の分布は上のように簡単な形にならないので，1変量の場

合にもでてきた簡便法を用いて, Ⅰ群の中でⅡ群と誤判別された個数を k_1, Ⅱ群の中でⅠ群と誤判別された個数を k_2 とするとき,

$$P_1 = \frac{k_1}{n_1}, \qquad P_2 = \frac{k_2}{n_2}$$

とする.

3.4 判別方式 ⅰ), ⅱ)の選択 ── $H_0 : \Sigma_{(1)} = \Sigma_{(2)}$ の検定

判別方式ⅰ) $\Sigma_{(1)} = \Sigma_{(2)}$ またはⅱ) $\Sigma_{(1)} \neq \Sigma_{(2)}$ のいずれを用いるかの判断のためには, 分散共分散行列に関する

$$H_0 : \Sigma_{(1)} = \Sigma_{(2)} \quad (帰無仮説),$$

$$H_1 : \Sigma_{(1)} \neq \Sigma_{(2)} \quad (対立仮説)$$

の検定が役に立つ. この検定は, 一般に p 変量の分散共分散行列 $\Sigma_{(1)}$, $\Sigma_{(2)}$ の要素 $\sigma_{1(1)}{}^2$, $\sigma_{12(1)}$, $\sigma_{2(1)}{}^2$, $\sigma_{1(2)}{}^2$, $\sigma_{12(2)}$, $\sigma_{2(2)}{}^2$, ... に推定値 $s_{1(1)}{}^2$, $s_{12(1)}$, $s_{2(1)}{}^2$, $s_{1(2)}{}^2$, $s_{12(2)}$, $s_{2(2)}{}^2$, ... を代入したものを $\hat{\Sigma}_{(1)}$, $\hat{\Sigma}_{(2)}$ とするとき, 仮説 H_0 のもとで

(20) $$W = | \hat{\Sigma}_{(1)} |^{\frac{n_1}{2}} | \hat{\Sigma}_{(2)} |^{\frac{n_2}{2}} / | \hat{\Sigma} |^{\frac{n}{2}}, \qquad n = n_1 + n_2$$

ただし $$\hat{\Sigma} = \frac{1}{n-2} ((n_1 - 1)\hat{\Sigma}_{(1)} + (n_2 - 1)\hat{\Sigma}_{(2)})$$

とおくと

(21) $$\chi_W{}^2 = -2\log_e W$$

が近似的に自由度 $p(p+1)/2$ のカイ2乗分布に従うことを用いる. ただし, p は変量の個数である.

例2. 表2に示すデータは, ある病気の患者群 (Ⅰ群) と健康群 (Ⅱ群) からのそれぞれ18人のランダムサンプルにおける, その病気に関係の深いと思われる2種類の検査項目(x_1, x_2)の結果である. 判別方式およびそのときの誤判別の確率を求めよ.

[解]

まず, $H_0 : \Sigma_{(1)} = \Sigma_{(2)}$ の検定をおこなってみる.

(20)式において,

$$\hat{\Sigma}_{(1)} = \begin{pmatrix} 247.8 & 10.79 \\ 10.79 & 1.751 \end{pmatrix}, \quad \hat{\Sigma}_{(2)} = \begin{pmatrix} 165.7 & 8.061 \\ 8.061 & 2.154 \end{pmatrix}$$

であるから，$|\hat{\Sigma}_{(1)}| = 317.5,\ |\hat{\Sigma}_{(2)}| = 291.3,\ |\hat{\Sigma}| = 314.9$ となり，$W = 0.545$ を得る．(21)式より，つぎの値が求まる．

$$\chi_W{}^2 = -2\log_e W = 1.214$$

表2　患者群と健康群の判別

患者群 （I群）　　　　　　　　健康群 （II群）

サンプルNo.	変量 x_1	x_2	zの正負	サンプルNo.	変量 x_1	x_2	zの正負
①	40	4.6	+	①	72	7.1	+
②	28	5.3	+	②	64	3.3	−
③	64	7.9	+	③	90	7.1	−
④	35	5.5	+	④	80	6.4	−
⑤	26	4.5	+	⑤	56	2.4	−
⑥	72	7.6	+	⑥	52	5.8	+
⑦	45	6.2	+	⑦	90	6.2	−
⑧	62	6.7	+	⑧	75	4.2	−
⑨	72	6.5	−	⑨	66	7.1	+
⑩	56	7.0	+	⑩	58	3.7	−
⑪	42	7.0	+	⑪	55	5.0	−
⑫	44	8.0	+	⑫	45	3.5	−
⑬	32	7.0	+	⑬	83	4.3	−
⑭	60	5.5	−	⑭	78	5.5	−
⑮	68	6.4	−	⑮	73	3.4	−
⑯	55	8.6	+	⑯	67	5.7	−
⑰	75	8.5	+	⑰	65	4.8	−
⑱	51	4.5	−	⑱	60	6.2	+

$p = 2$ であるから，H_0 のもとで $\chi_W{}^2$ は自由度3のカイ2乗分布にしたがう．カイ2乗分布表より有意水準5％の限界値をひくと7.81，上の $\chi^2{}_W = 1.214$ はこの限界値よりはるかに小さく，仮説 H_0 は棄却されない．

　そこで，$\Sigma_{(1)} = \Sigma_{(2)}$ とみなして，$\Sigma_{(1)} = \Sigma_{(2)}$ のときの判別方式を用いることにする．

$$\hat{\boldsymbol{\mu}}^{(1)} = \begin{pmatrix} 51.5 \\ 6.52 \end{pmatrix}, \qquad \hat{\boldsymbol{\mu}}^{(2)} = \begin{pmatrix} 68.3 \\ 5.11 \end{pmatrix}$$

$$\hat{\Sigma} = \begin{pmatrix} 206.8 & 9.423 \\ 9.423 & 1.952 \end{pmatrix}, \qquad \hat{\Sigma}^{-1} = \begin{pmatrix} 0.00620 & -0.0299 \\ -0.0299 & 0.6567 \end{pmatrix}$$

となり(14)式よりつぎの線形判別関数が求まる.

$$z = -0.1466x_1 + 1.436x_2 + 0.4418$$

したがって，(16)式よりつぎの判別方式を得る.

与えられたサンプル(x_1, x_2)に対して

$$\begin{cases} z > 0 \Rightarrow \text{I 群に判別} \\ z < 0 \Rightarrow \text{II 群に判別} \end{cases}$$

表2のサンプルのデータについて，z の正負を表2の一番右の列に記入し，図8にすべてのサンプル点とI，II群の領域の境界 $z = -0.1466x_1 + 1.436x_2 + 0.4418 = 0$ を記入した.

次に誤判別の確率を求める.

重心間のマハラノビスの平方距離をサンプルのデータにもとづいて求めると

$$\triangle^2 = a_1(\mu_1^{(1)} - \mu_1^{(2)}) + a_2(\mu_2^{(1)} - \mu_2^{(2)})$$
$$= -0.1466(51.5 - 68.3) + 1.436(6.52 - 5.11)$$
$$= 4.4876$$
$$\therefore \triangle = 2.1184$$

となるから，正規分布表をひいて $N(0, 1)$に従う変量 u の上側確率を求めると

$$P_1 = P_2 = Pr\ \{u > \triangle / 2 = 1.0592\}$$
$$= 0.145\ (14.5\%)$$

を得る.

また表2の z の符号をみると，I群からのサンプルをII群に，またII群からのサンプルをI群に誤って判別した例数 k_1, k_2はいずれも 4 だから，簡便法を用いると次のように評価される.

$$P_1 = P_2 = 4/18 = 0.222(22.2\%)$$

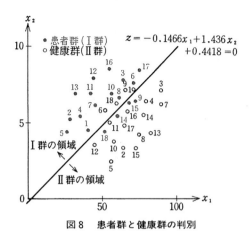

図8　患者群と健康群の判別

§4. p 変量による判別分析

いま, $x_1, x_2, ..., x_p$ の p 変量について, Ⅰ群, Ⅱ群からの大きさ n_1, n_2 のサンプルが表3のように得られたとする.

表3　Ⅰ群, Ⅱ群からのサンプル (p 変量)

Ⅰ　群

変量＼サンプルNo.	x_1	x_2	……	x_p
1	$x_{11}^{(1)}$	$x_{21}^{(1)}$	……	$x_{p1}^{(1)}$
2	$x_{12}^{(1)}$	$x_{22}^{(1)}$	……	$x_{p2}^{(1)}$
⋮				
i	$x_{1i}^{(1)}$	$x_{2i}^{(1)}$	……	$x_{pi}^{(1)}$
⋮				
n_1	$x_{1n_1}^{(1)}$	$x_{2n_1}^{(1)}$	……	$x_{pn_1}^{(1)}$

Ⅱ　群

変量＼サンプルNo.	x_1	x_2	……	x_p
1	$x_{11}^{(2)}$	$x_{21}^{(2)}$	……	$x_{p1}^{(2)}$
2	$x_{12}^{(2)}$	$x_{22}^{(2)}$	……	$x_{p2}^{(2)}$
⋮				
i	$x_{1i}^{(2)}$	$x_{2i}^{(2)}$	……	$x_{pi}^{(2)}$
⋮				
n_2	$x_{1n_2}^{(2)}$	$x_{2ni}^{(2)}$	……	$x_{pn_2}^{(2)}$

つぎに, Ⅰ群, Ⅱ群の p 変量の平均ベクトル, 分散共分散行列を

$$\mu^{(1)} = \begin{pmatrix} \mu_1{}^{(1)} \\ \mu_2{}^{(1)} \\ \vdots \\ \mu_p{}^{(1)} \end{pmatrix}, \qquad \mu^{(2)} = \begin{pmatrix} \mu_1{}^{(2)} \\ \mu_2{}^{(2)} \\ \vdots \\ \mu_p{}^{(2)} \end{pmatrix}$$

$$\Sigma_{(1)} = \begin{pmatrix} \sigma_{1(1)}{}^2 & \sigma_{12(1)} & \cdots\cdots & \sigma_{1p(1)} \\ \sigma_{21(1)} & \sigma_{2(1)}{}^2 & \cdots\cdots & \sigma_{2p(1)} \\ \cdots\cdots\cdots\cdots\cdots\cdots\cdots\cdots \\ \cdots\cdots\cdots\cdots\cdots\cdots\cdots\cdots \\ \sigma_{p1(1)} & \sigma_{p2(1)} & \cdots\cdots & \sigma_{p(1)}{}^2 \end{pmatrix}$$

$$\Sigma_{(2)} = \begin{pmatrix} \sigma_{1(2)}{}^2 & \sigma_{12(2)} & \cdots\cdots & \sigma_{1p(2)} \\ \sigma_{21(2)} & \sigma_{2(2)}{}^2 & \cdots\cdots & \sigma_{2p(2)} \\ \cdots\cdots\cdots\cdots\cdots\cdots\cdots\cdots \\ \cdots\cdots\cdots\cdots\cdots\cdots\cdots\cdots \\ \sigma_{p1(2)} & \sigma_{p2(2)} & \cdots\cdots & \sigma_{p(2)}{}^2 \end{pmatrix}$$

とおくとき，2変量のときの(12)式，(15)式がそのまま拡張できてつぎのようになる．

1つのサンプル点 $x = (x_1, x_2, \ldots, x_p)'$ に対して，両群の平均 $\mu^{(1)}$, $\mu^{(2)}$ からのマハラノビスの距離が

(22) $\begin{cases} D_1{}^2 = (x - \mu^{(1)})' \Sigma_{(1)}{}^{-1} (x - \mu^{(1)}) \\ D_2{}^2 = (x - \mu^{(2)})' \Sigma_{(2)}{}^{-1} (x - \mu^{(2)}) \end{cases}$

と定義できて，$\Sigma_{(1)} = \Sigma_{(2)} = \Sigma$ とおくときつぎの式を得る．

(23) $\qquad D_2{}^2 - D_1{}^2 = 2(x - \bar{\mu})' a$

$$= 2\{a_1(x_1 - \bar{\mu}_1) + a_2(x_2 - \bar{\mu}_2) + \cdots\cdots + a_p(x_p - \bar{\mu}_p)\}$$

$$= 2z$$

$(z = a_1(x_1 - \bar{\mu}_1) + a_2(x_2 - \bar{\mu}_2) + \cdots + a_p(x_p - \bar{\mu}_p)$：線形判別関数)

ただし，

$$\boldsymbol{x}-\bar{\boldsymbol{\mu}}=\begin{pmatrix} x_1-\bar{\mu}_1 \\ x_2-\bar{\mu}_2 \\ \vdots \\ x_p-\bar{\mu}_p \end{pmatrix}$$

$$\bar{\mu}_i=\frac{1}{2}(\mu_i{}^{(1)}+\mu_i{}^{(2)}) \qquad i=1,\,2,\,\cdots,\,p$$

$$\boldsymbol{a}=\begin{pmatrix} a_1 \\ a_2 \\ \vdots \\ a_p \end{pmatrix}=\Sigma^{-1}\begin{pmatrix} \mu_1{}^{(1)}-\mu_1{}^{(2)} \\ \mu_2{}^{(1)}-\mu_2{}^{(2)} \\ \vdots \\ \mu_p{}^{(1)}-\mu_p{}^{(2)} \end{pmatrix}$$

したがって判別方式はつぎのようになる.

4.1 判別方式

i) $\Sigma_{(1)}=\Sigma_{(2)}=\Sigma$ のとき，(23)式より 1 つのサンプル x に対して

(24)
$$\begin{cases} z>0\ (D_2{}^2>D_1{}^2)\Rightarrow x \text{ を I 群に判別} \\ z<0\ (D_2{}^2<D_1{}^2)\Rightarrow x \text{ を II 群に判別} \end{cases}$$

ii) $\Sigma_{(1)}\neq\Sigma_{(2)}$ のとき，1 つのサンプル x に対して

(25)
$$\begin{cases} D_2{}^2>D_1{}^2\Rightarrow x \text{ を I 群に判別} \\ D_2{}^2<D_1{}^2\Rightarrow x \text{ を II 群に判別} \end{cases}$$

4.2 誤判別の確率

$\Sigma_{(1)}=\Sigma_{(2)}=\Sigma$ のとき，2 変量の場合と同様に，2 群の重心間の平方距離を

(26)
$$\triangle^2=(\boldsymbol{\mu}^{(1)}-\boldsymbol{\mu}^{(2)})'\Sigma^{-1}(\boldsymbol{\mu}^{(1)}-\boldsymbol{\mu}^{(2)})$$
$$=a_1(\mu_1{}^{(1)}-\mu_1{}^{(2)})+\cdots+a_p(\mu_p{}^{(1)}-\mu_p{}^{(2)})$$

とおくとき，z の分布は図 7 と同じになり，$N(0,1)$に従う変量 u を用いて

(27) $\qquad P_1=P_2=Pr\ \{u>\triangle/2\}$

により評価することができる.

　また，簡便的には，I 群，II 群の大きさ n_1, n_2のサンプルのうち，I 群の中でII 群と判別された個数を k_1，II 群の中でI 群と判別された個数を k_2とす

るとき，2変量のときと同様

(28) $$P_1 = \frac{k_1}{n_1}, \qquad P_2 = \frac{k_2}{n_2}$$

となる．

4.3 判別方式 i), ii)の選択

2変量の場合について示した

帰無仮説 $H_0: \Sigma_{(1)} = \Sigma_{(2)}$

対立仮説 $H_1: \Sigma_{(1)} \neq \Sigma_{(2)}$

の検定がそのまま利用できる．

4.4 線形判別関数の係数に関する検定

I 群，II 群の母集団分布として，共通の分散共分散行列をもつ正規分布 $N(\boldsymbol{\mu}^{(1)}, \Sigma)$, $N(\boldsymbol{\mu}^{(2)}, \Sigma)$ を仮定する．このとき

$$D^2(p) = (\bar{\boldsymbol{x}}_{(p)}^{(1)} - \bar{\boldsymbol{x}}_{(p)}^{(2)})' \hat{\Sigma}_{(p)}^{-1} (\bar{\boldsymbol{x}}_{(p)}^{(1)} - \bar{\boldsymbol{x}}_{(p)}^{(2)})$$

　　　　　…p 変量全部を用いたときの2群の重心間のマハラノビスの平方
　　　　　距離，ただし，$\bar{\boldsymbol{x}}_{(p)}^{(i)}$ は p 変量についての i 群の平均ベクトル，$\hat{\Sigma}_{(p)}$
　　　　　は p 変量についての両群をプールした（群内）分散共分散行列の
　　　　　推定値である．

$$D^2(p-r) = (\bar{\boldsymbol{x}}_{(p-r)}^{(1)} - \bar{\boldsymbol{x}}_{(p-r)}^{(2)})' \hat{\Sigma}^{-1}_{(p-r)} (\bar{\boldsymbol{x}}_{(p-r)}^{(1)} - \bar{\boldsymbol{x}}_{(p-r)}^{(2)})$$

　　　　　…p 変量のうち特定の r 変量をおとして残りの $(p-r)$ 変量を用い
　　　　　たときの2群の重心間のマハラノビスの平方距離，ただし，$\bar{\boldsymbol{x}}_{(p-r)}$,
　　　　　$\hat{\Sigma}_{(p-r)}$ はそれぞれ $(p-r)$ 変量についての平均ベクトル，分散共分散
　　　　　行列の推定値である．

とおけば，この r 変量が判別に全く寄与しない（言いかえれば p 変量での線形判別関数においてこの r 変量に対する係数がゼロ）という仮説がなりたつときには，$D^2(p)$ と $D^2(p-r)$ はほぼ等しくなり，

(29) $$F = \frac{n_1 + n_2 - p - 1}{r} \cdot \frac{n_1 n_2 (D^2(p) - D^2(p-r))}{(n_1 + n_2)(n_1 + n_2 - 2) + n_1 n_2 D^2(p-r)}$$

は自由度 $(r, n_1 + n_2 - p - 1)$ の F 分布に従うことが知られている．これより，

ある特定の r 個の変量の係数がゼロであるか否かの有意水準 α の検定は，サンプルにもとづいて(29)の F の値を計算し，自由度(r, n_1+n_2-p-1) の F 分布の上側 $100\alpha\%$ 点と比較すればよい．

とくに，線形判別関数のある特定の係数について，

帰無仮説 H_0: $a_j=0$,

対立仮説 H_1: $a_j\neq 0$

の検定は，上で $r=1$ とおいて

(30)
$$F = \frac{(n_1+n_2-p-1)n_1n_2(D^2(p)-D^2(p-1))}{(n_1+n_2)(n_1+n_2-2)+n_1n_2D^2(p-1)}$$

が H_0 のもとで自由度$(1, n_1+n_2-p-1)$ の F 分布にしたがうことを利用しておこなえばよい．

このような F 検定を用いて，重回帰分析の場合と同様に，前進選択法，後退消去法，逐次法などの手続きにより変数選択をおこなうことができる．

例 3　表 4 に示すデータは，例 1 （表 1）に合計点だけ示した大学への不合格群（Ⅰ群）と合格群（Ⅱ群）との 3 教科の点数を示すものである．各教科はすべて100点満点とする．両群，20人共にそれぞれの群からのランダムサンプルとして判別方式を示せ．また誤判別率を求めよ．

表4　不合格群，合格群の成績（3教科）

不合格群（Ⅰ群）

生徒番号＼教科	A教科 (x_1)	B教科 (x_2)	C教科 (x_3)	合計点	z の値
1	49	52	49	150	1.33
2	40	44	43	127	2.76
3	58	59	43	160	2.15
4	50	60	52	162	1.43
5	46	48	35	129	4.02
6	63	57	55	175	-0.996
7	41	50	45	136	2.85
8	63	70	65	198	-1.64
9	37	55	48	140	3.24
10	44	55	48	147	2.42

教科 生徒番号	A教科 (x_1)	B教科 (x_2)	C教科 (x_3)	合計点	z の値
11	48	44	34	126	3.57
12	45	31	47	123	0.068
13	42	37	52	131	0.049
14	45	46	37	128	3.54
15	39	40	35	114	4.04
16	55	51	40	146	2.28
17	56	73	51	180	2.23
18	27	52	43	122	5.10
19	49	54	50	153	1.33
20	52	69	56	177	1.32

合格群（II群）

教科 生徒番号	A教科 (x_1)	B教科 (x_2)	C教科 (x_3)	合計点	z の値
1	66	60	64	190	− 2.81
2	57	52	59	168	− 1.58
3	83	65	67	215	− 4.90
4	77	68	59	204	− 2.32
5	63	57	51	171	− 0.21
6	82	67	77	226	− 6.54
7	58	40	52	150	− 1.54
8	93	76	76	245	− 6.73
9	53	62	63	178	− 0.88
10	67	74	62	203	− 1.12
11	42	50	65	157	− 1.18
12	75	67	63	205	− 2.97
13	66	53	49	168	− 0.58
14	50	40	62	152	− 2.55
15	47	60	58	165	0.61
16	55	48	56	159	− 1.16
17	74	61	47	182	− 0.32
18	73	60	66	199	− 4.03
19	46	58	47	151	2.68
20	67	52	60	179	− 2.95

[解]

はじめに

　　帰無仮説　$H_0: \Sigma_{(1)} = \Sigma_{(2)}$

　　対立仮説　$H_1: \Sigma_{(1)} \neq \Sigma_{(2)}$

を検定すると，(21)式より

$$\chi_W{}^2 = -2\log_e W = 5.81$$

となり，$\chi_W{}^2$ は H_0 のもとで自由度 $p(p+1)/2 = 6$ のカイ 2 乗分布にしたがうから

$$\chi_W{}^2 = 5.81 < 12.59 \text{（自由度 6 のカイ 2 乗分布の上側 5％点）}$$

となり，有意水準 5％で仮説 H_0 は棄却されない．

　したがって，$\Sigma_{(1)} = \Sigma_{(2)}$ とみなして，$\Sigma_{(1)} = \Sigma_{(2)}$ のときの判別方式を用いることにする．(23)式の線形判別関数はつぎのようになる．

$$z = -0.1180x_1 + 0.1011x_2 - 0.1959x_3 + 11.453$$

z の値を表 4 に記入した．

　線形判別関数の係数の検定をおこなうため，3 変量全部を用いたとき，1 番目，2 番目，3 番目の変量をおとしたときの D^2 の値を求めると

　　$D^2(3) = 4.1080$

　　$D^2(2) = 2.9542,\ 3.4860,\ 2.3406$

となり，各係数を検定するための F の値はそれぞれ

$$F = \frac{(n_1 + n_2 - p - 1)\, n_1 n_2 (D^2(p) - D^2(p-1))}{(n_1 + n_2)(n_1 + n_2 - 2) + n_1 n_2 D^2(p-1)}$$

$(H_0: a_1 = 0$ の場合$)$

$$= \frac{(20 + 20 - 3 - 1) \times 20 \times 20 \times (4.1080 - 2.9542)}{(20 + 20)(20 + 20 - 2) + 20 \times 20 \times 2.9542}$$

$$= \frac{1.661 \times 10^4}{2.702 \times 10^3} = 6.15$$

(H₀: $a_2 = 0$ の場合)

$$= \frac{(20 + 20 - 3 - 1) \times 20 \times 20 \times (4.1080 - 3.4860)}{(20 + 20)(20 + 20 - 2) + 20 \times 20 \times 3.4860}$$

$$= \frac{8.957 \times 10^3}{2.914 \times 10^3} = 3.07$$

(H₀: $a_3 = 0$ の場合)

$$= \frac{(20 + 20 - 3 - 1) \times 20 \times 20 \times (4.1080 - 2.3406)}{(20 + 20)(20 + 20 - 2) \times 20 \times 20 \times 2.3406}$$

$$= \frac{2.545 \times 10^4}{2.456 \times 10^3} = 10.36$$

となる. これらを自由度（1，36）の F 分布の上側5％点4.113と比較すると，仮説 H₀: $a_1 = 0$, H₀: $a_3 = 0$ は棄却されるが，H₀: $a_2 = 0$ は棄却されない.

次に誤判別の確率を求める.

重心間のマハラノビスの平方距離$\triangle^2$を，サンプルからデータを用いて求めたものが上の $D^2(3)$ であるから，$\triangle^2$の推定値は4.1080となり，$N(0,1)$に従う変量 u について

$$P_1 = P_2 = P_r \{u > \triangle/2 = 1.013\} = 0.155 \ (15.5\%)$$

のように求まる. また，簡便法を用いると

$$P_1 = 2/20 = 0.1 \ (10\%),$$

$$P_2 = 2/20 = 0.1 \ (10\%)$$

となる.

例1の合計点だけによる場合と比較すると，3教科の各得点を用いた結果，誤判別の確率が若干減少していることがわかる.

§5. グラフによる判別方式

この節では，一つのグラフ上での視覚処理による判別方式について紹介し，数値判別分析と比較してみよう. 判別分析に使用されるグラフにはいろいろあるが，紙面の関係で，ここでは著者等の開発した星座グラフについて例示

するが，他のグラフを用いる場合も考え方は同様である.

5.1 星座グラフとは

大きさ n の p 変量サンプル $(x_{1i}, x_{2i}, ..., x_{pi}; i=1, 2, ..., n)$ が与えられたとき，変量の1つ1つを

$$\xi_{ji}=f_j(x_{ji}); j=1, 2, ..., p, i=1, 2, ..., n$$

ただし， $0 \le f_j(x_{ji}) \le \pi$

なる変換によって図9のようにベクトルとして表し，それら p 個のベクトルをつなぎ合わせてその最終点に星印（他の印でもよい）を描く，この連結されたベクトルのパターンと星印を1つのサンプルに対応させ，ベクトルパターンをそのサンプルのパスとよぶ. 変換 f_j は，普通はつぎのようなものが考えられる.

(31) $$f_j(x_{ji}) = \frac{x_{ji} - x_{jl}}{x_{ju} - x_{jl}} \pi, \quad j = 1, 2, \cdots, p$$

ただし，

$$x_{ju}=\max_{1 \le i \le n} x_{ji} \ (x_{j1}, x_{j2}, ..., x_{jn}の中の最大値)$$

$$x_{jl}=\min_{1 \le i \le n} x_{ji} \ (x_{j1}, x_{j2}, ..., x_{jn}の中の最小値),$$

ベクトルの長さは，図9において

(32) $$\sum_{j=1}^{p} w_j=1, \quad w_j \ge 0, \quad j=1, 2, ..., p$$

と考えると，星の位置は必ず半円の中に入る. この図式を**星座グラフ**と呼ぶ.

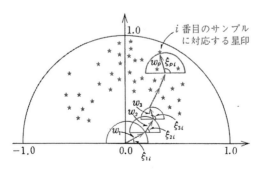

図9 星座グラフ

5.2 星座グラフによる判別

　I群とII群の p 変量のサンプルの点を星座グラフ上に(32)式の条件のもと
で w_i $(i=1, 2, ..., p)$の値をいろいろ変えて描き，I群の点の集まりと，II群
の点の集まりが最もわかれるような w_i $(i=1, 2, ..., p)$を見つける．そのとき，
I群とII群の点の集まりから，視覚処理でI群とII群の判別領域をつくる．
現在のところ判別領域をつくるルールが人間の直観によるもので科学的でな
いが，点の集まりの凸集合で判別領域にするとか，一つの客観的なルールも
つくることもできる．前節までに述べた数値判別分析に比べて，誰でも容
易につくることができて，例4でもわかるように，2つ以上の判別領域も簡
単につくることができる点などは，実際には使い易いかも知れない．判別領
域ができると，新しいサンプルに対してパスをつくり，どちらの領域に入る
かでI群かII群を判別すればよい．この場合も新しいサンプルに対して，定
木と分度器でパスを描くことができて便利である．
　判別方式をまとめておこう．

> $\sum_{i=1}^{p} w_i = 1$, $w_i \geqq 0$ の条件のもとで w_i をかえてI群，II群の領域が最もわ
> かれるように判別領域をつくる．(視覚処理)

$$\Downarrow$$

> 新しいサンプルがどちらの領域に入るかでI群，II群かを判別する．

　I群，II群の大きさ n_1, n_2の既知のサンプルのうち，I群の中でII群の領
域に入っている個数を k_1，II群の中でI群の領域に入っている個数を k_2とす
るとき，(28)式と同様，誤判別の確率はつぎのようになる．

(33) $$P_1 = \frac{k_1}{n_1}, \qquad P_2 = \frac{k_2}{n_2}$$

　例4　某中学校における某高等学校を受験した生徒の学力を，9教科のす
べてにおいて10段階評価した．そして9教科の合計点の順に生徒を並べた結

果，つぎの事実が判明した．すなわち，この高等学校の合格者の最低得点は

39点であり，その人数は 3 名であった．また，不合格者の最高得点は60点で，

人数は 1 名であった．そして不合格者の中には50点台の生徒も 3 名いたが，

その得点はまちまちであった．不合格者が 2 名以上いる一番高い得点は48点

であった．そこで，39点以上48点以下の生徒のすべてを合格，不合格により

2 群に分けたものが表 5 である．この合格者31名，不合格者24名の表を見る

かぎりでは，39点以上48点以下の得点の生徒については，9 教科の合計点だ

表5　某高等学校受験生の 9 教科の成績

不合格者の得点表（Ⅰ群）

教科\生徒番号	A (x_1)	B (x_2)	C (x_3)	D (x_4)	E (x_5)	F (x_6)	G (x_7)	H (x_8)	I (x_9)	計
1	4	5	5	5	3	10	6	5	5	48
2	4	6	5	6	5	6	6	5	5	48
3	7	6	5	4	8	1	3	6	6	46
4	4	6	5	5	5	5	5	5	6	46
5	4	5	6	5	7	3	5	6	5	46
6	4	4	7	7	4	3	6	6	5	46
7	5	3	4	6	6	6	6	4	6	46
8	6	5	7	5	6	5	3	3	5	45
9	5	3	7	4	5	5	5	6	5	45
10	3	4	6	6	4	8	5	5	4	45
11	4	5	4	5	5	10	2	5	4	44
12	4	5	5	5	4	7	5	4	5	44
13	7	6	6	5	3	5	4	4	4	44
14	5	4	6	4	6	4	5	4	5	43
15	4	4	5	3	5	4	6	6	5	42
16	3	4	4	4	5	8	5	4	5	42
17	4	6	5	4	5	3	6	5	4	42
18	4	4	6	5	4	4	5	6	4	42
19	6	5	4	5	5	2	4	5	6	42
20	5	6	5	5	4	3	5	4	4	41
21	5	2	5	5	3	7	4	4	5	40
22	5	5	5	2	5	5	5	3	5	40
23	4	6	4	6	3	4	6	4	3	40
24	3	3	4	6	4	6	4	4	5	39

合格者の得点表（II群）

生徒番号＼教科	A (x_1)	B (x_2)	C (x_3)	D (x_4)	E (x_5)	F (x_6)	G (x_7)	H (x_8)	I (x_9)	計
1	5	5	7	7	5	4	6	5	4	48
2	5	5	6	6	5	6	4	5	6	48
3	5	5	6	6	5	6	5	6	4	48
4	6	5	5	5	5	6	6	5	5	48
5	7	5	2	4	8	5	3	8	5	47
6	4	4	4	7	6	7	6	4	5	47
7	5	6	5	6	4	7	4	5	5	47
8	4	7	5	4	4	6	7	6	4	47
9	5	5	5	6	4	8	5	3	6	47
10	4	5	6	7	4	9	4	4	4	47
11	5	7	5	4	5	6	6	5	3	46
12	5	5	6	5	5	3	4	7	6	46
13	4	5	4	6	4	5	6	5	6	45
14	9	5	7	4	5	4	4	2	5	45
15	7	5	4	3	6	6	4	4	6	45
16	6	6	4	3	5	5	6	3	6	44
17	5	4	6	5	5	8	3	5	3	44
18	5	4	6	5	5	4	5	5	5	44
19	5	4	4	5	5	6	5	5	4	43
20	5	5	6	4	4	6	3	5	5	43
21	5	5	4	7	4	4	5	4	5	43
22	4	5	3	3	5	7	5	4	6	42
23	5	3	7	4	6	4	4	5	4	42
24	5	5	4	6	6	3	4	5	4	42
25	4	4	5	4	4	7	5	5	4	42
26	5	4	4	6	4	7	3	5	4	42
27	4	3	5	4	5	6	5	5	3	40
28	5	4	3	3	6	6	3	4	5	39
29	4	3	5	5	4	5	4	4	5	39
30	4	6	4	4	5	2	3	6	5	39
31	5	6	3	3	4	5	4	4	5	39

けでは合否の判別はつかないことがわかる．いわば39点～48点は，当落不明
になっている．そこで，(31)式の変換を用い星座グラフに表わしたものが図10

である. このときの $w_i(i=1, 2, ..., 9)$ は

$$w_1 = \frac{2}{7} \text{ (A 教科)}, \qquad w_2 = \frac{1}{7} \text{ (B 教科)},$$

$$w_5 = \frac{2}{7} \text{ (E 教科)}, \qquad w_8 = \frac{1}{7} \text{ (H 教科)},$$

$$w_9 = \frac{1}{7} \text{ (I 教科) である.}$$

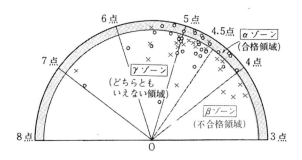

図10　合格者, 不合格者の星座グラフ（○: 合格者, ×: 不合格者）

　これらの w_i の値は星座グラフ上で合格, 不合格が視覚的によくわかるように選んだものである. 図10では適当な位置に経線と緯線を各1本書き入れ, 全体を $\alpha, \beta, \gamma,$ の3つのゾーンにわけたものであるが, α ゾーンにいる生徒はほとんど合格している（合格者12名, 不合格者2名）, β ゾーンにいる生徒はほとんど不合格になっている（合格者1名, 不合格者9名）, γ ゾーンにいる生徒の合否は判別できない. これらの事実から, α ゾーンを合格領域, β ゾーンを不合格領域, γ ゾーンをどちらともいえない領域とする. つぎのようなことも読みとれる.

　(1)　合格するためには, α ゾーンにはいっていれば有利である. すなわち, A, B, E, H, Iの5つの教科でむらなく得点も得ていれば合格しやすい.

　(2)　β ゾーンにいる生徒（不合格が明らかな生徒）を α ゾーンにいれるか, γ ゾーンにいれれば合格しやすくなる. γ ゾーンにはいるためには, A, B, E, H, Iの5教科の得点を高める必要があるが, AとEの2教科に2倍のウエイトがかかっているため, この2教科で高得点を得るのが近道であろう.

5.3 線形判別関数との比較

上の例に対して (21)式で

$$\mathrm{H}_0: \Sigma_{(1)} = \Sigma_{(2)} \quad (対立仮説 \ \mathrm{H}_1: \Sigma_{(1)} \neq \Sigma_{(2)})$$

を検定すると

$$\chi^2{}_\mathrm{W} = -2\log_e W = 28.14 < 61.65 \ (自由度 \ 45 \ のカイ \ 2 \ 乗分布の上側 \ 5 \text{\%点})$$

となり，仮説は棄却されない．そこで，$\Sigma_{(1)} = \Sigma_{(2)}$とみなして(23)式の線形判別関数を求めるとつぎのようになる．

$$z = -0.734x_1 - 0.0501x_2 + 0.402x_3 - 0.164x_4$$
$$-0.0149x_5 - 0.230x_6 + 0.0114x_7 - 0.259x_8 + 0.309x_9 + 3.533$$

この判別式によって，つぎの判別方式ができる．

$z > 0 \Rightarrow$ Ⅰ群に判別

$z < 0 \Rightarrow$ Ⅱ群に判別

Ⅰ群，Ⅱ群の z の値はつぎのようになる．

Ⅰ群のデータ

生徒番号	z の値	生徒番号	z の値
1	-0.49	13	-1.26
2	0.19	14	0.98
3	-0.56	15	0.98
4	0.88	16	0.73
5	1.19	17	0.90
6	1.37	18	0.75
7	-0.25	19	-0.26
8	0.44	20	0.26
9	0.70	21	-0.15
10	0.66	22	0.90
11	-1.28	23	-0.08
12	0.43	24	0.92

II群のデータ

生徒番号	z の値	生徒番号	z の値
1	0.29	17	−0.99
2	0.19	18	0.57
3	−0.67	19	−1.01
4	−1.07	20	0.22
5	−3.47	21	−0.34
6	−0.26	22	0.25
7	−0.78	23	0.85
8	−0.08	24	−0.56
9	−0.13	25	0.08
10	−0.27	26	−1.41
11	−0.89	27	0.04
12	0.53	28	−0.55
13	0.39	29	0.98
14	−1.09	30	0.74
15	−1.34	31	−0.38
16	−0.13		

誤判別の確率を簡便法により求めると

$$P_1 = \frac{8}{24} = 0.33\,(33\%), \qquad P_2 = \frac{12}{31} = 0.39\,(39\%)$$

となって，かなり大きくなり，視覚という数学的にははっきりしないものを使ってはいるが，星座グラフ方式の有効性が伺える.

問 題 A

3.1　$\boldsymbol{u}$, R^{-1}の行列を用いて(11)式を導け.

3.2　$D^2 = (\boldsymbol{x}-\boldsymbol{\mu})'\Sigma^{-1}(\boldsymbol{x}-\boldsymbol{\mu}) = \boldsymbol{u}'R^{-1}\boldsymbol{u}$ を導け.

3.3　(14)式を導け.

3.4　(15)式を導け.

3.5　表3のような2群のデータが与えられたとき，p 個の変量 $x_1, x_2, ..., x_p$の1次式の形の合成変量

$$y_{ji} = a_1 x_{1i}^{(j)} + a_2 x_{2i}^{(j)} + \cdots + a_p x_{pi}^{(j)}, \quad j=1, 2, \quad i=1, 2, \ldots, n_j$$

を用いて判別することを考える. そのため y の群間分散が群内分散に対して相対的に, 言いかえると, 相関比 (=群間分散/全分散) が最大になるように係数 $a_1, a_2, \ldots, a_p$ を定めると, (23)式の線形判別関数の場合と同じ結果になることを示せ.

3.6 前問の定式化を $k(>2)$ 群の場合に一般化せよ.

問 題 B

3.7 下の表に示すデータは, ある市の汚染地区 (I群) と非汚染地区 (II群) のそれぞれ9か所, 7か所での観測点における SO_2, 浮遊粉塵 $(D-D)$, NO_xの1日当たりの測定値の平均である. 星座グラフによる判別領域をつくれ.

汚染地区 (I群)

観測点番号	SO_2 (ppm) (x_1)	D−D (mg/m³) (x_2)	NO_x (ppm) (x_3)	z の値
1	0.015	0.073	0.11	1.02
2	0.011	0.072	0.09	0.23
3	0.014	0.070	0.08	− 0.02
4	0.016	0.075	0.08	0.15
5	0.007	0.063	0.10	0.23
6	0.000	0.078	0.11	0.59
7	0.015	0.064	0.09	0.21
8	0.025	0.074	0.14	2.34
9	0.025	0.113	0.2	5.32

非汚染地区 (II群)

観測点番号	SO_2 (ppm) (x_1)	D−D (mg/m³) (x_2)	NO_x (ppm) (x_3)	z の値
1	0.013	0.047	0.05	− 1.46
2	0.007	0.039	0.05	− 1.83
3	0.008	0.082	0.04	− 1.25
4	0.008	0.045	0.14	1.16
5	0.007	0.089	0.05	− 0.83
6	0.009	0.074	0.04	− 1.37
7	0.017	0.078	0.00	− 2.27

第4章

数量化法

数量化法とは，性別や職業あるいは5段階評価された成績といったような質的（定性的）な変数の各々のカテゴリーに数量を与え，身長や握力のようなもともと量的（定量的）に測定された変数の場合と同じように，多次元的な解析を行う方法である．それは

（ⅰ）外的基準のある場合…種々の定性的な要因から外的基準（目的変数）を予測し，あるいは逆に予測に対してどの要因がきいているかという観点から要因分析を行う方法．

（ⅱ）外的基準のない場合…種々の要因についての情報にもとづいて，互に似ているものを近くに，似ていないものを遠くに位置づけるように空間的に配置し，それによって分類しようという方法．

の2つに大別される．前者には林の数量化Ⅰ類，Ⅱ類，後者には数量化Ⅲ類，Ⅳ類，さらには近年多次元尺度解析法として開発されているいろいろの方法が含まれる．本章では林のⅠ類〜Ⅳ類について述べる．

§1. 数量化の考え方

　前章までに取りあげてきた回帰分析法, 主成分分析法, 判別分析法は体重, 血圧, テストの点数などのような量的（定量的）に測定されたデータが得られることを前提として, それらのデータを多変量（多次元）的に解析する方法として開発されたものであった. しかし, 実質科学のいろいろの分野, 例えば社会調査, 臨床医学など, において, データが量的な形でなく, 性別, 職業, 症状の有無, 症状の程度（高度, 中等度, 軽度, なし）などのように質的（定性的）な形でしか得られず, 通常の多変量統計解析法の前提が満たされない場合が多い.

　これに対して数量化法は量的なデータのみならず質的なデータも取扱うことを意図している. その際, 質的なデータをそのままで分析するのでなく, その各カテゴリーに対して（分析の目的に合うように操作的に）最適な数量あるいは評点を与えて量的な変数に変換した上で多変量的な解析を行おうという考え方である.

　データを量的（定量的）, 質的（定性的）の2つに分けたが, 詳しく言えば, 質的データとは次の4つの測定の尺度のうち名義尺度または順序尺度の形で測定されたデータ, 量的データとは間隔尺度あるいは比率尺度の形で測定されたデータの意味である. したがって数量化の基本的な考え方は, 名義尺度または順序尺度の各々のカテゴリーに対して, ある意味で最適な数量を与え, 間隔尺度のデータとして分析しようとすることであると言うことができよう.

　測定の尺度:

1. 名義尺度(nominal scale)　例えば, アンケート調査における性別, 職業, 支持政党などのように単なる分類の形での測定である. これらの分類のカテゴリーに数値がつけられていたとしても, その数値の大きさや大小関係は意味を持たず, 単に他の数値と異なるということを示すにすぎない. この尺度で測定されたデータについては, 頻度, 最頻値, 定性相関係数などの統計量を用いることができる.

2. 順序尺度(ordinal scale)　例えば, 成績における優, 良, 可, 不可のような尺度で, 優＞良＞可＞不可という順序関係をもつ. 4：優, 3：良, 2：

可，1：不可のように番号がつけられていたとしても，この数値は単に大
小関係を表すだけで，4と3との差が2と1との差に等しいとは言えない．
この尺度で測定されたデータに対しては，名義尺度で許された統計量に加
えて，中央値，パーセンタイル，順位相関係数などを用いることができる．

3．**間隔尺度**(interval scale)　4と3との差が2と1との差に等しいという
ように，数値の間隔が意味を持っている尺度で，通常量的に測定されたも
のはこの性質を持つ．例えば摂氏や華氏の温度など．この尺度で測定され
たデータに対しては，名義尺度，順序尺度で許された統計量に加えて，普
通に使い慣れている（算術）平均，標準偏差，相関係数などの統計量を用
いることができる．ただし間隔尺度では，原点は任意とされているので，
20°Cは10°Cの2倍の暑さということではない（実際華氏に変換すれば比
は変わってしまう）．

4．**比率尺度**(ratio scale)　間隔尺度の性質に加えて，絶対原点が存在する．
例えば，ものの長さ（cm）や重さ（kg）など．この場合は10cmは5cmの2
倍の長さと言える．この尺度で測定されたデータに対しては，上の3つの
尺度で許される統計量のほかに，幾何平均，変動係数（標準偏差と平均と
の比）などの統計量を用いることができる．

　数量化の方法は大別すると**外的基準のある場合**と**外的基準のない場合**に分
類される．ここに外的基準とは説明したい，あるいは予測したい，と考えて
いるものであり，回帰分析における目的変数に相当する．外的基準のある場
合の数量化法は質的（定性的）データによる要因分析の一種で，定性的な要
因を用いて外的基準（目的変数）を予測し，またそのときの各要因の影響の
大きさを評価しようという方法である．林の**数量化Ⅰ類，Ⅱ類**などがこれに
属する．一方，外的基準のない場合の数量化法はデータの多次元空間内の縮
約された表現とそれにもとずく分類をめざすもので林の**数量化Ⅲ類，Ⅳ類，
最小次元解析(MDA)**，Shepard，Kruskal らによる**多次元尺度法(MDS)**など
がこれに属する．

§2．数量化Ⅰ類

　数量化Ⅰ類は，質的な要因に関する情報にもとづいて，量的に測定された

外的基準（目的変数）の値を説明あるいは予測するための方法であり，例え
ば次のような問題を扱う．

例1．表1は大学1年生20人の，大学での数学の成績（100点満点，定量的
データ）および高校での数学と国語の成績（A, B, Cの3段階評価，定性的
データ）を示す．高校での成績から，大学での数学の成績がどの程度予測で
きるか検討したい．

表1 大学1年生（20人）の成績

学生 No.	大学での 数　　学	高校での 数　　学	高校での 国　　語
1	56	C	C
2	23	C	B
3	59	B	B
4	74	A	A
5	49	C	B
6	43	C	B
7	39	B	A
8	51	A	B
9	37	C	B
10	61	A	A
11	43	C	B
12	51	B	A
13	61	C	C
14	99	A	A
15	23	C	C
16	56	B	C
17	49	C	C
18	49	A	A
19	75	B	A
20	20	C	A

　一般に，各個体（サンプル）について外的基準の値と種々の要因アイテム
のカテゴリーへの反応とが表2のように得られているとする．上の例で言え
ば，高校での数学，国語が要因のアイテム，それぞれの評価A, B, Cの3種
類がカテゴリーである．ここで各個体が各々のアイテムのどのカテゴリーに
反応（該当）するか —— 表2でどのカテゴリーにレ印がつくか —— を表す
ため次のようなダミー変数を導入する．

$$\text{(1)} \qquad \delta_i(jk)=\begin{cases} 1 \cdots\cdots \text{個体 } i \text{ がアイテム } j \text{ の} \\ \qquad \text{カテゴリー } k \text{ に反応するとき} \\ 0 \cdots\cdots \text{その他のとき} \end{cases}$$

表 2 の No. 1 の個体では $\delta_1(11)=0$, $\delta_1(12)=1$, $\cdots$, $\delta_1(1c_1)=0$, $\delta_1(21)=1$, $\delta_1(22)=0$, $\cdots$, $\delta_1(2c_2)=0$, $\cdots$, $\delta_1(R1)=0$, $\delta_1(R2)=0$, $\cdots$, $\delta_1(Rc_R)=1$ となる.

表 2　数量化 I 類のデータ

個体 No. 外的基準	アイテム カテゴリー	1 $1\ 2\ \cdots c_1$	2 $1\ 2\ \cdots c_2$	$\cdots\cdots$	R $1\ 2\ \cdots c_R$
1	y_1	✓	✓		✓
2	y_2	✓	✓		✓
3	y_3	✓	✓	$\cdots\cdots$	✓
⋮	⋮	⋮	⋮		⋮
n	y_n	✓	✓		✓

さて，各個体が各々の要因アイテムのどのカテゴリーに反応したかを知ったとき，その情報にもとづいて外的基準の値を予測したい．そのため，各個体に対して上で定義したダミー変数の線形式

$$\text{(2)} \qquad Y_i = a_{11}\delta_i(11) + a_{12}\delta_i(12) + \cdots$$
$$\cdots + a_{Rc_R}\delta_i(Rc_R)$$
$$= \sum_{j=1}^{R} \sum_{k=1}^{c_j} a_{jk}\delta_i(jk)$$

を考える. (2)の右辺は，個体 i の反応したカテゴリーに対する係数 a_{jk} を選択して加えることを意味しているので，アイテム j のカテゴリー k に a_{jk} という数量（評点）を与え，また各個体に対してはその個体の反応したカテゴリーの数量を加え合わせた数量（評点）を与えると考えてもよい. 例1で言えば，高校の数学の成績が C ならば a_{11}, B ならば a_{12}, A ならば a_{13}, また国語の成績が C ならば a_{21}, B ならば a_{22}, A ならば a_{23} のような評点を与え，該当する評点を加えたものを各学生の評点 Y として，それによって大学での数学の点数 y を予測しようという考え方である. この場合，外的基準 y_i を予測することが目的であるから，各カテゴリーに与える数量 $\{a_{jk}\}$ は，〝Y_i により

y_i をもっともよく（最適に）予測するという考え方により，

(3) $$Q \equiv \sum_{i=1}^{n} (y_i - Y_i)^2 \to \quad 最小$$

を満たすように"数量 $\{a_{jk}\}$ を定める．(2)を(3)に代入すると

(4) $$Q \equiv \sum_{i=1}^{n} \{y_i - \sum_{j=1}^{R} \sum_{k=1}^{c_j} a_{jk} \delta_i(jk)\}^2 \to \quad 最小$$

となる．回帰分析の場合と同様に，Q を各 a_{uv} で偏微分してゼロとおき，正規方程式を求めると

(5) $$\sum_{j=1}^{R} \sum_{k=1}^{c_j} f(uv, jk) a_{jk} = \sum_{i=1}^{n} y_i \delta_i(uv),$$

$$v = 1, 2, \cdots, c_u, \ u = 1, 2, \cdots, R$$

を得る．ここに，左辺の係数

(6) $$f(uv, jk) = \sum_{i=1}^{n} \delta_i(uv) \delta_i(jk)$$

はアイテム j のカテゴリー k とアイテム u のカテゴリー v の両方に反応した個体の数を表す．

　表2で，各個体が各々の要因アイテムに対して，必ずただ1つだけのカテゴリーに反応する（性別（男，女）や年令（〜20,21〜40,41〜）といったアイテムを考えると，必ず各アイテム内のただ1つのカテゴリーに該当する．同じアイテム内の2つ以上のカテゴリーに該当したり，どのカテゴリーにも該当しないということはない）ものとすると

(7) $$\sum_{k=1}^{c_j} \delta_i(jk) = 1, \ j = 1, 2, \cdots, R, i = 1, 2, \cdots, n$$

がなりたち，これより

(8) $$\sum_{v=1}^{c_u} f(uv, jk) = \sum_{i=1}^{n} \delta_i(jk) \sum_{v=1}^{c_u} \delta_i(uv) = n_{jk}, \qquad u = 1, 2, \cdots, R,$$

(9) $$\sum_{v=1}^{c_u} \sum_{i=1}^{n} y_i \delta_i(uv) = \sum_{i=1}^{n} y_i \sum_{v=1}^{c_u} \delta_i(uv) = \sum_{i=1}^{n} y_i, \qquad u = 1, 2, \cdots, R,$$

すなわち，正規方程式の係数および右辺を，u 番目のアイテム内のカテゴリー
に対応する式について加え合わせると u によらず一定になり，従って(5)の
$\sum_{j=1}^{R} c_j$ 個の方程式の間に，各アイテムに対応する式の合計が，R 個のアイテム
間で等しいという $R-1$ 個の線形制約式がなりたつことがわかる．そのため，
$\sum_{j=1}^{R} c_j$ 個の式のうち線形独立な式の数は $\sum_{j=1}^{R} c_j - R + 1$ 個であり，従って，$\sum_{j=1}^{R} c_j$
個の未知数を含む正規方程式 (5) の解は一意的には定まらない．実際，ある
アイテム内のカテゴリーに与える数量の原点の位置は任意である．例えば，
例 1 で数学と国語のカテゴリーに与える数量 a_{jk} が定まったとして，数学の方
のカテゴリーへの数量に一律に10を加え，その代りに国語の方のカテゴリー
への数量から一律に10を引いても，Y_i の値は変らず，やはり最小化問題(3)の
解になっていることは明らかである．このように $R-1$ 個のアイテム内のカ
テゴリーに与える数量 a_{jk} には原点の不定性があり，その不定性をなくすため
には，例えば 2～R 番目の $R-1$ 個のアイテム内のそれぞれ 1 番目のカテゴ
リーに与える数量をゼロとおき，それを基準にしたときの他のカテゴリーの
数量を求めればよい．

この場合予測値 Y_i は

(10)
$$Y_i = a_{11}\delta_i(11) + a_{12}\delta_i(12) + \cdots$$
$$+ a_{1c_1}\delta_i(1c_1) + \sum_{j=2}^{R}\sum_{k=2}^{c_j} a_{jk}\delta_i(jk)$$

と書ける．ここで(7)より

$$\delta_i(11) = 1 - \delta_i(12) - \cdots - \delta_i(1c_1)$$

のように変換すれば，Y_i は

(11)
$$Y_i = c + \sum_{j=1}^{R}\sum_{k=2}^{c_j} a'_{jk}\delta_i(jk)$$

の形になる．(11)は(2)や(10)とは異なって定数項を含んでおり，y_i のダミー変数
$\{\delta_i(jk)\}$（但し，$\sum_{k=1}^{c_j}\delta_i(jk) = 1$ なる制約があるのでアイテム内で独立な $c_j -$
1 個をとりあげている）に対する重回帰モデルの形になっている．従って，数
量化Ⅰ類は数理的にはダミー変数に対する重回帰分析とみることができる．

さて，正規方程式(5)を解くために，$R-1$ 個のアイテム，例えば 2, 3, $\cdots$,
R 番目のアイテムの任意の 1 つのカテゴリーに対する行（方程式）を消去し，
同時に対応する a_{jk} をゼロとおいて，$\sum_{j=1}^{R} c_j - (R-1)$ 元の連立方程式を解いて

数量 a_{jk} の値を求める．各アイテム内のカテゴリーの数量 a_{jk} の原点は任意であるが，解釈のためには，アイテム内の平均がゼロ，すなわち

$$\text{(12)} \qquad \sum_{k=1}^{c_j} n_{jk} a_{jk}{}^* = 0$$

を満たすように標準化しておくとよい．（すべてのアイテムについてこのように標準化した $a_{jk}{}^*$ を用いると個体の数量の平均はゼロになってしまうので，(2)式ではなく，定数項のついた

$$\text{(13)} \qquad Y_i = \frac{1}{n} \sum_{j=1}^{R} \sum_{k=1}^{c_j} a_{jk} n_{ik} + \sum_{j=1}^{R} \sum_{k=1}^{c_j} a_{jk}{}^* \delta_i(jk)$$

が最適な予測値となる（→問題 **A4.1**）．

このようにして求められた数量 a_{jk}（または $a_{jk}{}^*$，以下の議論ではどちらを使っても同じになるので，a_{jk} と表しておく）を用いたとき，外的基準の値 $\{y_i\}$ がどの程度よく予測されているかについては，回帰分析の場合と同様に，観測値 $\{y_i\}$ と予測値 $\{Y_i\}$ との間の相関係数 ─ これは $\{y_i\}$ とダミー変数 $\{\delta_i(jk)\}$ との間の重相関係数とも言える ─ R あるいはその2乗 R^2 により評価することができる．

外的基準 y_i に対する各要因アイテムの影響の大きさは，アイテム内のカテゴリーに対する数量 a_{jk} の範囲(**range**)

$$\text{(14)} \qquad \max_k(a_{jk}) - \min_k(a_{jk}), \ j = 1, 2, \cdots, R$$

により測ることができる．この範囲の大きい要因ほど，そのうちのどのカテゴリーに反応するかにより，予測値が大きく変わることになり，それだけ外的基準に対する影響が大きいと考えられるからである．

また，上で求められた数量 a_{jk} を用いて，質的な要因アイテム j のカテゴリー k に反応したとき，a_{jk} という量的な測定値が得られたものと考えて，要因の各アイテムと外的基準との間に**偏相関係数**を定義することができる．これも外的基準への各アイテムの影響の大きさを示す1つの指標と言える．

重相関係数，偏相関係数は次のように計算される．

個体 i の要因アイテム j の値は，先に求めた a_{jk} を用いると

$$\text{(15)} \qquad x_i(j) = \sum_{k=1}^{c_j} a_{jk} \delta_i(jk)$$

と表される. 外的基準 y と要因のアイテム j との間の相関係数を r_{yj}, アイテ
ム j とアイテム j' との間の相関係数を $r_{jj'}$ とし, 外的基準 y および要因アイテ
ム $1, 2, \cdots, R$ の $R+1$ 変量の相関行列 $\boldsymbol{R}$, その逆行列 $\boldsymbol{R}^{-1}$ を

$$
(16) \qquad \boldsymbol{R} = \begin{array}{c} \\ y \\ 1 \\ 2 \\ \vdots \\ R \end{array} \begin{array}{cccccc} y & 1 & 2 & \cdots & R \\ \begin{bmatrix} 1 & r_{y1} & r_{y2} & \cdots & r_{yR} \\ r_{1y} & 1 & r_{12} & \cdots & r_{1R} \\ r_{2y} & r_{21} & 1 & \cdots & r_{2R} \\ & & \cdots\cdots\cdots\cdots & & \\ r_{Ry} & r_{R1} & r_{R2} & \cdots & 1 \end{bmatrix} \end{array}
$$

$$
(17) \qquad \boldsymbol{R}^{-1} = \begin{bmatrix} r^{yy} & r^{y1} & r^{y2} & \cdots & r^{yR} \\ r^{1y} & r^{11} & r^{12} & \cdots & r^{1R} \\ r^{2y} & r^{21} & r^{22} & \cdots & r^{2R} \\ & & \cdots\cdots\cdots\cdots & & \\ r^{Ry} & r^{R1} & r^{R2} & \cdots & r^{RR} \end{bmatrix}
$$

とするとき, 重相関係数 $R = r_{y\cdot12\cdots R}$, 外的基準 y と要因アイテム j との間の
偏相関係数 $r_{yj\cdot12\cdots j-1,\, j+1\cdots R}$ は, 回帰分析の場合と同様にして, それぞれ

$$
(18) \qquad R = r_{y\cdot12\cdots R} = \sqrt{1 - \frac{1}{r^{yy}}}
$$

$$
(19) \qquad r_{yj\cdot12\cdots j-1,\, j+1\cdots R} = \frac{-r^{jy}}{\sqrt{r^{jj}\, r^{yy}}}
$$

により求めることができる. ここに要因のアイテム間, あるいは外的基準と
要因アイテムの間の相関係数は, 分散, 共分散がそれぞれ

$$
(20) \qquad s^2_{x(j)} = \frac{1}{n}\left\{ \sum_{k=1}^{c_j} n_{jk}a_{jk}^2 - \frac{1}{n}(\sum_{k=1}^{c_j} n_{jk}a_{jk})^2 \right\}
$$

$$
(21) \qquad s_y^2 = \frac{1}{n}\left\{ \sum_{i=1}^{n} y_i^2 - n\bar{y}^2 \right\}
$$

$$
(22) \qquad s_{x(j),\, x(j')} = \frac{1}{n}\left\{ \sum_{k=1}^{c_j} \sum_{k'=1}^{c_{j'}} a_{jk}\, a_{j'k'}\, f(jk,\, j'k')\right.
$$
$$
\left. - \frac{1}{n}(\sum_{k=1}^{c_j} n_{jk}\, a_{jk})(\sum_{k'=1}^{c_{j'}} n_{j'k'}\, a_{j'k'}) \right\}
$$

$$(23) \qquad S_{y, x(j)} = \frac{1}{n} \left\{ \sum_{k=1}^{c_j} a_{jk} \sum_{i=1}^{n} y_i \, \delta_i (\,jk\,) - \bar{y} \sum_{k=1}^{c_j} n_{jk} a_{jk} \right\}$$

と表されるから（→問題 **A4.2**）

$$(24) \qquad r_{jj'} = \frac{S_{x(j), \, x(j')}}{S_{x(j)} \, S_{x(j')}}$$

$$= \frac{\displaystyle \sum_{k=1}^{c_j} \sum_{k'=1}^{c_{j'}} a_{jk} \, a_{j'k'} f(\,jk\,, \, j'k'\,) - \frac{1}{n} (\sum_{k=1}^{c_j} n_{jk} \, a_{jk})(\sum_{k'=1}^{c_{j'}} n_{j'k'} a_{j'k'})}{\sqrt{\displaystyle \sum_{k=1}^{c_j} n_{jk} \, a_{jk}{}^2 - \frac{1}{n}(\sum_{k=1}^{c_j} n_{jk} \, a_{j'k'})^2} \; \sqrt{\displaystyle \sum_{k'=1}^{c_{j'}} n_{j'k'} a_{j'k'}{}^2 - \frac{1}{n}(\sum_{k'=1}^{c_{j'}} n_{j'k'} a_{jk})^2}}$$

$$(25) \qquad r_{yj} = \frac{S_{y, x(j)}}{S_y \, S_{x(j)}} = \frac{\displaystyle \sum_{k=1}^{c_j} a_{jk} \sum_{i=1}^{n} y_i \, \delta_i (\,jk\,) - \bar{y} \sum_{k=1}^{c_j} n_{jk} a_{jk}}{\sqrt{\displaystyle \sum_{k=1}^{c_j} n_{jk} a_{jk}{}^2 - \frac{1}{n}(\sum_{k=1}^{c_j} n_{jk} a_j)^2} \; \sqrt{\displaystyle \sum_{i=1}^{n} y^2{}_i - n \bar{y}^2}}$$

となる.

　さて，上では要因はすべて質的であるとして定式化したが，要因の中に量的な変数もあって，しかもその変数が外的基準と線形的に関連していると考えられるときには，(2)式の右辺の説明変数として，ダミー変数の他に量的な変数 $x_i(j)$ を含めて，

$$(2)' \qquad Y_i = \sum_{j=1}^{R_1} \sum_{k=1}^{c_j} a_{jk} \delta_i (\,jk\,) + \sum_{j=R_1+1}^{R} a_j x_i (\,j\,)$$

として正規方程式を求めればよい．それは説明変数の中に通常の量的な変数と 0, 1 の値をとるダミー変数の混った場合の重回帰モデルに相当する．しかし，数量化の考え方から言えば，量的な変数であってもそれが外的基準と線形的に関連しているとは限らないので，その関連の形をつかむためにも，量的な変数をいくつかのカテゴリーに分類して定性的な変数として分析するのがよいという考え方もある．（例えば，量的に測定された血圧を～150 mmHg, 150～180mmHg, 180mmHg に 3 分類するなど.）

　また(2)式のモデルでは，各要因は加法的な形で外的基準に寄与していることを想定している．もし要因の間に交互作用があると考えられるときには，

それらの要因を組合わせて1つのアイテムとしておくとよい. 例えば, 要因の中に性 (男, 女), 年令 (〜20, 21〜40, 41〜) があり, 年令の効果が性によって異なるかも知れないときには, 性・年令 (男〜20, 男21〜40, 男41〜, 女〜20, 女21〜40, 女41〜) のように性と年令を組合わせた1つのアイテムを構成しておいた上で数量化Ⅰ類を適用するのである.

　例2. 表1に示したデータについて, 大学での数学の成績を外的基準, 3段階で評価された高校での数学と国語の成績を要因として数量化Ⅰ類を用いて分析を行え.

　[解]　まず正規方程式の係数と右辺の値を求める. 正規方程式の係数 $f(jk, uv)$ は, あるアイテム・カテゴリーとあるアイテム・カテゴリーとの両方に反応した個体の数であるから, 表1のデータから数えると次のようになる. このタイプの表はクロス表あるいはクロス集計表と呼ばれる.

アイテム／カテゴリー	1. 数　学			2. 国　語		
	1 (C)	2 (B)	3 (A)	1 (C)	2 (B)	3 (A)
1.数学　1 (C)	10					
2 (B)	0	5		(対　称)		
3 (A)	0	0	5			
2.国語　1 (C)	4	1	0	5		
2 (B)	5	1	1	0	7	
3 (A)	1	3	4	0	0	8

また, 右辺の値 $\sum_{i=1}^{n} y_i \delta_i(jk)$ は各アイテム・カテゴリーに対応して, そのカテゴリーに反応した個体についての外的基準の値の和であるから

$$\sum_{i=1}^{20} y_i \delta_i(11) = 56+23+49+\cdots+20 = 404$$

$$\sum_{i=1}^{20} y_i \delta_i(12) = 59+39+51+\cdots+75 = 280$$

$$\sum_{i=1}^{20} y_i \delta_i(13) = 74+51+61+\cdots+49 = 334$$

$$\sum_{i=1}^{20} y_i \delta_i(21) = 56+61+23+\cdots+49 = 245$$

$$\sum_{i=1}^{20} y_i \delta_i(22) = 23+59+49+\cdots+43 = 305$$

$$\sum_{i=1}^{2} y_i \delta_i(23) = 74+39+61+\cdots+20 = 468$$

のように得られる. 従って, 正規方程式は次のようになる.

$$\begin{cases} 10a_{11} & +4a_{21}+5a_{22}+ a_{23}= 404 \\ 5a_{12} & + a_{21}+ a_{22}+3a_{23}= 280 \\ 5a_{13} & + a_{22}+4a_{23}= 334 \\ 4a_{11}+ a_{12} & +5a_{21} = 245 \\ 5a_{11}+ a_{12}+ a_{13} & +7a_{22} = 305 \\ a_{11}+3a_{12}+4a_{13} & +8a_{23}= 468 \end{cases}$$

この正規方程式の前半の3つの式を加えたものと, 後半の3つを加えたものは等しく, これらの6つの式の間に線形従属性があることがわかる. そこで2番目のアイテムの第1カテゴリーに対する数量を $a_{21}=0$ とおき, 対応する4番目の式を消去して, この連立方程式を解くと

$$a_{11}=45.57, \quad a_{12}=62.72, \quad a_{13}=75.18,$$
$$a_{22}=-8.68, \quad a_{23}=-8.31$$

を得る. 各アイテム内のカテゴリーに対する数量の平均がゼロとなるように, 標準化する (→問題 **A4.1**解答参照) と表3を得る.

表3　表1のデータの数量化I類による分析結果

要　因 アイテム	カテゴ リー	例数	カテゴリーに 付与する数量	範囲	偏相関 係　数
高校での 数　　学	C B A	10 5 5	− 11.69 5.46 17.92	29.61	0.635
高校での 国　　語	C B A	5 7 8	6.36 − 2.32 − 1.95	8.68	0.236

定数項 50.90, 重相関係数 $R=0.637$

(24), (25)により要因アイテム間および外的基準との間の相関係数を求めると

$$R = \begin{matrix} & y & 1 & 2 \\ \begin{matrix} y \\ 1 \\ 2 \end{matrix} & \begin{bmatrix} 1.000 & 0.609 & -0.044 \\ 0.609 & 1.000 & -0.359 \\ -0.044 & -0.359 & 1.000 \end{bmatrix} \end{matrix}$$

行列式および余因子を計算し，それらにもとづいて逆行列を求めると

$$R^{-1} = \begin{bmatrix} 1.6832 & -1.1462 & -0.33742 \\ -1.1462 & 1.9360 & 0.64188 \\ -0.33742 & 0.64188 & 1.2156 \end{bmatrix}$$

を得，これより重相関係数 $R = r_{y\cdot12}$，偏相関係数 $r_{y1\cdot2}$，$r_{y2\cdot1}$ はそれぞれ

$$R = r_{y\cdot12} = \sqrt{1 - \frac{1}{r^{yy}}} = \sqrt{1 - \frac{1}{1.6832}} = 0.637$$

$$r_{y1\cdot2} = \frac{-r^{1y}}{\sqrt{r^{11} r^{yy}}} = \frac{1.1462}{\sqrt{1.9360 \times 1.6832}} = 0.635$$

$$r_{y2\cdot1} = \frac{-r^{2y}}{\sqrt{r^{22} r^{yy}}} = \frac{0.33742}{\sqrt{1.2156 \times 1.6832}} = 0.236$$

となる.

　大学での数学の成績の変動のうち，高校での数学と国語の成績により，およそ41%（寄与率 $R^2 = 0.406$）が説明されている．各アイテムのカテゴリーに付与する数量の範囲あるいは偏相関係数をみると，高校での数学と国語という2つの要因の影響の度合いは，数学は大きく国語は小さい．また高校の数学がCとAとでは，およそ30点の差があることがわかる.

　注）数量化 I 類における統計的推測
上では数量化 I 類をもっぱら統計的記述の方法として述べてきた．要因アイテムの影響の大きさを範囲や偏相関係数で測ったが，それらもあくまでも記述的な測度として導入されたものである.
　統計的推測を行うためにはまず確率モデルをはっきりさせなければならない．いま

$$\Omega \text{ モデル}: y_i = \sum_{j=1}^{R} \sum_{k=1}^{c_j} a_{jk} \delta_i(jk) + e_i, \quad i = 1, 2, \cdots, n$$

と仮定できるとしよう．ここに誤差項 e_i は互に独立に正規分布 $N(0, \sigma^2)$ に従うとする．このモデルは数理的には外的基準 y_i のダミー変数 $\delta_i(jk)$ に対する重回帰モデルに等しくなるので，線形推定，検定の理論が応用できる．

あるアイテム j' が外的基準に有意に寄与しているか否かは，アイテム j' を除いた ω モデル

$$\omega \text{ モデル}: y_i = \sum_{\substack{j=1 \\ j \neq j'}}^{R} \sum_{k=1}^{c_j} a_{jk} \delta_i(jk) + e_i, \quad i = 1, 2, \cdots, n$$

を考え，Ω および ω モデルに対して重回帰式をあてはめた場合の残差平方和を S_Ω, S_ω とするとき，統計量

(26)
$$F_0 = \frac{(S_\omega - S_\Omega)/(c_{j'} - 1)}{S_\Omega / (n - \sum_{j=1}^{R} c_j + R - 1)}$$

を用いて検定することができる．すなわち，(26)の F_0 を自由度 $(c_{j'} - 1, n - \sum_{j=1}^{R} c_j + R - 1)$ の F 分布の限界値（上側100α のパーセント点）と比較して，F_0 の方が大きければアイテム j' は危険率 α で有意に寄与していると判断する．このような検定を用いて回帰分析の場合と同様な考え方によりアイテムの選択（前進選択法，後退消去法，逐次法など）を行うことができる．

アイテム間の交互作用についても同様な検定ができる．簡単のため1番目と2番目のアイテムの間の交互作用を考える（表4参照）．

表4　アイテム1と2を組合わせて構成したアイテム

アイテム1 ＼ アイテム2	1	2	……	c_2
1	1	2	……	c_2
2	$c_2 + 1$	$c_2 + 2$	……	$2 c_2$
⋮	……	……	……	……
c_1	$(c_1 - 1) c_2 + 1$	$(c_1 - 1) c_2 + 2$	……	$c_1 c_2$

交互作用を考えたモデルは，アイテム1と2とを組合わせてつくったアイテムを用いて

$$\Omega' : y_i = a'_{11}\delta_i(11) + \cdots + a'_{1, c_1 c_2} \delta_i(1, c_1 c_2) + \sum_{j=3}^{R} \sum_{k=1}^{c_j} a_{jk}\delta_i(jk) + e_i$$

と表される. ここで, もし交互作用がなければ,

$$a'_{11} - a'_{12} = a'_{1, c_2+1} - a'_{1, c_2+2}$$

$$\cdots\cdots\cdots\cdots\cdots\cdots\cdots\cdots\cdots\cdots\cdots$$

$$a'_{11} - a'_{1c_2} = a'_{1, (c_1-1)c_2+1} - a'_{1, c_1 c_2}$$

のような$(c_1-1)(c_2-1)$個の関係式 (制約条件式) がなりたつ. Ω'モデルにこれらの制約条件式を課したものは, 交互作用を考えない通常のモデル

$$\omega' : y_i = \sum_{j=1}^{R} \sum_{k=1}^{c_j} a_{jk}\delta_i(jk) + e_i$$

と同等である. したがって Ω'および ω'モデルのもとでの残差平方和を $S_{\Omega'}$, $S_{\omega'}$ とおくとき

(27)
$$F_0 = \frac{(S_{\omega'} - S_{\Omega'})/(c_1-1)(c_2-1)}{S_{\Omega'}/(n - c_1 c_2 - \sum_{j=3}^{R} c_j + R - 2)}$$

を自由度 $((c_1-1)(c_2-1), n - c_1 c_2 - \sum_{j=3}^{R} c_j + R - 2)$ の F 分布の限界値と比較して検定すればよい. さらに情報量規準を用いて最良のモデルを探索することもできる (Tanaka, 1980).

§3. 数量化Ⅱ類

　数量化Ⅰ類が量的な外的基準 (目的変数) を質的な要因にもとづいて予測する方法であったのに対して, 数量化Ⅱ類は質的な形で与えられた外的基準を質的な要因にもとづいて予測あるいは判別する方法である. 各要因が定量的に測定されるときには判別分析が適用できる場面であり, 判別分析の定性データの場合への拡張と考えることができる.

　K 個のカテゴリーからなる外的基準と, それとの関係を調べたい各要因アイテムのカテゴリーへの反応パターンが表5のように与えられているとする.

表5　数量化II類のデータの形式

外的基準	個体No.	アイテム1 $1\ 2\ \cdots\ c_1$	アイテム2 $1\ 2\ \cdots\ c_2$	$\cdots$	アイテムR $1\ 2\ \cdots\ c_R$
1	1	レ	レ		レ
	2	レ レ			レ
	$\vdots$				
	n_1	レ	レ		レ
2	1	レ レ			レ
	2	レ レ			レ
	$\vdots$				
	n_2	レ	レ		レ
$\vdots$	$\vdots$				
K	1	レ	レ		レ
	2	レ	レ		レ
	$\vdots$				
	n_K	レ	レ		レ

　外的基準の K 個のカテゴリーのうち，i 番目のカテゴリーに反応した個体（サンプル）を集めて第 i 群とし，第 i 群の α 番目の個体が各アイテムのどのカテゴリーに反応するか —— 表5でどのアイテム・カテゴリーにレ印がつくか —— を表すため次のようなダミー変数を導入する．

$$(28)\quad \delta_{i\alpha}(jk)=\begin{cases}1\cdots\text{第 }i\text{ 群の }\alpha\text{ 番目の個体がアイテム }j\text{ のカテゴリー}\\ \qquad k\text{ に反応するとき．}\\ 0\cdots\text{その他のとき．}\end{cases}$$

　各要因アイテムのカテゴリーへの反応から，外的基準による分類を予測（判別）したい．そのため数量化I類の場合と同様に，各アイテム・カテゴリーに対応するダミー変数の線形式

$$(29)\quad Y_{i\alpha}=\sum_{j=1}^{R}\sum_{k=1}^{c_j}a_{jk}\delta_{i\alpha}(jk)$$

を考え，これをその個体の数量（評点）とする．(29)の右辺は，その個体が反応したアイテム・カテゴリーに対応する係数 a_{jk} を拾い出して加えることを意

味しているので，a_{jk}はダミー変数の係数と考えてもよいし，アイテム・カテゴリーに与える数量（評点）と考えてもよい．(29)の線形式により外的基準の K 個の分類をもっともよく予測（判別）するため，**"K 個の群の群間変動を全変動に対して相対的に最大にするように，言いかえれば，相関比＝（群間分散)/（全分散）を最大にするように"**a_{jk}を定める．

$Y_{i\alpha}$ の変動は，分散分析でよく知られているように，次のように分解される．

$$(30) \quad \sum_{i=1}^{K}\sum_{\alpha=1}^{n_i}(Y_{i\alpha}-\bar{Y}_{..})^2$$
全変動 S_T

$$=\sum_{i=1}^{K}n_i(\bar{Y}_{i.}-\bar{Y}_{..})^2+\sum_{i=1}^{K}\sum_{\alpha=1}^{n_i}(Y_{i\alpha}-\bar{Y}_{i.})^2$$
群間変動 S_B　　　　　群内変動 S_W

各項を n で割ったものをそれぞれ全分散 $\sigma_T{}^2$，群間分散 $\sigma_B{}^2$，群内分散 $\sigma_W{}^2$ と表すと，**相関比(correlation ratio)**η^2は

$$(31) \quad \eta^2=\frac{\sigma_B{}^2}{\sigma_T{}^2}=\frac{S_B}{S_T}$$

で与えられる．(28)を(30)の各項に代入して整理すると全変動 S_T，群間変動 S_Bはそれぞれ，

$$(32) \quad S_T=\sum_{i=1}^{K}\sum_{\alpha=1}^{n_i}(Y_{i\alpha}-\bar{Y}_{..})^2$$

$$=\sum_{i=1}^{K}\sum_{\alpha=1}^{n_i}\left\{\sum_{j=1}^{R}\sum_{k=1}^{c_j}a_{jk}\delta_{i\alpha}(jk)-\sum_{j=1}^{R}\sum_{k=1}^{c_j}\frac{n_{jk}}{n}a_{jk}\right\}^2$$

$$=\sum_{j=1}^{R}\sum_{k=1}^{c_j}\sum_{u=1}^{R}\sum_{v=1}^{c_u}\left\{f(jk,uv)-\frac{n_{jk}n_{uv}}{n}\right\}a_{jk}a_{uv}$$

$$=\sum_{j=1}^{R}\sum_{k=1}^{c_j}\sum_{u=1}^{R}\sum_{v=1}^{c_u}t(jk,uv)a_{jk}a_{uv}$$

$$(33) \quad S_B=\sum_{i=1}^{K}n_i(\bar{Y}_{i.}-\bar{Y}_{..})^2$$

$$=\sum_{i=1}^{K}n_i\left\{\sum_{j=1}^{R}\sum_{k=1}^{c_j}\frac{g^i(jk)}{n_i}a_{jk}-\sum_{j=1}^{R}\sum_{k=1}^{c_j}\frac{n_{jk}}{n}a_{jk}\right\}^2$$

$$= \sum_{j=1}^{R} \sum_{k=1}^{c_j} \sum_{u=1}^{R} \sum_{v=1}^{c_u} \left\{ \sum_{i=1}^{K} \frac{g^i(jk)g^i(uv)}{n_i} - \frac{n_{jk}n_{uv}}{n} \right\} a_{jk} a_{uv}$$

$$= \sum_{j=1}^{R} \sum_{k=1}^{c_j} \sum_{u=1}^{R} \sum_{v=1}^{c_u} b(jk, uv) a_{jk} a_{uv}$$

のように表される．ここに

(34)
$$\begin{cases} t(jk, uv) = f(jk,uv) - \dfrac{n_{jk}n_{uv}}{n} \\[3mm] b(jk, uv) = \displaystyle\sum_{i=1}^{K} \dfrac{g^i(jk)g^i(uv)}{n_i} - \dfrac{n_{jk}n_{uv}}{n} \end{cases}$$

また

$f(jk, uv)$：要因の j アイテム・k カテゴリーと u アイテム・v カテゴリーの両方に反応した個体の数

$g^i(jk)$　：第 i 群で j アイテム・k カテゴリーに反応した個体の数

n_{jk}　　　：j アイテム・k カテゴリーに反応した個体の数

である．

そこで，相関比 η^2 は

(35)
$$\eta^2 = \frac{\displaystyle\sum_{j=1}^{R} \sum_{k=1}^{c_j} \sum_{u=1}^{R} \sum_{v=1}^{c_u} b(jk, uv) a_{jk} a_{uv}}{\displaystyle\sum_{j=1}^{R} \sum_{k=1}^{c_j} \sum_{u=1}^{R} \sum_{v=1}^{c_u} t(jk, uv) a_{jk} a_{uv}}$$

のような，$\{a_{jk}\}$ の2次形式の比の形になる．

ところが，各個体が各々の要因アイテムに対して，必ずただ1つだけのカテゴリーに反応するものとすると，各アイテム内のカテゴリーに対応するダミー変数の間に

(36)
$$\sum_{k=1}^{c_j} \delta_{i\alpha}(jk) = 1 \quad (\text{任意の } j,\ i,\ \alpha \text{ に対して})$$

のような関係（1次従属性）がなりたち，各アイテム内でカテゴリーの数だけ導入したダミー変数のうち，1つずつは残りのカテゴリーに対するダミー変数からきまってくる．そのため(35)の η^2 を最大にする $\{a_{jk}\}$ の値は，一意的

にはきまらない．このような不定性を除くためには，例えば

(37) $\qquad a_{j1}=0, \quad j=1, 2, \cdots, R$

あるいは

(38) $\qquad \displaystyle\sum_{k=1}^{c_j} n_{jk}a_{jk}=0, \quad j=1, 2, \cdots, R$

のように標準化を行えばよい．(37)は各アイテムの1番目のカテゴリーに付与する数量をゼロとおき，それを基準として他のカテゴリーに対応する数量を求めようという考え方，(38)はアイテム内のカテゴリーに付与する数量の平均をゼロにしようという考え方である．ここでは(37)のような標準化を採用することにしよう．このとき，相関比 η^2 は次のように表される．

(35)′ $\qquad \displaystyle \eta^2 = \frac{\sum_{j=1}^{R}\sum_{k=2}^{c_j}\sum_{u=1}^{R}\sum_{v=2}^{c_u} b(jk, uv)a_{jk}a_{uv}}{\sum_{j=1}^{R}\sum_{k=2}^{c_j}\sum_{u=1}^{R}\sum_{v=2}^{c_u} t(jk, uv)a_{jk}a_{uv}}$

(35)′ の η^2 を最大にする $\{a_{jk}\}$ を求めるため，η^2 を a_{uv} で偏微分してゼロとおくと

(39) $\qquad \displaystyle\sum_{j=1}^{R}\sum_{k=2}^{c_j}\{b(jk, uv) - \eta^2 t(jk, uv)\}a_{jk}=0, \quad u=1,\cdots, R,\ v=2,\cdots,c_u$

を得る（→問題 **A4.3**）．行列を用いて

$$B^* = [b(jk, uv)]: \sum_{j=1}^{R}(c_j-1) \times \sum_{j=1}^{R}(c_j-1),$$

$$T^* = [t(jk, uv)]: \sum_{j=1}^{R}(c_j-1) \times \sum_{j=1}^{R}(c_j-1),$$

$$\boldsymbol{a}^* = [a_{jk}]: \sum_{j=1}^{R}(c_j-1) \times 1,$$

とおけば，(39)は

(40) $\qquad (B^* - \eta^2 T^*)\boldsymbol{a}^* = 0$

と表される．B^*, T^* は，ダミー変数 $\delta_{ia}(jk)$ のベクトルの群間および全体の偏差平方和積和行列である．(39)あるいは(40)は一般固有値問題と呼ばれ，求める $\{a_{jk}\}$ —— 各アイテム・カテゴリーに付与する数量 —— は最大固有値 η^2

に対応する固有ベクトル a^* として求められる（→問題 **A4.4**）．この手続はちょうどダミー変数 $\{\delta_{i\alpha}(jk)\}$ を用いた場合の正準分析（重判別分析）に相当している．また外的基準の各カテゴリーに与える数量としては上の $\{a_{jk}\}$ を採用したときの個体の数量の各群の平均値を利用すればよい．

　上では相関比を最大にするという考え方により定式化を行ったが，別の考え方を用いることもできる．いま外的基準のカテゴリーも数量化することにし，i 番目のカテゴリーに b_i なる数量を与えるものとする．要因のアイテム・カテゴリーには(29)のような数量を与え，数量化の基準として外的基準の数量と要因の数量の相関係数最大化をめざすと，その解は要因のアイテム・カテゴリーに与える数量としては(40)の固有値問題の最大固有値に対応する固有ベクトルの要素 $\{a_{jk}\}$，そして外的基準のカテゴリーに与える数量としては，そのカテゴリーに反応した個体の数量の平均値の定数倍を与えるのがよいことが導かれる．

　さて，このようにして要因アイテムおよび外的基準の各カテゴリーに対して最適な数量が求まるが，数量化後の要因分析は次の要領で行う．

　外的基準に対する各アイテムの寄与の程度を評価する測度としては，数量化Ⅰ類の場合と同様な考え方により，数量化された外的基準と数量化された要因アイテムとの間の**偏相関係数**(partial correlation coefficient)あるいは各アイテム内のカテゴリーに付与された数量の**範囲**(range)が用いられる．偏相関係数および範囲は(19)式あるいは(14)式を用いて求めることができる．ただし，数量化された外的基準の分散 $s_Y{}^2$ および数量化された外的基準と数量化された要因アイテムとの共分散は，それぞれ

(41)
$$s_Y{}^2 = \frac{1}{n}\left\{ \sum_{i=1}^{K} n_i\,b_i{}^2 - \frac{1}{n}\left(\sum_{i=1}^{K} n_i\,b_i \right)^2 \right\}$$

(42)
$$s_{Y,x(j)} = \frac{1}{n}\left\{ \sum_{k=1}^{c_j}\sum_{i=1}^{K} a_{jk}b_i\,g^i(jk) - \frac{1}{n}\left(\sum_{k=1}^{c_j} n_{jk}a_{jk} \right)\left(\sum_{i=1}^{K} n_i\,b_i \right) \right\}$$

で与えられる．ここに b_i は外的基準の第 i カテゴリーに付与する数量である．

　数量化Ⅱ類は実際には個体の数も多く，また考慮すべき要因アイテムの数も多いような問題に適用されることが多いが，ここでは数値例として次のような簡単な例について検討しよう．

例3. 表6のような2元配置の実験（調査）を行い，応答が定性的な4段階評価（1＜2＜3＜4のような順序関係がある）で得られている．応答を外的基準，AおよびBを要因アイテムとして数量化Ⅱ類による分析を行え．

表6　応答が4段階で与えられた2元配置データ

A	B	応答 1	2	3	4	計
A₁	B₁	0	8	2	0	10
	B₂	0	5	5	0	10
	B₃	0	1	7	2	10
A₂	B₁	1	9	0	0	10
	B₂	1	1	6	2	10
	B₃	0	3	5	2	10
A₃	B₁	2	8	0	0	10
	B₂	0	6	4	0	10
	B₃	0	3	5	2	10

［解］ データを表5の形で表現すれば次のようになる．

表7　表6のデータの表5の形での表現

外的基準	No.	アイテムA 1	2	3	アイテムB 1	2	3
1	1	レ			レ		
	2	レ				レ	
	3			レ	レ		
	4			レ	レ		
⋮	⋮	⋮			⋮		
4	1	レ					レ
	2	レ					レ
	3		レ		レ		
	4		レ		レ		
	5		レ				レ
	6		レ				レ
	7			レ			レ
	8			レ			レ

(34)により偏差平方和積和行列 $[t(jk, uv)]$, $[b(jk, uv)]$ を求めると,

$$[t(jk, uv)] = \begin{bmatrix} 20 & -10 & -10 & 0 & 0 & 0 \\ -10 & 20 & -10 & 0 & 0 & 0 \\ -10 & -10 & 20 & 0 & 0 & 0 \\ 0 & 0 & 0 & 20 & -10 & -10 \\ 0 & 0 & 0 & -10 & 20 & -10 \\ 0 & 0 & 0 & -10 & -10 & 20 \end{bmatrix}$$

$$[b(jk, uv)] =$$
$$\begin{bmatrix} 0.71925 & -0.33422 & -0.38503 & -1.22193 & 0.49465 & 0.72727 \\ -0.33422 & 0.39973 & -0.06551 & -0.46658 & -0.10160 & 0.56818 \\ -0.38503 & -0.06551 & 0.45053 & 1.68850 & -0.39305 & -1.29546 \\ -1.22193 & -0.46658 & 1.68850 & 6.57219 & -1.54947 & -5.02273 \\ 0.49465 & -0.10160 & -0.39305 & -1.54947 & 0.64037 & 0.90909 \\ 0.72727 & 0.56818 & -1.29546 & -5.02273 & 0.90909 & 4.11364 \end{bmatrix}$$

となる. A, B 各アイテムの第1カテゴリーに対応する行と列とを除いて, (39)あるいは(40)の固有値問題を解くと,

固有値　　　$\eta^2 =$　　0.384　　　　0.038　　　　0.008

固有ベクトル　$a^* = \begin{bmatrix} 0.1398 \\ 0.5761 \\ \hline -1.5995 \\ -2.3197 \end{bmatrix} \begin{bmatrix} 2.0422 \\ 1.2361 \\ \hline -0.8513 \\ 0.4588 \end{bmatrix} \begin{bmatrix} -1.2480 \\ -1.0242 \\ \hline -1.6397 \\ 0.2549 \end{bmatrix}$

となり, 要因 A, B の各カテゴリーに与える数量は最大固有値に対応する固有ベクトルから

要因 A　　$a_{11} = 0$　　　　　　⎫
　　　　　$a_{12} = 0.1398$　　　⎬
　　　　　$a_{13} = 0.5761$　　　⎭

要因 B　　$a_{21} = 0$　　　　　　⎫
　　　　　$a_{22} = -1.5995$　　⎬
　　　　　$a_{23} = -2.3197$　　⎭

のように得られる．各アイテム内のカテゴリーに対する数量の平均がゼロと
なるように標準化しなおすと，表 8 のようになる．外的基準の各カテゴリー
に付与される数量は，ちょうど $b_1 < b_2 < b_3 < b_4$ のような順序関係を満たして
いることが観察される．(一般には常にこのような順序関係が満たされるとは
限らない．解釈上順序関係を満たす解を求めたいときには Nishisato and
Arri (1975)，Tanaka (1979) の方法を用いればよい)．

表 8　表 7 のデータの数量化 II 類による分析結果

要　因 アイテム	カテゴ リ　ー	例数	カテゴリーに 付与する数量	範　囲	偏相関 係　数
A	A_1	30	-0.2386	0.5761	0.1900
	A_2	30	-0.0988		
	A_3	30	0.3375		
B	B_1	30	1.3064	2.3197	0.6075
	B_2	30	-0.2931		
	B_3	30	-1.0133		
外　的 基　準	1	4	1.0259	$\eta^2 = 0.384$	
	2	44	0.5264		
	3	34	-0.6000		
	4	8	-0.8580		

　得られた数量を用いて外的基準および要因アイテム間の相関行列を求める
と

$$\boldsymbol{R} = \begin{array}{c} \text{Y} \\ \text{A} \\ \text{B} \end{array} \begin{array}{c} \text{Y (外的基準)} \quad\quad \text{A} \quad\quad\quad \text{B} \\ \begin{bmatrix} 1.0000 & 0.1520 & 0.6005 \\ 0.1520 & 1.0000 & 0.0000 \\ 0.6005 & 0.0000 & 1.0000 \end{bmatrix} \end{array}$$

逆行列は

$$\boldsymbol{R}^{-1} = \begin{array}{c} \text{Y} \\ \text{A} \\ \text{B} \end{array} \begin{bmatrix} 1.6226 & -0.2466 & -0.9744 \\ -0.2466 & 1.0375 & 0.1481 \\ -0.9744 & 0.1481 & 1.5851 \end{bmatrix}$$

これより重相関係数 $R = r_{Y.AB}$，偏相関係数 $r_{YA \cdot B}$，$r_{YB \cdot A}$ はそれぞれ次のように
得られる．

$$R = r_{Y \cdot AB} = \sqrt{1 - \frac{1}{r^{YY}}} = \sqrt{1 - \frac{1}{1.6226}} = 0.6194$$

$$R^2 = (0.6194)^2 = 0.3837 = \eta^2$$

$$r_{YA \cdot B} = \frac{-r^{AY}}{\sqrt{r^{AA} r^{YY}}} = \frac{0.2466}{\sqrt{1.0375 \times 1.6226}} = 0.1900$$

$$r_{YB \cdot A} = \frac{-r^{BY}}{\sqrt{r^{BB} r^{YY}}} = \frac{0.9744}{\sqrt{1.5851 \times 1.6226}} = 0.6075$$

さて，上では外的基準による群の間をできるだけよく判別するために，各アイテム・カテゴリーに対して（1次元の）数量を与えたが，1次元では十分よく判別できないことがある．そのような場合には多次元の数量化を考える．そのため s 次元目の数量を $\{a_{jk}{}^{(s)}\}$ とし，それに対応する相関比を $\eta^2{}_{(s)}$ とするとき，相関比の積 $\Pi \eta^2{}_{(s)}$ を最大化するという基準を考える．ただし，s 次元目の数量は $1 \sim s-1$ 次元の数量とは無相関とする．

(43)
$$\eta^2 = \prod_{s=1}^{r} \eta^2{}_{(s)} \rightarrow \text{max.}$$

これを $a_{uv}{}^{(s)}$ で偏微分してゼロとおけば

(44)
$$\frac{\partial \eta^2}{\partial a_{uv}{}^{(s)}} = \eta_{(1)}{}^2 \cdots \eta_{(s-1)}{}^2 \frac{\partial \eta^2{}_{(s)}}{\partial a_{uv}{}^{(s)}} \eta^2{}_{(s+1)} \cdots \eta^2{}_{(r)} = 0$$

従って

(45)
$$\frac{\partial \eta^2{}_{(s)}}{\partial a_{uv}{}^{(s)}} = 0$$

を得るが，これから(39)の形の式が導かれる．(39)の固有値問題を解いて得られる固有値の大きい方から r 個とり，それぞれに対応する固有ベクトルの要素を r 次元の数量としてカテゴリーに付与すればよい．

§4. 数量化III類

　数量化III類は，既に述べたI類やII類と異なり，予測すべき外的基準のない場合の数量化法の一つであり，個体(対象あるいはサンプルとも言われる)の種々のカテゴリーへの反応の仕方にもとづいて，個体とカテゴリーの両方を数量化し，さらにその数量を用いて分類を行おうという方法である．はじめに1次元の数量化について，その後で多次元の数量化について述べる．

　各個体について，カテゴリーへの反応パターンが表9のように得られているとしよう．そして各個体がそれぞれのカテゴリーに反応するかどうかを表すため，次のようなダミー変数を導入する．

$$(46) \quad \delta_i(j) = \begin{cases} 1 \cdots 個体 \ i \ がカテゴリー \ j \ に反応するとき \\ \\ 0 \cdots その他のとき \end{cases}$$

表9　各個体のカテゴリーへの反応パターン

個　体 ＼ カテゴリー	1	2	3	‥‥‥	R
1	レ		レ		
2		レ	レ		
$\vdots$				‥‥‥	
n	レ		レ		レ

　反応の仕方の似たサンプル，反応のされ方の似たカテゴリーを集めたい．そのためには，表9の行と列とを適当に並べかえて，表10のようにレ印がなるべく対角に集まるようにしてやればよい．しかし，このような並べかえは一般に手間もかかるし，恣意的になるので，客観的な方法でそれと同等なことを行うことができれば好都合である．数量化III類は，そのような並べかえに相当することを，個体とカテゴリーの双方に数量を与えることにより行おうという方法である．個体 i に x_i，カテゴリー j に y_j のような数量を与えることにする．このとき数量 x_i, y_j としてはカテゴリーへの反応の仕方の似た個体には近い数量 x を，また個体からの反応のされ方の似たカテゴリーには近い数量 y を与えたい．そのためには並べかえられた表10において左から右，上

から下に，大きさが大→小（または小→大）の数量を与えるようにすればよい．そのような数量化は"**x と y との相関係数 r を最大にする**"ことにより実現できると考えられる．

個体＼カテゴリー	j_1	j_2	j_3	……	j_{R-1}	j_R
i_1	レ	レ				
i_2		レ	レ			
⋮				……		
i_{n-1}					レ	
i_n					レ	レ

個体 i がカテゴリー j に反応したとき (x_i, y_j) のようなデータの組が得られたものと考え，x と y との相関係数 r を次のように定義する．

$$(47) \quad r = \frac{s_{xy}}{s_x s_y} = \frac{\frac{1}{N}\sum_{i=1}^{n}\sum_{j=1}^{R}\delta_i(j)(x_i - \overline{x})(y_j - \overline{y})}{\sqrt{\frac{1}{N}\sum_{i=1}^{n}f_i(x_i - \overline{x})^2 \frac{1}{N}\sum_{i=1}^{R}g_j(y_j - \overline{y})^2}}$$

ここに

$$(48) \quad \begin{cases} f_i = \sum_{j=1}^{R}\delta_i(j)\cdots 個体 i が反応するカテゴリーの数 \\ g_j = \sum_{i=1}^{n}\delta_i(j)\cdots カテゴリー j が反応される個体の数 \end{cases}$$

$$(49) \quad N = \sum_{i=1}^{n}f_i = \sum_{j=1}^{R}g_j$$

である．

さて，相関係数 r は x, y の原点の位置には依存しないから，一般性を失うことなく，

$$(50) \quad \overline{x} = \overline{y} = 0$$

とおくことができる．このとき(47)は

(51)
$$r = \frac{\dfrac{1}{N}\sum_{i=1}^{n}\sum_{j=1}^{R}\delta_i(j)x_i y_j}{\sqrt{\dfrac{1}{N}\sum_{i=1}^{n}f_i x_i{}^2 \cdot \dfrac{1}{N}\sum_{j=1}^{R}g_j y_j{}^2}}$$

となる．また r は x, y の分散にもよらないから，x, y を分散 1 に標準化して考えれば十分である．

したがって，(51)の r を最大にするためには，

(52)
$$\frac{1}{N}\sum_{i=1}^{n}f_i x_i{}^2 = 1, \qquad \frac{1}{N}\sum_{j=1}^{R}g_j y_j{}^2 = 1$$

のような制約条件のもとで

(53)
$$Q = \frac{1}{N}\sum_{i=1}^{n}\sum_{j=1}^{R}\delta_i(j)x_i y_j$$

を最大にすればよい．そこで Lagrange の未定乗数 λ, μ を用いて

(54)
$$F \equiv \frac{1}{N}\sum_{i=1}^{n}\sum_{j=1}^{R}\delta_i(j)x_i y_j - \frac{\lambda}{2}\left(\frac{1}{N}\sum_{i=1}^{n}f_i x_i{}^2 - 1\right)$$
$$- \frac{\mu}{2}\left(\frac{1}{N}\sum_{j=1}^{R}g_j y_j{}^2 - 1\right)$$

を最大化する．各 x_i, y_j で偏微分して 0 とおくと，

(55)
$$\begin{cases} N\dfrac{\partial F}{\partial x_i} = \sum_{j=1}^{R}\delta_i(j)y_j - \lambda f_i x_i = 0, \quad i = 1, 2, \cdots, n \\[3mm] N\dfrac{\partial F}{\partial y_j} = \sum_{i=1}^{n}\delta_i(j)x_i - \mu g_j y_j = 0, \quad j = 1, 2, \cdots, R \end{cases}$$

第 1 式の各々に x_i を掛けて i について加え，第 2 式の各々に y_j を掛けて j について加えて整理すると

(56)
$$\lambda = \mu = \frac{1}{N}\sum_{i=1}^{n}\sum_{j=1}^{R}\delta_i(j)x_i y_j = Q$$

を得る．各個体は少なくとも 1 つのカテゴリーに反応し，また各カテゴリーは少なくとも 1 つの個体から反応されるものとすると，$f_i > 0, g_j > 0$ であるから，(55)より

$$(57) \quad \begin{cases} \displaystyle\sum_{j=1}^{R} \frac{\delta_i(j)}{f_i} y_j - \lambda x_i = 0, \quad i=1, 2, \cdots, n \\[3ex] \displaystyle\sum_{i=1}^{n} \frac{\delta_i(j)}{g_j} x_i - \lambda y_j = 0, \quad j=1, 2, \cdots, R \end{cases}$$

を得，これから x_i を消去すると

$$\sum_{j'=1}^{R} \left(\sum_{i=1}^{n} \frac{\delta_i(j')\delta_i(j)}{f_i g_j} \right) y_{j'} - \lambda^2 y_j = 0, \quad j=1, 2, \cdots, R$$

あるいは

$$(58) \quad \sum_{j'=1}^{R} \left(\sum_{i=1}^{n} \frac{\delta_i(j')\delta_i(j)}{f_i} \right) y_{j'} - \lambda^2 g_j y_j = 0, \quad j=1, 2, \cdots, R$$

また y_j を消去すると

$$\sum_{i'=1}^{n} \left(\sum_{j=1}^{R} \frac{\delta_{i'}(j)\delta_i(j)}{f_i g_j} \right) x_{i'} - \lambda^2 x_i = 0, \quad i=1, 2, \cdots, n$$

あるいは

$$(59) \quad \sum_{i'=1}^{n} \left(\sum_{j=1}^{R} \frac{\delta_{i'}(j)\delta_i(j)}{g_j} \right) x_{i'} - \lambda^2 f_i x_i = 0, \quad i=1, 2, \cdots, n$$

となる．すなわち，問題は(58)または(59)の形の一般固有値問題に帰着する．これは次のようにして通常の（対称行列の）固有値問題に変形して解くことができる．

(58)の両辺に $1/\sqrt{g_j}$ を掛けると

$$(60) \quad \sum_{j'=1}^{R} \left(\sum_{i=1}^{n} \frac{\delta_i(j')\delta_i(j)}{f_i\sqrt{g_j}\sqrt{g_{j'}}} \right) (\sqrt{g_{j'}}\, y_{j'}) - \lambda^2(\sqrt{g_j}\, y_j) = 0,$$
$$j=1, 2, \cdots, R$$

同様に(59)の両辺に $1/\sqrt{f_i}$ を掛けると

$$(61) \quad \sum_{i'=1}^{n} \left(\sum_{j=1}^{R} \frac{\delta_{i'}(j)\delta_i(j)}{g_j\sqrt{f_i}\sqrt{f_{i'}}} \right) (\sqrt{f_{i'}}\, x_{i'}) - \lambda^2(\sqrt{f_i}\, x_i) = 0,$$
$$i=1, 2, \cdots, n$$

を得る. (60), (61)は対称行列の固有値問題であり, べき乗法, Jacobi法などを用いて解くことができ, 固有値 λ^2, 固有ベクトル $u_j = \sqrt{g_j}\,y_j, j=1, 2, \cdots$, R あるいは固有値 λ^2, 固有ベクトル $v_i = \sqrt{f_i}\,x_i, i=1, 2, \cdots, n$ が得られる. 数量 $\{y_j\}$, $\{x_i\}$ は(60), (61)の固有ベクトル $\{u_j\}$, $\{v_i\}$ を用いて

$$(62) \quad \begin{cases} y_j = u_j/\sqrt{g_j}, \ j=1, 2, \cdots, R; \\ x_i = v_i/\sqrt{f_i}, \ i=1, 2, \cdots, n \end{cases}$$

によって求めることができる. もっとも, $\{y_j\}$, $\{x_i\}$ を求めるために(60), (61)の両方の固有値問題を解く必要はない. 一方の固有値問題から, λ と $\{y_j\}$ あるいは λ と $\{x_i\}$ が求まると, これを(57)に代入して残りの $\{x_i\}$ または $\{y_j\}$ を計算すればよい.

(56)より λ は最大にすべき Q の値((50), (52)の制約条件がなりたつとき相関係数 r に等しい)に等しいので, 個体またはカテゴリーに与える数量としては, 一般固有値問題(58), (59)の最大固有値に対応する固有ベクトルの要素を用いればよい. ところが容易にわかるように

$$\lambda = 1, \quad y_1 = y_2 = \cdots = y_R = c \quad (=一定)$$
$$\lambda = 1, \quad x_1 = x_2 = \cdots = x_n = c \quad (=一定)$$

は(58), (59) (あるいは(60), (61)) の解になっている. しかし, この解は(50)の条件を満たさない無意味な解である. 固有値問題において, 相異なる固有値に対応する固有ベクトルは互に直交するから, 2番目以下の固有値(上述のように固有値 λ^2 は相関係数の2乗に等しいので, $0 \le \lambda^2 \le 1$ がなりたつ)に対応する固有ベクトルについては

$$c(\sqrt{g_1}, \cdots, \sqrt{g_R})(\sqrt{g_1}\,y_1, \cdots, \sqrt{g_R}\,y_R)' = c\sum_{j=1}^{R} g_j y_j = 0$$

$$c(\sqrt{f_1}, \cdots, \sqrt{f_n})(\sqrt{f_1}\,x_1, \cdots, \sqrt{f_n}\,x_n)' = c\sum_{i=1}^{n} f_i x_i = 0$$

がなりたち, (50)が満たされる. 従って, 1を除いた中での最大固有値 λ_1 に対応する固有ベクトル $(y_{11}, y_{12}, \cdots, y_{1R})$, $(x_{11}, x_{12}, \cdots, x_{1n})$ の要素を, それぞれカテゴリーおよび個体に与える数量として採用すればよい. 実際に解くとき

には，(58)，(59)のうち次元の小さい方の一般固有値問題を解き，その固有値と固有ベクトルを用いて(57)の上または下の式により，残りの固有ベクトルを求めればよい．(57)を

$$
(63) \quad \begin{cases} x_i = (1/\lambda)\sum_{j=1}^{R} (\delta_i(j)/f_i)y_j, \\ y_j = (1/\lambda)\sum_{i=1}^{n} (\delta_i(j)/g_j)x_i \end{cases}
$$

と変形すると，これらはちょうど"個体 i の反応したカテゴリーの数量の平均の $1/\lambda$ 倍を個体 i の数量とする"，"カテゴリー j に反応した個体の数量の平均の $1/\lambda$ をカテゴリー j の数量とする"ことを表している．しかし，この定式化においては対象やカテゴリーに与える数量の定数倍はあまり本質的でないので，(63)の $1/\lambda$ 倍を省略して，個体に対してはその個体の反応したカテゴリーの数量の平均を，またカテゴリーに対してはそのカテゴリーに反応した個体の数量の平均を付与することもしばしば行われる．とくに $\{x_i\}$ と $\{y_j\}$ とを同じ空間内で表示するときにはその方が解釈しやすい．

多次元の数量化

1次元の数量化で個体やカテゴリーの分類が十分に行えないときには，多次元的な数量化を行う．簡単のため2次元の場合について述べよう．個体 i に $(x_i^{(1)}, x_i^{(2)})$，カテゴリー j に $(y_j^{(1)}, y_j^{(2)})$ のような2次元の数量を与えるものとしよう．但し各々の数量は平均が0に標準化されており，さらに $x^{(1)}$ と $x^{(2)}$，$y^{(1)}$ と $y^{(2)}$ とは互に無相関，すなわち

$$
(64) \quad \sum_{i=1}^{n} f_i x_i^{(1)} x_i^{(2)} = \sum_{j=1}^{R} g_j y_j^{(1)} y_j^{(2)} = 0
$$

がなりたつとする．数量化の基準としては，1次元の場合を拡張して"$x^{(1)}$ と $y^{(1)}$，$x^{(2)}$ と $y^{(2)}$ との間の相関係数 r_1, r_2 の積 $r_1 r_2$ を最大にする"という基準を用いる．

$$
(65) \quad r_1 r_2 = \frac{\dfrac{1}{N}\sum_{i=1}^{n}\sum_{j=1}^{R} \delta_i(j) x_i^{(1)} y_i^{(1)}}{\sqrt{\dfrac{1}{N}\sum_{i=1}^{n} f_i x_i^{(1)\,2}\;\dfrac{1}{N}\sum_{j=1}^{R} g_j y_j^{(1)\,2}}}
$$

$$\times \frac{\dfrac{1}{N}\sum_{i=1}^{n}\sum_{j=1}^{R}\delta_i(j)\,x_i^{(2)}\,y_i^{(2)}}{\sqrt{\dfrac{1}{N}\sum_{i=1}^{n}f_i x_i^{(2)\,2}\ \dfrac{1}{N}\sum_{j=1}^{R}g_j y_j^{(2)\,2}}}$$

を最大化する問題は，2組の制約条件つき最大化問題(52)～(53)の形に定式化され，かつ両者の解$(x_i^{(1)}, y_j^{(1)})$, $(x_i^{(2)}, y_j^{(2)})$について$x_i^{(1)}$と$x_i^{(2)}$，$y_j^{(1)}$と$y_j^{(2)}$の間が無相関，すなわち(64)がなりたつことが要求される．ところが(52)～(53)から導かれる固有値問題(60)～(61)の，相異なる固有値に対する固有ベクトルは互いに直交することから，無相関性がなりたち，結局，この固有値問題の固有値1を除いた中での1番目，2番目に大きい固有値に対応する固有ベクトルの要素を用いればよい．$p(\geqq 3)$次元の数量化の場合も，同様に大きい方からp個の固有値をとり，対応する固有ベクトルの要素を用いればよい．

例4．15種類の食品が，性・年令によって分けられた10の層で好まれるか

表11 食品の嗜好パターン

性・年令による層（カテゴリー） 食品（個体）	(1) 男 ~15	(2) 男 16~20	(3) 男 21~30	(4) 男 31~40	(5) 男 41~	(6) 女 ~15	(7) 女 16~20	(8) 女 21~30	(9) 女 31~40	(10) 女 41~
1. ごはん	レ	レ	レ	レ	レ	レ	レ	レ	レ	レ
2. カレーライス	レ	レ	レ			レ	レ	レ	レ	
3. ひやむぎ				レ	レ					レ
4. やきそば	レ	レ	レ	レ		レ	レ	レ	レ	
5. みそ汁		レ	レ	レ	レ	レ	レ	レ	レ	レ
6. すきやき	レ	レ	レ	レ	レ	レ	レ	レ		レ
7. コロッケ	レ	レ				レ	レ			
8. ハム	レ	レ	レ			レ	レ		レ	
9. さしみ		レ	レ	レ	レ		レ	レ		レ
10. うなぎの蒲焼	レ	レ	レ	レ						レ
11. 卵やき	レ	レ	レ	レ	レ	レ	レ	レ	レ	
12. ゆで卵	レ	レ	レ	レ	レ	レ	レ	レ	レ	レ
13. おでん	レ	レ		レ	レ	レ		レ	レ	レ
14. 八宝菜			レ	レ			レ	レ	レ	レ
15. 冷奴		レ	レ	レ	レ		レ	レ	レ	レ

(注．各層で平均以上に好まれるときレ印をつけている．)

どうかを調査し，表10のようなデータを得た．数量化III類を用いて分析せよ．

[**解**]　ダミー変数 $\{\delta_i(j)\}$ を用いて表し，(48)により f_i, g_j を求めると次の表を得る．

個体＼カテゴリー	1	2	3	4	5	6	7	8	9	10	f_i
1	1	1	1	1	1	1	1	1	1	1	10
2	1	1	1	0	0	1	1	1	1	0	7
3	0	0	0	0	1	1	0	0	0	1	3
4	1	1	1	1	0	1	1	1	1	0	8
5	0	1	1	1	1	1	1	1	1	1	9
6	1	1	1	1	1	1	1	1	1	1	10
7	1	1	0	0	0	1	1	0	0	0	4
8	1	1	1	1	0	1	1	0	1	0	7
9	0	1	1	1	1	0	1	1	1	1	8
10	1	1	1	1	1	0	0	0	0	1	6
11	1	1	1	1	1	1	1	1	1	1	10
12	1	1	1	1	1	1	1	1	1	1	10
13	1	1	0	1	1	1	0	1	1	1	8
14	0	0	1	1	0	0	1	1	1	1	6
15	0	1	1	1	1	0	1	1	1	1	8
g_j	10	13	12	12	10	11	12	11	12	11	114

(60)の固有値問題の行列を計算すると

$$
\begin{bmatrix}
0.13524 & 0.11861 & 0.08922 & 0.08759 & 0.06917 & 0.11305 & 0.09683 & 0.07560 & 0.08542 & 0.06595 \\
0.11861 & 0.13181 & 0.10717 & 0.10574 & 0.09233 & 0.10845 & 0.11384 & 0.09650 & 0.10383 & 0.08804 \\
0.08922 & 0.10717 & 0.12543 & 0.11353 & 0.08469 & 0.08023 & 0.11154 & 0.10407 & 0.11154 & 0.09526 \\
0.08759 & 0.10574 & 0.11353 & 0.12394 & 0.09611 & 0.07868 & 0.09964 & 0.10251 & 0.11005 & 0.10614 \\
0.06917 & 0.09233 & 0.08469 & 0.09611 & 0.13861 & 0.09243 & 0.06948 & 0.08449 & 0.08089 & 0.13216 \\
0.11305 & 0.10845 & 0.08023 & 0.07868 & 0.09243 & 0.14820 & 0.10199 & 0.08218 & 0.09111 & 0.08813 \\
0.09683 & 0.11384 & 0.11154 & 0.09964 & 0.06948 & 0.10199 & 0.13237 & 0.10407 & 0.11154 & 0.08075 \\
0.07560 & 0.09650 & 0.10407 & 0.10251 & 0.08449 & 0.08218 & 0.10407 & 0.12006 & 0.11495 & 0.09571 \\
0.08542 & 0.10383 & 0.11154 & 0.11005 & 0.08089 & 0.09111 & 0.11154 & 0.11495 & 0.12196 & 0.09163 \\
0.06595 & 0.08804 & 0.09526 & 0.10614 & 0.13216 & 0.08813 & 0.08075 & 0.09571 & 0.09163 & 0.14116
\end{bmatrix}
$$

となり，固有値問題を解いて固有値 λ^2 と固有ベクトル $(\sqrt{g_j}\,y_j)$ を求め，さらに (y_j) を計算しなおすと

$$\lambda_1{}^2 = 0.1266 \qquad \lambda_2{}^2 = 0.0968$$
$$\lambda_3{}^2 = 0.0415 \qquad \lambda_4{}^2 = 0.0198$$

$$
\boldsymbol{y}_1 = \begin{bmatrix} -1.5166 \\ -0.6700 \\ -0.0321 \\ 0.4128 \\ 1.7803 \\ -0.7871 \\ -0.8555 \\ 0.2199 \\ -0.1356 \\ 1.7854 \end{bmatrix}
\qquad
\boldsymbol{y}_2 = \begin{bmatrix} 1.0748 \\ 0.2923 \\ -1.0190 \\ -0.7202 \\ 1.2262 \\ 1.8080 \\ -0.6749 \\ -1.0405 \\ -0.9809 \\ 0.4989 \end{bmatrix}
\qquad
\begin{array}{l} y_3 \ (\text{省略}) \\[1em] y_4 \ (\text{省略}) \end{array}
$$

を得る. (63)の1番目の式で $1/\lambda$ を省略した式を用いて個体に与える数量 x を求めると,

$$
\boldsymbol{x}_1 = \begin{bmatrix} 0.0201 \\ -0.5396 \\ 0.9262 \\ -0.4205 \\ 0.1909 \\ 0.0201 \\ -0.9573 \\ -0.5120 \\ 0.3131 \\ 0.2933 \\ 0.0201 \\ 0.0201 \\ 0.1361 \\ 0.2325 \\ 0.3131 \end{bmatrix}
\qquad
\boldsymbol{x}_2 = \begin{bmatrix} 0.0465 \\ -0.0772 \\ 1.1777 \\ -0.1576 \\ -0.0678 \\ 0.0465 \\ 0.6251 \\ -0.0314 \\ -0.3023 \\ 0.2255 \\ 0.0465 \\ 0.0465 \\ 0.2698 \\ -0.6561 \\ -0.3023 \end{bmatrix}
$$

となる. 3番目以下の固有値は小さいから2次元までとりあげることにし, カテゴリーに与える数量, 個体に与える数量の散布図を描けば図1, 図2のようになる.

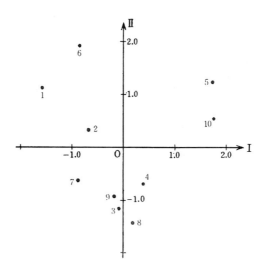

図1　数量化III類による分析結果 ── カテゴリーに与える数量の散布図（食品嗜好データ）

　図1におけるカテゴリーの配置をみると，Ⅰ軸の値の小→大は，性別を問わずほぼ年令の若→老に対応していること，Ⅱ軸の値は，20～30代で小さく．15以下や41以上で大きい値になっていることがわかる．また2次元平面上の

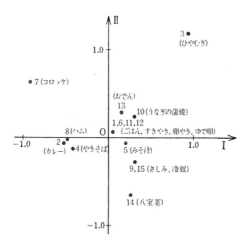

図2　数量化III類による分析結果 ── 個体に与える数量の散布図（食品嗜好データ）

プロットをみると，20～30代（男3，4；女8，9）が1か所にかたまっており，15以下（男1と女6），16～20（男2と女7），41以上（男5と女10）もそれぞれ互に近いところに位置しており，全般的に性差に比べて年令差が大きいことが示唆される．

　図2は15種類の食品（個体）に与える数量をプロットしたものであるが，7（コロッケ），2（カレーライス），8（ハム），4（やきそば）などはⅠ軸の値が小さく若い人に好まれる食品であり，3（ひやむぎ）はⅠ軸の値が大きく年とった層に好まれる食品であること，また14（八宝菜）はⅡ軸の値が小さく20～30代に好まれる食品であることが図より読みとられる．

§ 5.　数量化Ⅳ類

　いま n 個の対象（個体でも変量でもよい）があり，2つずつのペアをつくるとその間に親近性 $e_{ij}, i \neq j$（値が大きい程親近性が強い）が定義できるものとする．数量化Ⅳ類はこの親近性にもとづいて対象に数量を与え，親近性の大きいペアは近くに，親近性の小さいペアは遠くになるように，ユークリッド空間内に位置づけしようという方法である．数量化Ⅲ類の場合と同様に，まず1次元の数量化，続いて多次元の数量化について述べる．

1次元の数量化

　対象 i に与える数量を x_i とするとき，親近性 e_{ij} の大きいペアはその間のユークリッドの平方距離 $(x_i - x_j)^2$ が小さくなるように，また親近性 e_{ij} の小さいペアは $(x_i - x_j)^2$ が大きくなるようにするため，

$$(66) \qquad Q = -\sum_{i \neq j} \sum e_{ij}(x_i - x_j)^2$$

を最大にするように $\{x_i\}$ を定めることにする．Q を最大化することは次のように解釈される．e_{ij} が親近性を表すとき，$-e_{ij}$ は非親近性を表す．一方，対象 i と j に数量 x_i, x_j を与えるとき，これらの間の異なっている度合をユークリッド距離の2乗で測れば $(x_i - x_j)^2$ となる．対象間の相違度をはかる2種類の測度 $\{-e_{ij}, i, j = 1, \cdots, n\}$ と $\{(x_i - x_j)^2, i, j = 1, \cdots, n\}$ の間の近さを，両者をベクトル表示したときの内積で表せば Q が得られ，これを最大化すること

は，非親近性 $\{-e_{ij}\}$ ともっともよく対応する $\{x_i\}$ を求めることを意味する
ことになる．ただし，Q の値は $x_i \to cx_i$（c: 定数）と変換すると $Q \to c^2 Q$ と
なり，いくらでも大きくなり不都合であるから，数量 $\{x_i\}$ の分散が一定（簡
単のため 1 とする）という制約条件

(67) $$V(x) = \frac{1}{n} \sum_{i=1}^{n} (x_i - \overline{x})^2 = \frac{1}{n} \sum_{i=1}^{n} x_i{}^2 - \frac{1}{n^2} (\sum_{i=1}^{n} x_i)^2 = 1$$

を課することにする．そこで Lagrange の未定乗数を用いて

(68) $$F \equiv -\sum_{i \neq j} \sum e_{ij} (x_i - x_j)^2 - \lambda \left\{ \frac{1}{n} \sum_{i=1}^{n} x_i{}^2 - \frac{1}{n^2} (\sum_{i=1}^{n} x_i)^2 - 1 \right\}$$

を最大化すればよい．F を x_i で偏微分して 0 とおくと

(69) $$\frac{\partial F}{\partial x_i} = -2 \sum_{j} (e_{ij} + e_{ji})(x_i - x_j)$$

$$- \frac{2\lambda}{n} x_i + \frac{2\lambda}{n^2} (\sum_{i=1}^{n} x_i) = 0, \quad i = 1, 2, \cdots, n$$

$\{x_i\}$ の原点はどこでもよいので，平均 $\overline{x} = 0$ とおけば

(70) $$\sum_{j} (e_{ij} + e_{ji}) x_j - \left\{ \frac{\lambda}{n} + \sum_{j} (e_{ij} + e_{ji}) \right\} x_i = 0, \quad i = 1, 2, \cdots, n$$

ここで

(71) $$h_{ij} = h_{ji} = e_{ij} + e_{ji}$$

(72) $$\mu = \lambda / n$$

とおけば，(70)は

(73) $$\sum_{j} h_{ij} x_j - \{\mu + \sum_{j} h_{ij}\} x_i = 0, \quad i = 1, 2, \cdots, n$$

となる．e_{ii} にどんな値が入っても，数量化の基準 Q の値は変わらないから，

(74) $$\sum_{j} h_{ij} = \sum_{j} (e_{ij} + e_{ji}) = 0$$

を満たすように e_{ii} を定めることにする．すなわち，

(75) $$h_{ii} = -\sum_{j \neq i} h_{ij} (= -\sum_{j \neq i} h_{ji})$$

とおくと，(73)は

(76)　　$$\sum_j h_{ij}x_j - \mu x_i = 0, \quad i = 1, 2, \cdots, n$$

のような行列 $H = (h_{ij})$ の固有値問題に帰着する. (76)の各式に x_i を掛けて加え
整理すると

(77)　　$$\mu = \frac{\sum_i \sum_j h_{ij}x_i x_j}{\sum_i x_i{}^2} = \frac{Q}{n}$$

となるから (→問題 **A4.6**), 求める数量 $\{x_i\}$ としては固有値問題(76)の最大固
有値 μ_1 に対する固有ベクトルの要素を用いればよい. また(76)の各式を加える
と

$$\sum_i \sum_j h_{ij}x_j - \mu \sum_i x_i = 0$$

これより

$$\mu \sum_i x_i = \sum_j (\sum_i h_{ij}) x_j = 0$$

となり, 固有値 μ が 0 でないとき, 対応する固有ベクトルの要素は $\bar{x} = 0$ を満
たすことがわかる.

多次元の数量化

　上に述べたような1次元の数量化で対象の間の関係が十分に説明できない
場合には, 多次元の数量化を行う. 簡単のため, 2次元の場合について考え
る.

　いま対象 i に与える2次元の数量を (x_i, y_i) とする. (x_i, y_i) を定める基準とし
ては, 1次元の場合と同じ考え方で, 親近性 e_{ij} の大きいペアはその間のユー
クリッドの平方距離 $(x_i - x_j)^2 + (y_i - y_j)^2$ が小さくなるようにという意味で,

(78)　　$$Q = -\sum_{i \neq j} \sum e_{ij} \{ (x_i - x_j)^2 + (y_i - y_j)^2 \}$$

を最大化する. これを解くと, (76)の固有値問題で1番目と2番目に大きい固
有値に対応する固有ベクトルの要素を, $\{x_i\}$, $\{y_i\}$ として用いればよいこと
がわかる (→問題 **A4.7**). さらに, $p (\geqq 3)$ 次元の場合も同様に, 大きい方から
p 個の固有値をとり, 対応する固有ベクトルの要素を用いればよい.

例5. 例4で示したデータにおいて，嗜好からみた食品の親近性（類似度）の測度として，性・年令による10個の層で好まれるかどうかを表すレ印の不一致の個数（ただしこのままでは数字が大きい程親近性が低くなるので符号を変えて）を用い，数量化IV類により分析せよ．

[解] 親近性は

$$e_{ii'} = -\sum_{j=1}^{R} |\delta_i(j) - \delta_{i'}(j)|$$

で定義されるから，この式により表11より $e_{ii'}$ を計算すると

$$
\begin{bmatrix}
0 & -3 & -7 & -2 & -1 & 0 & -6 & -3 & -2 & -4 & 0 & 0 & -2 & -4 & -2 \\
-3 & 0 & -8 & -1 & -4 & -3 & -3 & -2 & -5 & -7 & -3 & -3 & -5 & -5 & -5 \\
-7 & -8 & 0 & -9 & -6 & -7 & -5 & -8 & -7 & -5 & -7 & -7 & -5 & -7 & -7 \\
-2 & -1 & -9 & 0 & -3 & -2 & -4 & -1 & -4 & -6 & -2 & -2 & -4 & -4 & -4 \\
-1 & -4 & -6 & -3 & 0 & -1 & -7 & -4 & -1 & -5 & -1 & -1 & -3 & -3 & -1 \\
0 & -3 & -7 & -2 & -1 & 0 & -6 & -3 & -2 & -4 & 0 & 0 & -2 & -4 & -2 \\
-6 & -3 & -5 & -4 & -7 & -6 & 0 & -3 & -8 & -6 & -6 & -6 & -6 & -8 & -8 \\
-3 & -2 & -8 & -1 & -4 & -3 & -3 & 0 & -5 & -5 & -3 & -3 & -5 & -5 & -5 \\
-2 & -5 & -7 & -4 & -1 & -2 & -8 & -5 & 0 & -4 & -2 & -2 & -4 & -2 & 0 \\
-4 & -7 & -5 & -6 & -5 & -4 & -6 & -5 & -4 & 0 & -4 & -4 & -4 & -6 & -4 \\
0 & -3 & -7 & -2 & -1 & 0 & -6 & -3 & -2 & -4 & 0 & 0 & -2 & -4 & -2 \\
0 & -3 & -7 & -2 & -1 & 0 & -6 & -3 & -2 & -4 & 0 & 0 & -2 & -4 & -2 \\
-2 & -5 & -5 & -4 & -3 & -2 & -6 & -5 & -4 & -4 & -2 & -2 & 0 & -6 & -4 \\
-4 & -5 & -7 & -4 & -3 & -4 & -8 & -5 & -2 & -6 & -4 & -4 & -6 & 0 & -2 \\
-2 & -5 & -7 & -4 & -1 & -2 & -8 & -5 & 0 & -4 & -2 & -2 & -4 & -2 & 0
\end{bmatrix}
$$

を得る．これは対称行列であるから，非対角要素は2倍し，また対角要素としては各行の対角以外の要素の和を，符号を入れかえて入れると，H 行列が求まる．そのようにして得られた H 行列の固有値問題を解くと，

固有値　$\mu_1 = 204.85$, $\mu_2 = 178.90$, $\mu_3 = 147.48$, $\mu_4 = 136.41$,

$\mu_5 = 124.07$, $\mu_6 = 115.63$, $\mu_7 = 112.94$, ……

が得られる．1〜2番目の固有値は他に比べて大きいから，2次元までとりあげることにすると，対応する固有ベクトルは

$$x = \begin{bmatrix} -0.0791 \\ -0.1049 \\ 0.9538 \\ -0.1205 \\ -0.0650 \\ -0.0791 \\ 0.0470 \\ -0.1005 \\ -0.0831 \\ -0.0047 \\ -0.0791 \\ -0.0791 \\ -0.0305 \\ -0.0921 \\ -0.0831 \end{bmatrix} \qquad y = \begin{bmatrix} -0.0638 \\ 0.0723 \\ -0.1024 \\ 0.0131 \\ -0.0978 \\ -0.0638 \\ 0.9319 \\ 0.0622 \\ -0.1412 \\ -0.0920 \\ -0.0638 \\ -0.0638 \\ -0.0681 \\ -0.1817 \\ -0.1412 \end{bmatrix}$$

となる. このようにして得られた2次元の数量を用いて散布図を描くと図3のようになる.

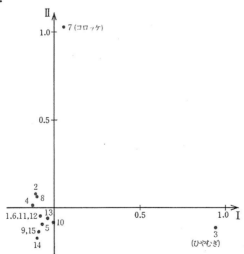

図3　数量化Ⅳ類による分析結果（食品嗜好データ）

3（ひやむぎ），7（コロッケ）はそれぞれ他の食品から遠く離れ，また {2, 4, 8}，{14, 9, 15, 5}，{10, 13, 1, 6, 11, 12} などが互に近い位置にあるな

ど，相対的な位置関係は数量化III類の結果（図2）とよく類似している．

　ここでは数量化III類も適用できるようなデータに対してIV類を適用したが，IV類はIII類の適用できないようなタイプのデータにも，親近性さえ与えられれば，適用できる．IV類はそれだけ適用範囲が広いと言えるが，一方で親近性の与え方によって（単調変換であっても），結果が異なるという問題がある．従って探索的な立場で，対象の相対的な関係を大まかに表現，分類するという場合に適していると言えよう．親近性のデータを分析する方法としては，ここでとりあげた数量化IV類の他に，林の MDA, Guttmam の SSA, Shepard, Kruskal の nonmetric MDS など多次元尺度法と呼ばれる範疇に属する種々の方法がある．

~~~~~~

問　題　A

4.1　⒀を導け．

4.2　⒇，㉒，㉓を導け．

4.3　㊴を導け．

4.4　2.8節で述べた固有値問題の解法を応用して，一般固有値問題㊵の解法を導け．

4.5　㊿の r を最大にする x_i, y_i を，本文では Lagrange の未定乗数を用いて求めたが，直接㊿の r を偏微分して 0 とおくことによっても求めることができる．このことを確かめよ．

4.6　㉗を導け．

4.7　㉘を最大にする $\{x_i\}$，$\{y_i\}$ が㉖の固有値問題の1番目および2番目に大きい固有値に対応する固有ベクトルで与えられることを示せ．

4.8　数量化IV類では，e_{ij} の値によって正負の固有値が混ってでてくることがある．このようなことを避けるために，親近性を $e_{ij} \to e_{ij} \to c < 0$ となるように $c > 0$ を選んで，Q が必ず正値になるように（従って固有値がすべて正になるように）変換した上で，IV類による分析が行われることがある．このように変換しても与えられる数量 $\{x_i\}$ は変らないことを示せ．

問　題　B

4.9　表12は16のテレビ番組の視聴率と放映の曜日，時間帯を示したものであ

る．テレビの視聴率を外的基準，放映の曜日と時間帯を 2 つの要因として数量
化 I 類を用いて分析を行え．

表12　テレビ視聴率データ

視聴率	曜　日	時間帯
9.0	2	3
10.0	2	3
6.0	1	2
12.0	1	1
11.0	2	3
18.0	2	1
17.5	2	1
12.5	1	2
14.0	2	3
13.0	2	3
20.0	1	2
11.0	2	2
6.0	1	1
15.0	1	2
16.5	2	2
8.0	1	1

注)　曜　日　1．平日，2．土・日曜
　　　時間帯　1．6 ～ 7 時台，2．8 ～ 9 時台，3．その他

4.10　表13は大学 1 年生20人の大学での数学の成績（合否）と高校での数学と国
語の成績（A，B，C の 3 段階評価）を示す．大学での数学の成績を外的基準
として数量化 II 類により分析せよ．

表13 大学1年生（20人）の成績

大学での数学 （外的基準）	No.	高校での数学 C	B	A	高校での国語 C	B	A
合 格	1	✓			✓		
	2		✓			✓	
	3			✓			✓
	4			✓		✓	
	5			✓			✓
	6		✓				✓
	7	✓			✓		
	8			✓			✓
	9		✓		✓		
	10		✓				✓
不 合 格	1	✓				✓	
	2	✓				✓	
	3	✓				✓	
	4		✓				✓
	5	✓				✓	
	6	✓				✓	
	7	✓			✓		
	8	✓			✓		
	9			✓			✓
	10	✓					✓

第5章

因子分析法

因子分析法は多くの変量のもっている
情報を少数個の潜在的因子によって説
明しようという方法である.
種々のテストの成績からそれらに関係
する能力が何種類あってどんな能力な
のかを知りたい場合, 互に相関のある
多数の症状は本質的に何次元で, どの
ような症状を代表する重症度(因子)に
要約されるかを分析したい場合などに
適用される.

§1. 因子分析とは

　因子分析(factor analysis)とは互に相関のある変量（特性値）の持っている情報を，少数個の潜在的な"因子"に縮約する１つの統計的方法である．２章で述べた主成分分析も，多くの変量のもっている情報を少数個の主成分に縮約するという意味で類似の方法であり，実際これら２つの方法は同じような場面で利用されることが多いが，厳密には両者の基本的な考え方には相違がある．

　主成分分析では観測された多変量データに対してできるだけ次元を減らして少数個の変数を用いて表すために主成分を求める．すなわちデータを記述的に縮約しようとする．これに対して因子分析では観測されるデータと少数個の潜在的な因子との間の関係を示す統計的モデルを想定し，そのモデルがデータによく適合しているときに潜在的因子で現象がよく説明できたと考える．一方にはとくに統計的モデルがなく，他方にはモデルがある．極端に言えば，モデルを持たない主成分分析は（その有効性は別にして）どのようなデータに対しても適用できるのに対して，因子分析の方は想定したモデルがあてはまる現象に対してのみ適用できる．

　簡単な例について考えてみよう．

　いま n 人について３種類のテストの成績 $z_1, z_2, z_3,$ が得られているとする．簡単のため z_1, z_2, z_3 はそれぞれ平均 0，標準偏差 1 に標準化しておく．一般にいくつかのテストを行うとそれらの成績の間に高い相関がみられることが多いが，因子分析では潜在的因子を考えることによりその相関を説明しようとする．いま１つの因子で説明できると仮定して，次のようなモデルを想定することにしよう．

$$(1) \quad \begin{cases} z_{1i} = a_1 f_i + e_{1i}, \\ z_{2i} = a_2 f_i + e_{2i}, \quad i=1, 2, ..., n \\ z_{3i} = a_3 f_i + e_{3i}, \end{cases}$$

ここに，f は潜在的な**共通因子**(common factor)で，これら３つのテストの成績に共通に関係する能力とでも呼ばれるべきものである．それは直接観測で

きないので, "潜在的(latent)"因子と呼ばれる. 共通因子 f の原点と単位(尺度) は自由にとることができるから, 一般性を失うことなく, 平均 0, 標準偏差 1 に標準化されているものとする. a_1, a_2, a_3 は f に対する係数で**因子負荷量**(factor loading), e_1, e_2, e_3 はそれぞれのテスト固有の変動を表す**独自因子**(unique factor)と呼ばれる項で, 平均 0, 標準偏差 d_1, d_2, d_3 とする. e_1, e_2, e_3 は互に, また e_1, e_2, e_3 と f とは無相関と仮定する.

モデル(1)よりテスト z_j の分散, 共分散を計算すると,

$$(2) \quad \begin{cases} V(z_j) = V(a_j f + e_j) = a_j^2 + d_j^2 \\ \mathrm{Cov}(z_j, z_{j'}) = \mathrm{Cov}(a_j f + e_j, a_{j'} f + e_{j'}) = a_j a_{j'}, \quad j \neq j' \end{cases}$$

となり, 上のモデルが現象をよく説明できるとすれば, テストの成績 z_1, z_2, z_3 の分散共分散行列 (標準化されているので相関行列に等しい) は

$$(3) \quad \begin{bmatrix} 1 & \rho_{12} & \rho_{13} \\ & 1 & \rho_{23} \\ & & 1 \end{bmatrix} = \begin{bmatrix} a_1^2 + d_1^2 & a_1 a_2 & a_1 a_3 \\ & a_2^2 + d_2^2 & a_2 a_3 \\ & & a_3^2 + d_3^2 \end{bmatrix}$$

と表される. 観測値から得られた相関行列に対して(3)のような関係を満たす a_1, a_2, a_3, d_1^2, d_2^2, d_3^2 が存在するときには, この現象は 1 因子モデル(1)によって説明できるということになる.

1 因子モデルで現象がよく説明できないときには 2 つ以上の因子を考える.

いま表1のように p 個の変量 (特性値) が n 個体について観測されているとしよう.

表1 観測された p 変量データ (平均0、標準偏差1)

変量 / 個体	z_1	z_2	$\cdots$	z_p
1	z_{11}	z_{21}		z_{p1}
2	z_{12}	z_{22}		z_{p2}
3	z_{13}	z_{23}	$\cdots$	z_{p3}
$\vdots$	$\vdots$	$\vdots$		$\vdots$
n	z_{1n}	z_{2n}		z_{pn}

これら p 個の変量 $z_1, ..., z_p$ 間の相関を説明するため, m 個の因子を考えて次のようなモデルを想定する.

$$(4) \quad \begin{cases} z_{1i} = a_{11}f_{1i} + \cdots + a_{1m}f_{mi} + e_{1i}, \\ \quad \cdots \\ z_{pi} = a_{p1}f_{1i} + \cdots + a_{pm}f_{mi} + e_{pi}, \end{cases} \quad i = 1, 2, \ldots, n$$

ここに f_{ki} は**共通因子** f_k の個体 i の**因子得点**(factor score), a_{jk} は変量 z_j に因子 f_k がどれだけ反映するかを表す**因子負荷量**, e_{ji} は変量 z_j 固有の変動を表す**独自因子**の得点である. 共通因子 $f_1, \ldots, f_m$ はそれぞれ平均 0, 標準偏差 1, 独自因子 $e_1, \ldots, e_p$ は平均 0, また共通因子 $f_1, \ldots, f_m$ と独自因子 $e_1, \ldots, e_p$ あるいは独自因子相互間は互に無相関と仮定される. 共通因子 $f_1, \ldots, f_m$ 相互間の相関については 2 通りの考え方があり, (4)のモデルで, 共通因子が互に無相関($\mathrm{Cov}(f_j, f_{j'}) = 0, \ j \neq j'$)という仮定のもとで得られる解を**直交解**(orthogonal solution), そのような仮定をおかずに得られる解を**斜交解**(oblique solution)と言う. 直交因子の場合, (4)より

$$(5) \quad \begin{cases} \sigma_{jj} \equiv V(z_j) = a_{j1}{}^2 + \cdots + a_{jm}{}^2 + d_j{}^2 \\ \sigma_{jj'} \equiv \mathrm{Cov}(z_j, z_{j'}) = a_{j1}a_{j'1} + \cdots + a_{jm}a_{j'm} \end{cases}$$

ここに σ_{jj} は変量 z_j の分散(標準化されている場合には 1 に等しい), $\sigma_{jj'}$ は変量 z_j と $z_{j'}$ との共分散(標準化されている場合には相関係数 $\rho_{jj'}$ に等しい)である. (5)の第 1 式より

$$a_{j1}{}^2 + \cdots + a_{jm}{}^2 = \sigma_{jj} - d_j{}^2$$

を得る. この量は変量 z_j の分散のうち共通因子によって説明される部分を表すが, その意味で $h_j{}^2 = \sigma_{jj} - d_j{}^2$ ($\sigma_{jj} = 1$ に標準化されている場合には $1 - d_j{}^2$)は**共通性**(communality)と呼ばれる.

行列を用いて表せば, (4)のモデルは

$$(6) \quad \underset{p \times 1}{\boldsymbol{z}_i} = \underset{p \times m}{A}\ \underset{m \times 1}{\boldsymbol{f}_i} + \underset{p \times 1}{\boldsymbol{e}_i}, \ i = 1, 2, \cdots, n$$

また(5)の分散・共分散は, 共通因子が互に直交するとき

$$(7) \quad \underset{p \times p}{\Sigma} = \underset{p \times m}{A}\ \underset{m \times p}{A'} + \underset{p \times p}{D}$$

となる. ここに Σ は変量ベクトル $\boldsymbol{z}$ の分散共分散行列, D は対角要素に独自因子 $e_1, \cdots, e_p$ の分散 $d_1{}^2, \cdots, d_p{}^2$ をもつ対角行列である. (6)のモデルで観測できる量は $\boldsymbol{z}_i$ のみで, それにもとづいて因子負荷行列 A, 因子得点 $\boldsymbol{f}_i$ を推定したい.

ここで任意の $p \times p$ 正則行列 T を考え, その逆行列を T^{-1} とすると, (6)より

$$\begin{aligned} (8) \quad \boldsymbol{z}_i &= A\boldsymbol{f}_i + \boldsymbol{e}_i \\ &= A(TT^{-1})\boldsymbol{f}_i + \boldsymbol{e}_i \\ &= A^*\boldsymbol{f}_i{}^* + \boldsymbol{e}_i \end{aligned}$$

となる. ここに

$$(9) \quad A^* = AT, \; \boldsymbol{f}_i{}^* = T^{-1}\boldsymbol{f}_i$$

である. すなわち, ある観測値の組 $\{\boldsymbol{z}_1, \boldsymbol{z}_2, ..., \boldsymbol{z}_n\}$ に対して(6)の関係を満たす解, 因子負荷行列 A と因子得点ベクトル $\boldsymbol{f}_i$ が求まったとすると, (9)より得られる $A^*, \boldsymbol{f}_i{}^*$ もまた解である. したがって因子得点のふくまれる空間とその中での各個体の位置は定まっても, 座標のとり方は一意には定まらない. (9)は因子の座標軸の変換に相当する. とくに T が直交行列 ($TT' = T'T = I$ を満たす行列, このとき転置行列 T' が T の逆行列となる) のときには, (9)は座標軸の回転に相当する. 上の議論より, 因子分析モデル(6)を満たす解 $A, \boldsymbol{f}_i$ には**座標軸の変換(回転)の不定性**が存在することがわかる.

わかりやすくするため 2 因子($m=2$)の場合について考えよう. このときモデルは

$$(10) \quad \left\{ \begin{aligned} z_{1i} &= a_{11}f_{1i} + a_{12}f_{2i} + e_{1i}, \\ &\cdots \\ z_{pi} &= a_{p1}f_{1i} + a_{p2}f_{2i} + e_{pi}, \end{aligned} \right. \qquad i = 1, 2, ..., n$$

と表され, 観測されたデータ $z_{1i}, \cdots, z_{pi}$ にもとづいて, 未知の因子負荷量 $a_{11}, ..., a_{p1}, a_{12}..., a_{p2}$ および因子得点 f_{1i}, f_{2i} を推定することが問題になる. いまある $a_{11}, ..., a_{p1}, a_{12}..., a_{p2}$ および f_{1i}, f_{2i} が解として得られたとしよう. このときの因子の座標軸 I, II を θ だけ回転して得られる新しい座標軸を I*, II* とする (図1). この平面上の1つの点 P の旧座標系 I－II 上の座標を (f_1, f_2), 新座標系 I*－II* 上の座標を $(f_1{}^*, f_2{}^*)$ とすれば両者の間には次の関係がなりたつ.

(11)
$$\begin{cases} f_1 = f_1{}^* \cos\theta - f_2{}^* \sin\theta \\ f_2 = f_1{}^* \sin\theta + f_2{}^* \cos\theta \end{cases}$$

これを(10)に代入すれば

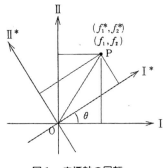

図 1　座標軸の回転

$z_{1i} = a_{11} f_{1i} + a_{12} f_{2i} + e_{1i}$

$\quad = a_{11}(f_{1i}{}^* \cos\theta - f_{2i}{}^* \sin\theta) + a_{12}(f_{1i}{}^* \sin\theta + f_{2i}{}^* \cos\theta) + e_{1i}$

$\quad = (a_{11}\cos\theta + a_{12}\sin\theta)f_{1i}{}^* + (-a_{11}\sin\theta + a_{12}\cos\theta)f_{2i}{}^* + e_{1i}$

　　……

$z_{pi} = a_{p1} f_{1i} + a_{p2} f_{2i} + e_{pi}$

$\quad = a_{p1}(f_{1i}{}^* \cos\theta - f_{2i}{}^* \sin\theta) + a_{p2}(f_{1i}{}^* \sin\theta + f_{2i}{}^* \cos\theta) + e_{pi}$

$\quad = (a_{p1}\cos\theta + a_{p2}\sin\theta)f_{1i}{}^* + (-a_{p1}\sin\theta + a_{p2}\cos\theta)f_{2i}{}^* + e_{pi}$

となり，因子 $f_1{}^*$, $f_2{}^*$ に対する因子負荷量を

(12)
$$\begin{cases} a_{j1}{}^* = a_{j1}\cos\theta + a_{j2}\sin\theta \\ a_{j2}{}^* = -a_{j1}\sin\theta + a_{j2}\cos\theta \end{cases}$$

とおけば，因子負荷量 $a_{11}{}^*$, ..., $a_{p1}{}^*$, $a_{12}{}^*$, ..., $a_{p2}{}^*$ および因子得点 $f_{1i}{}^*$, $f_{2i}{}^*$ もま
た(10)を満たす解である．このような解の不定性を**回転の不定性**と呼ぶ．実際
の分析においては，適当な方法で 1 組の推定値を得た後，実質科学的に適切
に因子の意味づけができるように，因子軸の回転を行う．

　因子分析では，観測された変量（表 1 ）の間の相関を説明するため，(4)の
ようなモデルを想定し，

(i)　因子数 m の決定（モデルの同定）

(ii)　因子負荷量 $\{a_{jk}\}$ の推定

(iii)　因子軸の回転と因子の解釈

(iv)　因子得点 $\{f_{ki}\}$ の推定とその利用

のような手順で推測が行われる.

§2. 因子数のきめ方

　因子数 m をきめるための方法としては仮説検定や情報量基準を用いる方法なども知られているが，ここでは実用上よく利用される次の2つの基準をあげておく.

(1°)　相関行列 R の固有値の中で1より大きい固有値の数

(2°)　相関行列 R の対角要素を，その変量と残りの変量との重相関係数の2乗(squared multiple correlation, SMC)でおきかえた行列の正の固有値の数

上記のうち(1°)は主成分分析においてとりあげる主成分の数をきめる基準でもあったが，主成分や因子がいくつかの変量から合成される総合的指標と言えるからには，複数個の変量に含まれていた情報が集約されるので，もとの変量1個分以上の情報を持っているべきであるという考え方による.しかし，実際に適用する場合,固有値を大きさの順に並べると1.0前後の値がだらだらと続くようなときには，厳密に1.0をとらずに，その前後で落差の大きいところで切ることもしばしば行われる.また2°の基準は，(2°)で行列の対角要素に代入される値は真の共通性の下限を与えること，また，もし因子分析モデルが適合しているならば，因子負荷量は相関行列の対角要素を真の共通性でおきかえた行列の固有値と固有ベクトルから求めることができ，因子の個数は正の固有値の数と一致すること（次節参照）にもとづく.

§3. 因子負荷量の推定

　データに対してモデル(4)をあてはめ，因子負荷量 $\{a_{jk}\}$ を推定する方法としてはセントロイド法，主因子分析法，正準因子分析法，最尤法など種々の方法が知られているが，ここではすでに説明した主成分分析との関係から基

本的な考え方について理解が容易と思われる主因子分析法(principal factor analysis)について説明する.

主成分分析では p 個の変量の分散共分散行列の固有値と固有ベクトルが重要な役割を果した.

いま観測される p 個の変量の分散共分散を

$$\Sigma = \begin{bmatrix} \sigma_{11} & \sigma_{12} & \cdots & \sigma_{1p} \\ \sigma_{21} & \sigma_{22} & \cdots & \sigma_{2p} \\ \vdots & \vdots & & \vdots \\ \sigma_{p1} & \sigma_{p2} & \cdots & \sigma_{pp} \end{bmatrix}$$

としよう.2章で述べたように,この行列は p 個の非負の固有値 $\lambda_1 \geqq \lambda_2 \geqq \cdots \geqq \lambda_p \geqq 0$ をもち,固有値 λ_k に対応する固有ベクトルを $\boldsymbol{b}_k = [b_{k1} \ldots b_{kp}]'$ とすれば,相異なる固有値 $\lambda_k \neq \lambda_{k'}$ に対応する固有ベクトル $\boldsymbol{b}_k, \boldsymbol{b}_{k'}$ は互に直交する,すなわち

(13) $$\boldsymbol{b}_k' \boldsymbol{b}_{k'} = \sum_{j=1}^{p} b_{kj} b_{k'j} = 0$$

となることが知られている.

分散共分散行列の固有値問題

(14) $$\begin{bmatrix} \sigma_{11} & \cdots & \sigma_{1p} \\ \vdots & & \vdots \\ \sigma_{p1} & \cdots & \sigma_{pp} \end{bmatrix} \begin{bmatrix} b_{k1} \\ \vdots \\ b_{kp} \end{bmatrix} = \lambda_k \begin{bmatrix} b_{k1} \\ \vdots \\ b_{kp} \end{bmatrix} \qquad k = 1, 2, \cdots, p$$

(14)′ $$\Sigma \, \boldsymbol{b}_k = \lambda_k \, \boldsymbol{b}_k$$

をすべての k についてまとめれば

(15) $$\begin{bmatrix} \sigma_{11} & \cdots & \sigma_{1p} \\ \vdots & & \vdots \\ \sigma_{p1} & \cdots & \sigma_{pp} \end{bmatrix} \begin{bmatrix} b_{11} & \cdots & b_{p1} \\ \vdots & & \vdots \\ b_{1p} & \cdots & b_{pp} \end{bmatrix} = \begin{bmatrix} b_{11} & \cdots & b_{p1} \\ \vdots & & \vdots \\ b_{1p} & \cdots & b_{pp} \end{bmatrix} \begin{bmatrix} \lambda_1 & & 0 \\ & \ddots & \\ 0 & & \lambda_k \end{bmatrix}$$

(15)′ $$\Sigma \qquad B \qquad = \qquad B \qquad \wedge$$

と表されるが，これらの両辺に右から

$$B' = \begin{bmatrix} b_{11} & \cdots & b_{1p} \\ \vdots & & \vdots \\ b_{p1} & \cdots & b_{pp} \end{bmatrix}$$

を掛けると，(13)の直交性より

(16)
$$\begin{bmatrix} \sigma_{11} & \cdots & \sigma_{1p} \\ \vdots & & \vdots \\ \sigma_{p1} & \cdots & \sigma_{pp} \end{bmatrix} = \begin{bmatrix} b_{11} & \cdots & b_{p1} \\ \vdots & & \vdots \\ b_{1p} & \cdots & b_{pp} \end{bmatrix} \begin{bmatrix} \lambda_1 & & 0 \\ & \ddots & \\ 0 & & \lambda_p \end{bmatrix} \begin{bmatrix} b_{11} & \cdots & b_{1p} \\ \vdots & & \vdots \\ b_{p1} & \cdots & b_{pp} \end{bmatrix}$$

$$= \lambda_1 \begin{bmatrix} b_{11} \\ \vdots \\ b_{1p} \end{bmatrix} [b_{11} \cdots b_{1p}] + \cdots + \lambda_p \begin{bmatrix} b_{p1} \\ \vdots \\ b_{pp} \end{bmatrix} [b_{p1} \cdots b_{pp}]$$

(16)′ $\Sigma = B \wedge B' = \lambda_1 \boldsymbol{b}_1 \boldsymbol{b}_1' + \cdots + \lambda_p \boldsymbol{b}_p \boldsymbol{b}_p'$

のような展開（スペクトル分解）が得られる．主成分分析で，もとの変量の
もっていた情報を第 $1 \sim m$ 主成分に縮約するということは，分散共分散行列
Σ について値の小さい固有値 $\lambda_{m+1}, \ldots \lambda_p$ を無視して

(17)
$$\begin{bmatrix} \sigma_{11} & \cdots & \sigma_{1p} \\ \vdots & & \vdots \\ \sigma_{p1} & \cdots & \sigma_{pp} \end{bmatrix} \cong \lambda_1 \begin{bmatrix} b_{11} \\ \vdots \\ b_{1p} \end{bmatrix} [b_{11} \cdots b_{1p}] + \cdots + \lambda_m \begin{bmatrix} b_{m1} \\ \vdots \\ b_{mp} \end{bmatrix} [b_{m1} \cdots b_{mp}]$$

あるいは

(17)′ $\underset{p \times p}{\Sigma} \cong \underset{p \times m}{\tilde{B}} \underset{m \times p}{\tilde{B}'}$

$$\underset{p \times m}{\tilde{B}} = [\sqrt{\lambda_1} \boldsymbol{b}_1 \cdots \sqrt{\lambda_m} \boldsymbol{b}_m] = \begin{bmatrix} \sqrt{\lambda_1} b_{11} & \cdots & \sqrt{\lambda_m} b_{m1} \\ \vdots & & \vdots \\ \sqrt{\lambda_1} b_{1p} & \cdots & \sqrt{\lambda_m} b_{mp} \end{bmatrix}$$

のような近似を行うことにあたる．
　一方，因子分析では直交因子の場合(7)より

(18)
$$\underset{p \times p}{\Sigma} - \underset{p \times p}{D} = \underset{p \times m}{A} \; \underset{m \times p}{A'}$$

がなりたつが，これを主成分分析の場合の関係(17)'を比較すれば，主成分分析が分散共分散行列 Σ を階数 m の行列 $\tilde{B}$ とその転置行列の積に分解しているのに対し，因子分析ではまず分散共分散行列 Σ から独自因子の分散を要素としてもつ対角行列 D を引き，その後で階数 m の行列 A とその転置行列の積に分解している．したがって，もし行列 D が既知であれば主成分分析の場合と同様に固有値問題を解くことにより，因子負荷量 A を求めることができる．実際には D が未知であるので，次のような反復法により A と D とを求める．

因子負荷量の反復解法（主因子分析法）：

ステップ1°．独自因子の分散の初期値 $D^{(0)}$ の設定

ステップ2°．n 回目の反復での推定値 $D^{(n)}$ を用いて，

$\Sigma - D^{(n)}$ の固有値 $\lambda_1 \geqq ... \geqq \lambda_m$，対応する固有ベクトル $c_1, ..., c_m$ を計算し，

$$A^{(n)} = [\sqrt{\lambda_1}\, c_1 \cdots \sqrt{\lambda_m}\, c_m]$$

とおく．

ステップ3°．$\Sigma - A^{(n)} A^{(n)'}$ の対角要素を $D^{(n+1)}$ とおく．

ステップ4°．もし $D^{(n)}$ と $D^{(n+1)}$ の各要素が十分近ければ（$| d_k^{2;(n)} - d_k^{2;(n+1)} | < \varepsilon$ $k = 1, \cdots, p$ ならば）終了．そうでなければ

$$n := n+1, \quad D^{(n)} := D^{(n+1)}$$

（注，$:=$ は右辺を左辺に代入することを表す）．

とおいてステップ2°に戻る．

例1． Lawley と Maxwell (1963) は220人の生徒の 1 ）ゲール語， 2 ）英語， 3 ）歴史， 4 ）算数， 5 ）代数， 6 ）幾何の成績の因子分析を行っている．各科目の成績間の相関行列は表2のとおりである．

Lawley らはセントロイド法を用いて分析しているが，ここでは上述の反復的な方法を適用してみる．まず因子数をきめるため，上の相関行列 R の固有値を求めると， $\lambda_1 = 2.733$, $\lambda_2 = 1.130$, $\lambda_3 = 0.615$,

$$\lambda_4 = 0.601, \quad \lambda_5 = 0.525, \quad \lambda_6 = 0.396,$$

となり，§2(1°)の固有値1以上という基準を用いると，因子数として $m = 2$ が

表2　6科目の成績の相関行列(Lawley & Maxwell (1963))

変量＼変量	1）	2）	3）	4）	5）	6）
1) ゲール語	1.000	0.439	0.410	0.288	0.329	0.248
2) 英　　語		1.000	0.351	0.354	0.320	0.329
3) 歴　　史			1.000	0.164	0.190	0.181
4) 算　　数				1.000	0.595	0.470
5) 代　　数					1.000	0.464
6) 幾　　何						1.000

選ばれる. (2°)の基準を適用するためには重相関係数の2乗(SMC)を計算しなければならない. 相関行列の逆行列 R^{-1} の要素を上に添字をつけて表すとき, 変量 z_j の SMC は $1-1/r^{jj}$ に等しいので, これによって SMC を求めると

$$[0.300, \quad 0.297, \quad 0.206, \quad 0.420, \quad 0.418, \quad 0.295]$$

を得, これを表2の対角要素に代入した行列の固有値問題を解いて, 固有値

$$\lambda_1 = 2.073, \quad \lambda_2 = 0.433 \quad \lambda_3 = -0.073,$$

$$\lambda_4 = -0.120, \quad \lambda_5 = -0.172, \quad \lambda_6 = -0.205$$

を得る. これより(2°)の正の固有値の数という基準を用いても, $m=2$ が適当ということになる.

　そこで因子数を2と定めて, 因子負荷量の推定をおこなうことにする. 独自因子の分散の初期値を $1-$SMC, 共通性の初期値を SMC に設定して, 前述の反復解法を適用する. $\varepsilon=0.00001$ とおくと29回の反復で収束して表3のような結果が得られた.

表3　推定された因子負荷量と共通性

変量＼因子	I	II	共 通 性
1) ゲール語	0.587	0.379	0.488
2) 英　　語	0.594	0.236	0.408
3) 歴　　史	0.431	0.412	0.356
4) 算　　数	0.712	−0.336	0.621
5) 代　　数	0.701	−0.276	0.567
6) 幾　　何	0.584	−0.184	0.375
固　有　値	2.223	0.592	

§4. 因子軸の回転と因子の解釈

　因子負荷量 $\{a_{jk}\}$ が推定されるとそれにもとづいて各因子の解釈，意味づけが試みられる．その要領は主成分分析の場合と同様で，因子負荷量の符号と大きさに注目して解釈が行われる．例えば例1の場合，表3より

　第1因子：因子負荷量はすべて正で0.6前後の値であることから，全般的な成績のよさを表す因子と解釈される．

　第2因子：ゲール語，英語，歴史の3科目と算数，代数，幾何で因子負荷量の符号が逆になっていることから，はじめの3つの文科系科目と残りの3つの数理系科目のどちらが得意かを表す因子と解釈される．

のように推定された因子負荷量にもとづいて一応の解釈ができる．しかし，一般には前述のような反復的な推定法により推定された因子負荷量を用いて，直ちに適切な解釈ができるとは限らない．むしろそのままでは解釈が困難な場合が多い．そのような場合には，§1で述べた因子軸に対する座標変換の不定性を考慮して，解釈がしやすいように座標変換 —— 因子軸の回転 ——を行う．

　因子の解釈のためには，いくつかの変量は絶対値の大きい因子負荷量を持ち，残りの変量の因子負荷量はゼロに近いという形 —— 単純構造 (simple

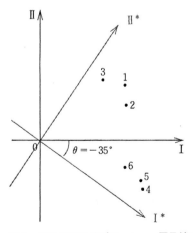

図2　因子負荷量のプロット —— 因子軸の回転

structure)と呼ばれる —— になっていることが望ましい．因子数が少ないときにはそのような因子を図的に求めることができる．

例 1 の場合について図的に解いてみよう．

表 3 の推定された因子負荷量を平面上にプロットすると図 2 が得られる．図中の数字 1～6 は表 2 に示した 6 つの科目の番号を示す．

ここで座標軸を図中の I^*, II^* 軸のようにとり，対応する因子を f_1^*, f_2^* とすれば，f_1^* の因子負荷量は 4）算数，5）代数，6）幾何の各科目で大きく，残りの科目で小さい，また f_2^* の因子負荷量は 1）ゲール語，2）英語，3）歴史で大きく，残りの科目で小さいことがわかる．実際 $\theta=-35°$ として，(12)式を用いて回転後の因子負荷量を求めると，表 4 のような結果が得られる．

表 4　回転後の因子負荷量

変量＼因子	I^*	II^*
1）ゲール語	0.263	0.647
2）英　　　語	0.351	0.534
3）歴　　　史	0.117	0.585
4）算　　　数	0.776	0.133
5）代　　　数	0.733	0.176
6）幾　　　何	0.584	0.184

表 4 より，回転後の各因子は

第 1 因子(f_1^*): 算数，代数，幾何の数理系科目の成績を代表する因子と解釈される．

第 2 因子(f_2^*): ゲール語，英語，歴史の文科系科目の成績を代表する因子と解釈される．

さて，2 因子の場合，上のような方法で容易に図的に回転をおこなうことができる．3 因子以上の場合についても，逐次的に 2 因子ずつを選んで回転をおこなえば，手間はかかるが目的とする回転を得ることができる．すなわち m 因子の場合には，2 つずつの因子を $_mC_2=m(m-1)/2$ 通り逐次的に選択して，その平面上で図的な回転をおこない，一巡したら再びもとに戻って更に改良できるかどうかを調べるのである．従って，図的解法は m の数が多くなると実用的でなくなる．また上の手続きからもわかるように，新しい軸

のきめ方が主観に左右されるという欠点もある.

　単純構造を得るための解析的な方法もいろいろと提案されている. 直交回転として varimax 法, quartimax 法, 斜交回転として oblimax 法 oblimin 法など, ここに直交回転とは回転後の因子が直交している —— 互に無相関 ———— という条件のもとでの回転, 斜交回転とはそのような条件をおかない回転を意味する. ここではそれらのうち最もよく用いられる**バリマックス法**(varimax method)について説明しよう.

　いま回転前後の因子負荷量をそれぞれ $A=[a_{jk}]$, $B=[b_{jk}]$ とおけば, 両者の関係は

$$
(19) \quad
\begin{bmatrix} b_{11} & \cdots & b_{1m} \\ \vdots & & \vdots \\ b_{p1} & \cdots & b_{pm} \end{bmatrix}
=
\begin{bmatrix} a_{11} & \cdots & a_{1m} \\ \vdots & & \vdots \\ a_{p1} & \cdots & a_{pm} \end{bmatrix}
\begin{bmatrix} t_{11} & \cdots & t_{1m} \\ \vdots & & \vdots \\ t_{m1} & \cdots & t_{mm} \end{bmatrix}
$$

　　回転後の因子負荷量　　　　回転前の因子負荷量　　　回転行列

のように表すことができる. 回転後の因子負荷行列 B の第 k 列における因子負荷量の2乗 $b_{jk}{}^2$ の分散は

$$
(20) \quad \sigma_k{}^2 = \frac{1}{p} \left\{ \sum_{j=1}^{p} (b_{jk}{}^2)^2 - \frac{1}{p} \left(\sum_{j=1}^{p} b_{jk}{}^2 \right)^2 \right\}
$$

となるが, これを大きくすることが個々の要素の2乗 $b_{jk}{}^2$ を小さいものと大きいものの2つに分極させることに対応すると考えられる. これを m 個の列全部について合計した

$$
(21) \quad \sigma^2 = \sum_{k=1}^{m} \sigma_k{}^2 = \frac{1}{p^2} \sum_{k=1}^{m} \left\{ p \sum_{j=1}^{p} (b_{jk}{}^2)^2 - \left(\sum_{j=1}^{p} b_{jk}{}^2 \right)^2 \right\}
$$

を最大化という基準にもとづく回転法を**素バリマックス法**(raw　varimax method)と呼ぶ. しかしこの基準では, 共通性の大きい変量では平均的に各因子負荷量も大きく, 従って回転におよぼす影響も大きいので, 各変量の因子負荷量を共通性 $h_j{}^2$ で修正して $b_{jk}{}^2 \rightarrow b_{jk}{}^2/h_j{}^2$ とおいて

$$
(22) \quad V = \sum_{k=1}^{m} \left\{ p \sum_{j=1}^{p} \left(\frac{b_{jk}}{h_j} \right)^4 - \left(\sum_{j=1}^{p} \frac{b_{jk}{}^2}{h_j{}^2} \right)^2 \right\}
$$

のような量を最大化する基準が提案された．この基準にもとづく回転法を基準バリマックス法(normal varimax method)と呼ぶ．通常単にバリマックス法と言えば，(22)を最大化するような基準バリマックス法を意味する．

V を最大化するような解（回転行列 T）は次のように反復的に求められる．

いま m 個の因子の中から 2 つ（例えば因子 k と k'）を選び，その平面内で(22)の V を最大化するような回転行列 $T_{(kk')}$ を求める．m 個の中から 2 つを選ぶ組合わせの数は $m(m-1)/2$ であるから，$m(m-1)/2$ 回の回転 $T_{(12)}$, $T_{(13)}$, ..., $T_{(m-1,m)}$ を行うと 1 回のサイクルが終了する．このようなサイクルを繰返すと，逐次 V は大きくなり，ついには収束する．因子 k と k' の平面内で角 $\varphi_{kk'}$ だけ回転させるとき

(23)
$$\begin{cases} b_{jk} = a_{jk}\cos\varphi_{kk'} + a_{jk'}\sin\varphi_{kk'} \\ b_{jk'} = -a_{jk}\sin\varphi_{kk'} + a_{jk'}\cos\varphi_{kk'} \end{cases}$$

のように変換される．このとき変換行列は

$$T_{(kk')} = \begin{array}{c} \\ \\ k \\ \\ \\ k' \\ \\ \end{array} \begin{bmatrix} 1 & O & \vdots & & \vdots & \\ & \ddots & \vdots & O & \vdots & O \\ O & 1 & \vdots & & \vdots & \\ \cdots & \cos\varphi_{kk'} & & -\sin\varphi_{kk'} & \cdots & \\ & O & 1 & & O & \\ & & \ddots & & & \\ & O & & 1 & O & \\ \cdots & \sin\varphi_{kk'} & & \cos\varphi_{kk'} & \cdots & \\ & O & \vdots & & 1 & \\ & & \vdots & O & & \ddots \\ & & \vdots & & & 1 \end{bmatrix}$$

である．

このような因子 k, k' の平面上で V を最大にするような回転角 $\varphi_{kk'}$ は

(24)
$$\tan 4\varphi_{kk'} = \frac{D - 2AB/p}{C - (A^2 - B^2)/p}$$

(25)
$$(D - 2AB/p)\sin 4\varphi_{kk'} > 0$$

を満たす解として与えられる．ここに，因子負荷量を共通性の平方根で割った量を

(26)
$$x_j = a_{jk}/h_j, \quad y_j = a_{jk'}/h_j$$

とおくとき

(27)
$$A = \sum_{j=1}^{p} (x_j{}^2 - y_j{}^2), \quad B - 2\sum_{j=1}^{p} x_j y_j$$

$$C = \sum_{j=1}^{p} \{(x_j{}^2 - y_j{}^2)^2 - 4x_j{}^2 y_j{}^2\}$$

$$D = 4\sum_{j=1}^{p} x_j y_j (x_j{}^2 - y_j{}^2)$$

である（→問題 **A5.2**）.(25)は $\sin 4\varphi_{kk'}$ の符号を $(D - 2AB/p)$ のそれと等しくなるようにとればよいことを意味する.

例1では主因子分析を適用して表3のような因子負荷量を得たが，これに対して上記のバリマックス回転をほどこすと

$$A = 3.772, \ B = 0.5700, \ C = -1.375, \ D = -1.079$$

となり，

$$D - 2\,AB/p = -1.720 < 0$$

だから，(24)，(25)より

$$\tan 4\varphi = 0.5349, \quad \sin 4\varphi < 0$$

したがって

$$\varphi = -38.0°$$

を得る．回転後の因子負荷量を(12)を用いて計算すると表5のようになる．この結果は，当然のことながら，図的に回転をおこなった場合の結果（表4）とよく似ており，したがって各因子の解釈も図的な回転によって得た $f_1{}^*, f_2{}^*$ の場合と同じになる.

表5　バリマックス回転後の因子負荷量

変量＼因子	I	II
1）ゲ ー ル 語	0.230	0.660
2）英　　　　語	0.323	0.551
3）歴　　　　史	0.086	0.590
4）算　　　　数	0.768	0.173
5）代　　　　数	0.722	0.214
6）幾　　　　何	0.573	0.214

§5. 因子得点の推定

　因子負荷量の推定，因子軸の回転により，実質科学的に適切に解釈できる因子が得られると，次には各個体がそれぞれの因子をどれだけ持っているかが問題になり，そのため因子得点(factor score)の推定が行われる．

　いま各変量の線形式により因子得点を推定することを考えよう．すなわち

$$(28) \qquad \hat{f}_{ki} = \sum_{j=1}^{p} b_{kj} z_{ji}, \quad k = 1, 2, \cdots, m, \quad i = 1, 2, \cdots, n$$

ここに i は個体番号，j に変量番号，k は因子番号である．推定値 $\hat{f}_{ki}$ が真値 f_{ki} にできるだけ近いことが望ましいので

$$(29) \qquad Q_k = \sum_{i=1}^{n} (f_{ki} - \hat{f}_{ki})^2 = \sum_{i=1}^{n} \left(f_{ki} - \sum_{j=1}^{p} b_{kj} z_{ji} \right)^2$$

を最小にする係数 $\{b_{kj}\}$ を求めることにする（このような方法を回帰推定法と呼ぶ）．Q_k を $b_{kj'}$ で偏微分して 0 とおけば

$$\frac{\partial Q_k}{\partial b_{kj'}} = -2 \sum_{i=1}^{n} z_{j'i} \left(f_{ki} - \sum_{j=1}^{p} b_{kj} z_{ji} \right) = 0$$

整理すると

$$(30) \qquad \sum_{j=1}^{p} \left(\sum_{i=1}^{n} z_{ji} z_{j'i} \right) b_{kj} = \sum_{i=1}^{n} z_{j'i} f_{ki}, \quad j' = 1, 2, \cdots, p$$

を得る．ところが z_j, f_k がそれぞれ平均 0，標準偏差 1 に標準化されていることを考慮すれば，左辺の係数は

$$\sum_{i=1}^{n} z_{ji} z_{j'i} = n r_{jj'}$$

となる．ここに $r_{jj'}$ は変量 z_j と $z_{j'}$ との相関係数である．一方，右辺は

$$\sum_{i=1}^{n} z_{j'i} f_{ki} = \sum_{i=1}^{n} \left(\sum_{k'=1}^{m} a_{j'k'} f_{k'i} + e_{j'i} \right) f_{ki}$$

$$= \sum_{k'=1}^{m} \left(\sum_{i=1}^{n} f_{ki} f_{k'i} \right) a_{j'k'} + \sum_{i=1}^{n} e_{j'i} f_{ki}$$

となるが，第 1 項は $\{f_k\}$ が直交因子の場合互に無相関であることから $\sum_{i} f_{ki} f_{k'i} \cong n\delta_{kk'}$（$\delta_{kk'}$：Kronecker のデルタ），第 2 項は共通因子と独自因子と

は無相関という仮定より無視でき，結局

(31) $$\sum_{j=1}^{p} r_{jj'} b_{kj} = a_{j'k}, \quad j'=1, 2, \cdots, p, \quad k=1, 2, \cdots, m$$

のような連立1次方程式を得る．従って，相関行列 R の逆行列 R^{-1} の (j, j') 要素を $r^{jj'}$ と表せば，求める係数 b_{kj} は(31)より

(32) $$b_{kj} = \sum_{j'=1}^{p} a_{j'k} r^{jj'}$$

となる．

§6. 例題 ― 食品嗜好データの因子分析

主成分分析の例題としてとりあげた食品嗜好データに対して因子分析を適用してみよう．

性・年令によって層別した10個のグループでの100種類の食品に対する嗜好度を調査し，各グループでの平均嗜好度を求めた．その結果得られた100（食品）×10（グループ）を10変量の大きさ100のサンプルとみなして分析をおこなった．相関行列は表6のとおりである．

表6　相関行列

変量 ＼ 変量	1	2	3	4	5	6	7	8	9
1. 男15歳以下									
2. 男16〜20	.871								
3. 男21〜30	.516	.759							
4. 男31〜40	.370	.604	.852						
5. 男41〜	.172	.402	.726	.874					
6. 女15歳以下	.938	.821	.517	.358	.208				
7. 女16〜20	.811	.838	.658	.488	.354	.889			
8. 女21〜30	.615	.709	.698	.620	.523	.746	.894		
9. 女31〜40	.500	.647	.701	.721	.710	.621	.768	.852	
10. 女41〜	.330	.457	.558	.632	.748	.493	.642	.773	.911

まず因子数をきめるため相関行列 R の固有値を求めると $\lambda_1 = 6.83$, $\lambda_2 = 1.76$, $\lambda_3 = 0.75$, $\lambda_4 = 0.26$, $\lambda_5 = 0.12$, ...となる．固有値1以上という基準を採用すれば $m=2$ となるが，3番目と4番目の間の落差も大きい．次に対角要素

に SMC を代入して固有値を求めると

$$\lambda_1 = 6.74, \quad \lambda_2 = 1.69, \quad \lambda_3 = 0.66, \quad \lambda_4 = 0.18,$$

$$\lambda_5 = 0.035, \quad \lambda_6 = 0.0024, \quad \lambda_7 = -0.013, \ldots$$

のようになり，固有値が正という基準ならば $m = 6$ となるが λ_4 以下は 0 に近い．このような考察より $m = 3$ を採用することにしよう．

表7　食品嗜好データの因子負荷量とバリマックス回転

因子 / 変量	主因子分析結果			バリマックス回転後		
	I	II	III	I′	II′	III′
1. 男15歳以下	0.742	−0.574	0.153	0.937	0.137	0.086
2. 男16〜20	0.860	−0.310	0.274	0.841	0.432	0.129
3. 男21〜30	0.831	0.206	0.335	0.454	0.768	0.221
4. 男31〜40	0.780	0.471	0.331	0.226	0.901	0.278
5. 男41〜	0.674	0.645	0.109	−0.005	0.822	0.453
6. 女15歳以下	0.805	−0.534	−0.073	0.915	0.065	0.312
7. 女16〜20	0.897	−0.329	−0.142	0.816	0.201	0.476
8. 女21〜30	0.895	−0.038	−0.208	0.592	0.340	0.616
9. 女31〜40	0.899	0.217	−0.260	0.401	0.469	0.736
10. 女41〜	0.793	0.358	−0.446	0.199	0.391	0.874

　主因子分析法により因子負荷量を求めると，表7の左半分が得られ，各因子はそれぞれ，

　第1因子＝因子負荷量はいずれも正で0.8前後の値であるから，性・年令を問わず一般に好まれるかどうかを表す因子と解釈される．

　第2因子＝男女を問わず年令の若い層で負，年とった層で正であるから，嗜好の年令差を表す因子と解釈される．

　第3因子＝男性では正，女性では負であるから，嗜好の性差を表す因子と解釈される．

のように一応の解釈が可能である．さらにバリマックス回転を適用すると，表7の右半分のような結果が得られる．バリマックス回転後の因子はそれぞれ

第1因子＝性を問わず年令20才以下の層の因子負荷量がとくに大きいので，それらの若年層の嗜好の程度を表す因子と解釈される．

　第2因子＝男性で21才以上の層の因子負荷量がとくに大きいので，大人の
　男性の嗜好の程度を表す因子と解釈される．

　第3因子＝女性の21才以上の層の因子負荷量がとくに大きいので，大人の
　女性の嗜好の程度を表す因子と解釈される

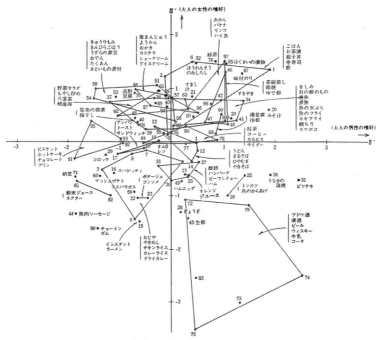

図3．バリマックス回転後のII′, III′因子得点の散布図（食品嗜好データ）

　回転後の第2因子（大人の男性の嗜好の程度を表す）と第3因子（大人の
女性の嗜好の程度を表す）の因子得点を各食品について求め，平面上にプロ
ットすると図3が得られる．第1象限は男性にも女性にも好まれ，第2象限
は女性には好まれるが男性には好まれないこと，第3象限は男性にも女性に
も好まれず，第4象限は男性には好まれるが女性には好まれないことを表し
ている．ごはん，お茶づけなどは男性にも女性にも好まれ，酒類は男性には
好まれるが女性にはあまり好まれないこと，きゅうりもみやきんぴらごぼう
の類は女性には好まれるが男性にはあまり好まれないことなどを知ることが

できる.

〰〰〰〰〰〰〰〰〰〰〰〰〰〰〰〰〰〰〰〰〰〰〰〰〰〰〰〰〰〰

問　題　A

5.1　因子負荷量は変量と因子の間の相関係数に等しいことを示せ. ただし, 各変量は平均 0 , 標準偏差 1 に標準化されており, また因子は互に直交するものとする.

5.2　バリマックス回転において, 因子 k, k' による平面上で V を最大にする回転角 $\varphi_{kk'}$ が(24)～(25)により与えられることを証明せよ.

第 6 章

グラフ解析法

データが得られたとき，1変量ならばヒストグラム，2変量ならば相関図（散布図）が描かれ，視覚的にデータの特徴をとらえるために利用されている．3変量以上の場合についても図的に表現でき，視覚的にとらえることができれば好都合である．

この分野の研究が進み，新しく開発されたグラフ表示法が探索的データ解析の立場から，複雑なデータの構造把握，相関関係の把握に有効に寄与してきているように思われる．この章では，それらの基礎的なグラフ表示法とそのデータ解折への応用について述べる．

§1. はじめに

　従来から，種々のデータを棒グラフ，折線グラフ，散布図などに表現して
活用してきた，データを数値そのものでみるよりも，一目でわかるグラフに
することは，データの構造，変化などの把握にずっと効果的である．しかし，
残念ながらグラフ化するにはデータの構造が低い次元（一次元，二次元）に
限るという枠がある．実際多くの場合，われわれが取扱うデータは非常に高
次元の構造をもっている．たとえば人間一人をとってみても，そのデータは，
身長，体重，胸囲，座高，視力，……というように，3変量以上の多変量デ
ータになるのが普通である．このような場合，k 個の項目からなる k 変量デ
ータであれば，データの一つ一つは k 次元空間の座標としておかれており，
かりに k 次元の中で，明瞭なグループがあるとか，何か相関関係がありそう
だとわかっても，グラフとしては2次元平面でしか見ることができないため
に，それらの把握は不可能となっている．それを可能にするためには，3次
元以上の多変量データを，2次元平面上に表示する方法を工夫することから
はじめなければならない．

　このような方法はラランネ(Lalanne, L., 1843)の等高線を用いるものとペ
ルゾー(Perozzo, L., 1879)のステレオグラムにはじまるように思われる．こ
れはどちらも3変量データを2次元平面上に記述するものである．

　1843年，ラランネは，月×時刻×気温の3変量を等高線を用いて平面上に
表現するグラフを発表した．このグラフは直交座標の横座標に月，縦座標に
時刻をとり，座標上の同じ気温の点を結んで等高線を描いたグラフであり，
2変量を直交座標上に表し，等高線を追加して3変量を表そうとしたところ
に工夫がみられる．このグラフは地図上の人口密度の同じ地点を等高線で結
んだ地図の作製などにも用いられた．

　ステレオグラムは1879年にペルゾーによって直交する3つの座標に，年
齢×年(西暦)×人口を目盛って描いたものに始まる．これは1750～1875年ま
でのスェーデンの人口を年齢ごとにステレオグラムに表したものであり，立
体図形をそのまま平面上に描写したものである．

§2. 直接多変量を平面上に記述する方法

　1変量の場合，棒グラフや円グラフは比較するために変量の大きさを直接棒の長さや円の大きさに記述するものであるが，多変量においても，変量の1つ1つを平面上に上手に割当てて記述する方法が考案され，それらの主なものについて述べよう．

2.1　レーダーチャート(Radar chart)

　レーダーチャートはくもの巣グラフ，ダイヤグラムとも呼ばれ，我が国のビジネスマンによって考えられたもので，k 変量データを k 等角形の上にプロットするものである．具体的には，円周を変量の個数である k 個の点 Q_1, Q_2, ..., Q_k によって等分し，中心 O と Q_1, Q_2, ..., Q_k を結び，半径 OQ_i を各変量の実現可能な範囲内で目盛り($i = 1, 2, ..., k$)各変量の値を OQ 上にプロットし，これを順に実線や点線で結ぶ（図1参照）．

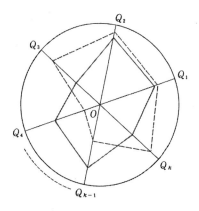

図1　レーダーチャート

このグラフは，多変量の値を多角形として表示し，その形で比較しようとするもので，わかりやすく実際によく用いられる．しかし，変量が多くなったり，データの個数が多くなるとグラフは見にくくなり比較が困難となる．その点，次に述べる顔形グラフや，体形グラフの方が各変量の値は読みにくい

が，表示効果ですぐれているといえよう.

2.2　顔形グラフ(Face graph)

　チャーノフ(Chernoff, H., 1973)によって提案されたもので，多次元のデータの変量の一つ一つを人間の顔の輪郭，鼻，口，目，瞳，眉などに対応させ，一つのデータを人間の顔の表情として表現しようとするものである. その結果，いくつかのグループのデータの特性の比較が，顔の表情の比較で可能となり，また，データの時間的変化も顔の表情の変化でとらえることができるというものである.

　チャーノフと同時期に江副(1973)も同様な考え方で顔の誘画を用いて多変量データのグラフ表現を提示した. 江副によれば，誘画とは人間にとって基本的で身近な表情を数量的に表したものである. チャーノフの方法がコンピューターの利用を意図してシステマティックな処理を特徴とするのに対して，江副の方法は自由な人手の操作に頼ることだけが異なり，グラフ表現の意図する内容および適用の仕方は共通といえる.

チャーノフの顔形グラフの描き方

　18個の変量まで描けるようになっており，どの変量を顔のどの部分に対応させるかは，表1のようであり，図2に示す顔の基本構成図の中のパラメータと対応させている.

　(1)　顔の輪郭: 原点を O とし，Y 軸に対称な点 P, P' によって上下2つの部分に分け，それぞれ離心率の異なる楕円をあてはめる. 顔の上半分は点 PUP' を通る離心率 X_4 の楕円で，下半分は点 PLP' を通る離心率 X_5 の楕円で描く，ここで $OU = OL$ とする.

　(2)　鼻: 原点を中心に Y 軸上に上下 hX_6 の長さで描く.

　(3)　口: 点 P_m を通る半径 $h/|X_8|$ の円で描く，もし X_8 が正ならば下向きの笑顔となり，負ならば上向きの怒った顔となる. また口の幅は円の半径が顔の中におさまれば a_m とし，外に出るときは $X_9 W_m$ とする.

　(4)　目: 長径が $2L_e$，離心率が X_{13} の楕円を，中心がそれぞれ座標 (X_e, Y_e), $(-X_e, Y_e)$ の位置に θ の傾きで描く.

表1　変量と顔を描くパラメータとの対応

X_1	h^*	$h^* = \dfrac{1}{2}(1+X_1)H$	OP の長さ，Hは顔の大きさの倍率
X_2	θ^*	$\theta^* = (2X_2-1)\pi/4$	X軸と OP の角度
X_3	h	$h = \dfrac{1}{2}(1+X_3)H$	顔の OU （ = OL ）の長さ
X_4	X_4		顔の上半分の楕円の離心率
X_5	X_5		顔の下半分の楕円の離心率
X_6	X_6		鼻の長さ（ hX_6 ）
X_7	p_m	$p_m = h\{X_7+(1-X_7)X_6\}$	口の位置
X_8	X_8		口の曲率（半径 $h/|X_8|$ ）
X_9	a_m	$a_m = X_9(h/|X_8|)$ or X_9W_m	口の幅
X_{10}	Y_e	$Y_e = h\{X_{10}+(1-X_{10})X_6\}$	目の位置
X_{11}	X_e	$X_e = W_e(1+2X_{11}/4)$	目の中心の離れ具合
X_{12}	θ	$\theta = (2X_{12}-1)\pi/5$	目の傾き
X_{13}	X_{13}		目の楕円の離心率
X_{14}	L_e	$L_e = X_{14}\min(X_e, W_e-X_e)$	目の幅の半分
X_{15}	X_{15}		ひとみの位置
X_{16}	Y_b	$Y_b = 2(X_{16}+0.3)L_eX_{13}$	目から眉の位置
X_{17}	θ^{**}	$\theta^{**} = \theta+2(1-X_{17})\pi/5$	眉の傾き
X_{18}	L_b	$L_b = r_e(2X_{18}+1)/2$	眉の長さ （ $2L_b$ ）

注：W_e は Y_e の高さでの顔の輪郭までの距離

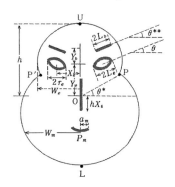

図2　顔形グラフ：基本構成図

(5) 瞳: 目の楕円の中心から楕円の長径に沿って $\pm r_e(2X_{15}-1)$ の位置に描く. ここに

$$r_e = (\cos^2\theta + \sin^2\theta / X_{13}{}^2)^{-\frac{1}{2}} L_e$$

である. 瞳だけは左右対称でなく, 右をみたり左をみたりするようになる.

(6)眉: 目の楕円の中心から Y_b の高さを中心とし, 長さは $2L_b$ である. その傾きは目の傾きに依存し, θ^{**} とする.

なお, 実際に顔を描く場合, データは一般に各変量ごとにそれぞれ異なった範囲をとることが多く, 極端な顔が描かれるおそれがある. そのため, 各変量をなんらかの方法である範囲内に基準化することが望ましい.

また, どの変量を顔のどの造作に対応させればよいかに関する一般的な原則はない. けれども個々の変量が現象上で有している内容や変量間の相関性を考慮し, 多変量データと顔のイメージとが一致するように対応させれば種々の検討解釈に都合がよい.

とくに, 人の表情は目と口が大きな特徴を占める. なかでも目の表情は対称的であることが多く, 口の表情は容易に左右非対称になる. したがって, このような点を勘案した補正も可能である. さらに左右対称的な表情は一般に情動的な表現につながり, 非対称な表情は意識的な表現を示唆する. とくに, この顔形グラフで瞳を非対称に操作できることはこの点で注目に値する. この顔形グラフはクラスター分析などに応用され, 効果をあげている.

2.3 体形グラフ(Body graph)

最近, 体育学とか医学などの分野で, 運動能力とか体力データのように体位 (身長, 体重, 胸囲, 座高) の記録が付随するデータを見かけることが多い. このようなデータにおいては, 顔だけではなく, 手, 足をはじめとする人間の体全体によってデータを表現するとグループ間の比較とかデータそのものの特性をより明確に把握できる. このグラフはチャーノフの顔形グラフの変形である (脇本, 1977).

表示例1. 表2に示す16変量データはある県の中学校3年生男子から650人の任意標本を抽出し,

$$\text{ローレル指数}(R) = \frac{\text{体重}}{(\text{身長})^3} \times 10^7$$

［ただし，単位は体重(kg)，身長(cm)］

の値によって肥満度合を5つのクラスに分け，それぞれのクラスでの体位（身長，体重，胸囲，座高），体力診断テスト，運動能力テストの記録の平均値と標準偏差を示すものである．

標準となるクラスに対応する体形グラフを標準体形グラフとよび，各項目の体形への割付けとともに図3に示した(5/7に縮小).どの項目を体形のどの部分に割付けるかは，データの特徴が体形を通してできるだけ直観的に把握できるように考えて行う必要がある．割付けは一意的には決まらないが，ここではできるだけのデータの特徴と体形とが適合するように考慮して割付けを行っている．

次に標準体形グラフに対して，表2に示す他の4つのクラスの体形グラフを描くためには，次のような手順をとればよい．

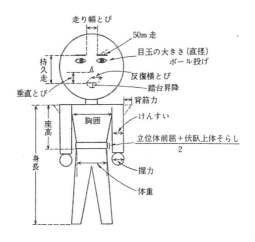

図3　標準体形グラフ

［手順1］$\bar{x}_i(i=1, 2, 3, 4, 5)$を$i$クラスの平均値とし，$\sigma_i(i=1, 2, 3, 4, 5)$を$i$クラスの標準偏差とするとき，

$$A_i = \frac{\overline{x}_i - \overline{x}_3}{\sqrt{\sigma_i^2 + \sigma_3^2}} \quad (i = 1, 2, 4, 5)$$

の値を求め，表3に示す．A_iは標準体形とiクラスの体形の差異を示す1つ
の尺度となるがiクラスのデータ数やばらつきを考慮して定めたものであ
る．

　[手順2] A_iの値によって各項目に対応する体形の部分部分の標準体形か
らのずれを，記録がよくなれば大きく，悪くなれば小さくなるようにする．
A_iの値1に対する増減の長さ，角度は表3の一番右の列に示す．たとえばロ
ーレル指数160以上のクラスでの身長に対するA_5の値は-0.35であるから
$7mm \times (-0.35) = -2.45mm$となり標準体型グラフに比べて$2.45mm$だけ身
長の部分が短くなる．この場合，A_5の値1に対する増減をいかに定めるかと
いう問題が生ずるが，1つの目安として，視覚ではっきり差がとらえられる

$R < 100$　　　$100 \leqq R < 115$　　　$115 \leqq R < 145$　　　$145 \leqq R < 160$　　　$160 \leqq R$
（標準）

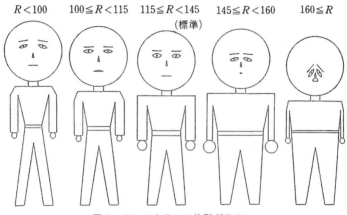

図4　5つのクラスの体形グラフ

注1：50m走，持久走については値が大きくなるほど記録は悪くなるので，表3ではA_iの
　　値のプラスのものにマイナスをつけて記入した．

注2：踏台昇降ではA_iの値がプラスなら下に口が開き，マイナスなら上に口が開くように
　　した．

注3：眉の傾きは記録がよくなればつり上がり，悪くなればたれ下がるようにした．この場
　　合，目の傾きは眉の傾きに応じて変化させるものとした．

注4：各クラスの生徒数は，ローレル指数100以下が28人，100〜115が232人，115〜145が353
　　人，145〜160が21人，160以上が16人であった．

とき有意水準5パーセントで統計的に有意の差があるように定めておけばよい.

　手順1, 手順2によって表2に示す5つの体形グラフを描いたものが図4である（5／7に縮少）.

表2　5つのクラスの体位, 体力診断テスト, 運動能力テストの平均値
〔（　）内は標準偏差〕

	クラス	1	2	3	4	5
	ローレル指数	100未満 (非常にやせている)	100～115 (やややせている)	115～145 (標準)	145～160 (やや肥満)	160以上 (肥満)
体位	身　長 (cm)	167.0 (6.90)	163.7 (7.37)	161.2 (6.35)	162.3 (6.91)	157.7 (7.57)
	体　重 (kg)	44.8 (5.67)	48.0 (6.20)	52.0 (6.35)	64.5 (7.85)	66.0 (8.10)
	胸　囲 (cm)	72.9 (12.59)	77.1 (4.68)	80.3 (4.97)	89.2 (4.31)	88.0 (6.84)
	座　高 (cm)	87.4 (3.58)	86.1 (4.54)	86.0 (3.77)	87.0 (3.82)	83.8 (4.49)
体力診断テスト	反復横とび (回)	43.8 (3.46)	44.5 (4.95)	44.3 (4.31)	37.9 (3.60)	39.8 (3.43)
	垂直とび (cm)	55.4 (6.68)	56.6 (8.81)	56.7 (7.41)	50.3 (12.79)	46.2 (5.46)
	背筋力 (kg)	108.5 (25.88)	112.2 (22.44)	120.6 (23.27)	122.0 (35.48)	111.2 (15.73)
	握力 (kg)	36.9 (7.28)	36.7 (7.23)	39.7 (7.13)	42.3 (11.65)	37.2 (6.18)
	踏台昇降 (指数)	65.5 (11.25)	63.9 (10.96)	65.2 (11.57)	62.3 (12.73)	57.2 (3.46)
	立位体前屈 (cm)	11.6 (4.56)	12.5 (5.74)	13.5 (5.20)	10.7 (2.71)	9.2 (3.76)
	伏臥上体そらし (cm)	55.4 (6.53)	56.7 (7.80)	57.3 (6.73)	58.6 (7.85)	54.0 (6.42)
運動能力テスト	50m走 (秒)	7.70 (0.59)	7.52 (0.50)	7.47 (0.50)	7.64 (0.73)	8.66 (0.62)
	走り幅とび (cm)	428.2 (45.15)	426.6 (50.41)	428.7 (44.66)	386.1 (54.48)	358.6 (30.75)
	ボール投げ (cm)	24.9 (3.75)	24.8 (4.22)	26.0 (4.12)	24.6 (7.11)	23.0 (5.33)
	けんすい (回)	6.22 (3.03)	7.62 (3.88)	8.53 (4.68)	5.57 (4.56)	1.0 (1.55)
	持久走 (秒)	363.6 (37.65)	362.9 (33.93)	365.3 (34.83)	405.3 (58.41)	424.2 (21.23)

表3 A_i の値と A_i の値1に対する長さ，角度の増減

	ローレル指数	100未満 (非常にや せている)	100～115 (やややせ ている)	115～145 (標準)	145～160 (やや肥満)	160以上 (肥満)	長さ,角度 の増減
体位	身長	0.62	0.26	0	0.12	- 0.35	± 7 mm
	体重	- 0.85	- 0.45	0	1.24	1.36	± 7 mm
	胸囲	- 0.55	- 0.47	0	1.35	0.91	± 7 mm
	座高	0.27	0.02	0	0.19	- 0.38	± 7 mm
体力診断テスト	反復横とび	- 0.09	0.03	0	- 1.14	- 0.82	± 3 mm
	垂直とび	- 0.13	- 0.01	0	- 0.43	- 1.14	± 3 mm
	背筋力	- 0.35	- 0.26	0	0.03	- 0.33	± 7 mm
	握力	- 0.27	- 0.30	0	0.19	- 0.26	± 7 mm
	踏台昇降	0.02	- 0.08	0	- 0.17	- 0.66	± 3 mm
	立位体前屈	- 0.27	- 0.13	0	- 0.48	- 0.67	± 3 mm
	伏臥上体そらし	- 0.20	- 0.06	0	0.13	- 0.35	± 3 mm
運動能力テスト	50 m走($-A_i$)	- 0.30	- 0.07	0	- 0.19	- 1.49	± 30 度
	走り幅とび	- 0.01	- 0.30	0	- 0.60	- 1.29	± 3 mm
	ボール投げ	- 0.12	- 0.18	0	- 0.16	- 0.41	± 2 mm
	けんすい	- 0.37	- 0.14	0	- 0.42	- 1.35	± 3 mm
	持久走($-A_i$)	0.03	0.05	0	- 0.59	- 1.42	± 3 mm

表示例2．ある県の小学校5年生，6年生のなかから男子1,000人，女子1,000

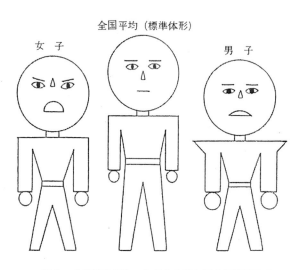

図5 小学校5年生，6年生の男女別の体形グラフ

人の任意標本を抽出し, 体位, 体力診断テスト, 運動能力テストの記録の平均値を求めた. この結果を全国平均と比較するために, 全国平均を標準体形にとって例1と同様各項目ごとに A_i の値を求め, A_i の値1に対する体形の部分部分の長さ, 角度の増減の値を定めて描いた体形グラフが図5である.

体形グラフの見方と特徴

例1　各項目の体形への割付けの仕方から容易にわかることであるが図4からはやせている傾向の生徒は背が高く, 体力, 運動能力は標準の生徒と比べてどの種目もあまり差がない均整のとれた体形となる. 一方, 肥満傾向にある生徒は背が低く, 握力を除いては体力, 運動能力において劣り, 眉はたれ下がり, 眉, 鼻などが口のまわりに集まってきて均整のとれない顔となる. このように, 体形グラフから体位と体力診断テスト, 運動能力テストの間の関係が一目で読取れる.

　顔形グラフでは, 表情からデータを解釈する場合, 多変量データのどの変量を顔のどの部分に割当てるかということが問題となるが, 体形グラフでは身長, 体重, 胸囲, 座高は固定された位置に割付けられ, 実際の体位のイメージをそのまま読取ることができ, 顔との比較において体力, 運動能力との関連を見ることができる.

　例2　図5から, 小学校5年生, 6年生においては男女ともにある県は全国平均と比べて背が低く, 体重も軽い, しかし, 小柄ながら踏台昇降を除いては比較的元気な顔, 腕をもっていることがわかる.

　このような応用例において, 次のような点で体形グラフは, レーダーチャートとか顔形グラフに比べてすぐれているように思われる.

　(1)　昨年, 今年, 来年というように時系列的に体形グラフを描くと体の大きさ, 体力, 運動能力の全国平均に対する相対的変化のようすがよくわかる. これは将来を予測する場合にも有効に活用できる.

　(2)　全国の都道府県別に体形グラフを書くとその比較が容易に読取れる.

2.4　星座グラフ(Constellation graph)

　"星座グラフ"(Wakimoto and Taguri, 1978)とは, 多変量の1つ1つを, ベクトルとして表わし, ベクトルをつなぎ合わせて最終点に1つの星(star)を

描く，そして，この星を1つのデータに対応させる．星は必ず半円の中に入るように描き，データ全体で半円の星座ができるようになっている．

表示例

わかりやすいために教育データでその描き方を説明しよう．

(1) いま，表4のように，A, B, C, D, E, F の6人の生徒の英語，数学，国語，社会，理科の成績を5段階評価で示してあるとしよう．人数はいくら多くてもよいが，ここでは説明を簡単にするために，6人のデータで解説する．

表4　5段階評価による成績

教科＼生徒	英語	数学	国語	社会	理科
A	3	2	3	2	4
B	2	3	3	3	2
C	4	5	4	5	5
D	4	5	2	3	2
E	4	3	2	3	3
F	4	3	5	5	5

生徒 A について，次に示す手順で，図6に示す半円の中に点を描く．

〔手順〕　① 半径の5分の1の長さの矢印（ベクトル）を考える．（5教科なので矢印の長さは半径の5分の1，一般に k 個の教科なら，矢印の長さは k 分の1）

② まず，生徒 A の英語の成績が3点なので，星座の中心を始点として，3点の方向に矢印の長さだけ進み，その点を P_1 とする．

③ 次に，数学の点が2点なので，P_1 を始点として2点の方向に矢印の長さだけ進み，その点を P_2 とする．同様に国語，社会，理科が，3点，2点，4点なので点 P_3，点 P_4，点 A と進み，点 A に★印(○印でも×印でも好みの印)をつける．

この手順で，6人の生徒を半円の中に描いたものが図6であり，星座グラ

フができる．人数が多い場合も同様の手順で描けば，人数の数だけ★印がで
きる．

　　［注］　この描き方の手順からわかる通り，星座の中心と★印を結ぶ線，これをその星
の経線と考えると，この経線の方向が平均値に近い値をとっていることがわかる．図6で
A と D とを比べてみると，D の方が A よりも平均点がよいことがわかり，生徒 A の平均
点は2.8点ぐらいあることがわかる．また，中心と★印を結ぶ長さを半径とする半円をその
★印の緯線と考えると，緯線が中心に近い程，その生徒の得点のばらつきは大きい，例え
ば，図6で生徒 D の緯線は，生徒 A の緯線より中心に近いので，D は A よりも各教科の
得点のばらつきが大きいことがわかる．

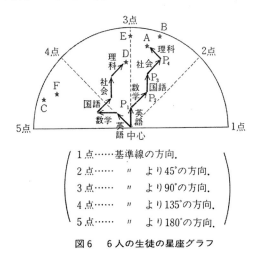

$$\left\{\begin{array}{l}1点\cdots\cdots基準線の方向.\\2点\cdots\cdots\quad''\quadより45°の方向.\\3点\cdots\cdots\quad''\quadより90°の方向.\\4点\cdots\cdots\quad''\quadより135°の方向.\\5点\cdots\cdots\quad''\quadより180°の方向.\end{array}\right.$$

図6　6人の生徒の星座グラフ

(2)　100点満点の場合

教科 生徒名	英語	数学	国語	社会	理科
生徒P	30	75	40	35	80

（100点満点）

この星座グラフは，図7に示すが，星座の目盛りが異なる他は，5段階評価
と同じである．

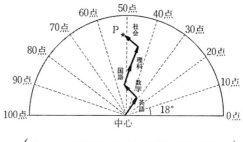

$$\left(\begin{array}{l}\text{矢印の長さは星座グラフの半径の5分の1.}\\\text{10点が18度に相当.}\end{array}\right)$$

図7　生徒 P の星座グラフ

(3)　その他

　以上，5段階評価と100点満点について述べたが，偏差値など5段階評価，100点満点以外の場合でも，例えば，最低点を0度，最高点を180度と換算し，その間に偏差値を比例配分することによって，同様に星座グラフを描くことができる.

応用例

　図8は，ある中学2年生の1クラスの男子20名と女子21名の英語，数学，国語，社会，理科の5教科についてクラスの平均点を基準線から90度の方向にとり，最低点最高点が基準線から0度，180度の方向に入るように目盛って作った星座グラフである.いま，生徒 A に注目して，その成績プロフィールを矢印で結んで表わした.この場合，生徒 A のプロフィールというのが，レーダーチャートやチャーノフの“顔”の一つに相当するものである.成績についてみれば，生徒 A はプロフィールの矢印の傾きをみるだけで，クラス平均に比べてすぐれているか，劣っているかがわかる.そして，星の位置から，生徒 A は，クラス全体の中間グループの下位にいることもわかる.教科別にみると，数学はクラス平均よりも良いが，他教科はすべて悪いことが一目でわかる.

　また，このクラスの成績については，女子がすぐれているグループと，中間のグループ，劣っているグループの3つに分かれていること，男子には教

科内の点数にムラのある生徒が多いことがわかる.

　このように,星座グラフは,集団全体の特徴と集団の中における個人を同時に表現できるという点ですぐれているといえよう.

　このグラフは,矢印の長さを変化させることによって判別分析やクラスター分析にも用いられている.(3,7章参照)

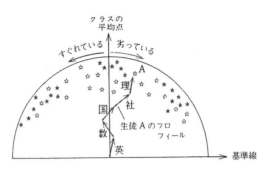

図8　星座グラフ:成績票(☆男子,★女子)

2.5　木形グラフ(Tree graph)

　多変量データの変量のひとつひとつを木の枝の傾き,葉の数,根の長さなどに対応させて,多くの変量の値を同時にグラフに描き,相関の度合等を視覚により判別するものである.

表示法

　n 個のデータの i 番目$(i=1, 2, ..., n)$の$2k$変量データが表5のように与えられているとする.

表5　i番目の$2k$変量データ

変量 番号	1		2		...	j		...	k	
i番目の データ	x_{i1}	y_{i1}	x_{i2}	y_{i2}	...	x_{ij}	y_{ij}	...	x_{ik}	y_{ik}

このとき,このデータを1本の木の形にグラフ化する手順を示す.

　[手順1]　地面と幹の描き方

水平な線分 AB の地面を引き，AB 上の1点 O から地面に垂直な線分 Oq を引いて，これを木の幹と考える（図9）.

　[手順2]　枝の描き方

表5に示す i 番目の $2k$ 変量データに対して $(x_{ij},\ y_{ij})$, $(j=1, 2, ..., k)$ をそれぞれ角度に変換し，木の幹の上から順次等間隔で枝を描く．角度に変換する方法は木の形とデータの特性とがよく合致するよう工夫する必要があるが，1つの基本的な変換方法と考えられるものを次に示しておく.

$$u_{ij} = \frac{x_{ij} - \bar{x}._j}{Q} \times 60（度）,\quad \bar{x}._j = \frac{1}{n}\sum_{i=1}^{n} x_{ij}$$

$$v_{ij} = \frac{y_{ij} - \bar{y}._j}{R} \times 60（度）,\quad \bar{y}._j = \frac{1}{n}\sum_{i=1}^{n} y_{ij}$$

Q, R は与えられたデータによって，データの最大値，最小値がそれぞれ $\bar{x}._j +$ Q と $\bar{x}._j - Q, \bar{y}._j + R$ と $\bar{y}._j + R$ と $\bar{y}._j - R$ の間に入るように決定する．u_{ij}, v_{ij} が正の場合は $\bar{x}._j, \bar{y}._j$（水平方向）より上向きに，負の場合は水平方向より下向きにそれぞれ u_{ij}, v_{ij} の角度をもって枝を描く（図10）．枝の長さは木のイメージに合うように適当に定めればよい.

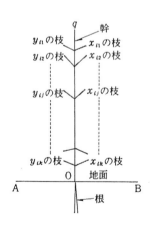

図9　i 番目の $2k$ 変量データの *Tree*

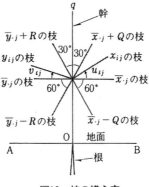

図10　枝の描き方

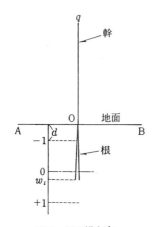

図11　根の描き方

［手順3］　根の描き方

i 番目の $2k$ 変量データ $(x_{ij}, y_{ij})(j=1, 2, \dots, k)$ に対して (x_{ij}, y_{ij}) 以外の値 z_i $(i=1, 2, \dots, n)$ が与えられているとき，次に示す変換により w_i に変換し，図11に示すように木の根の長さとする．z_i はたとえば，$z_i = \bar{x}_{i\cdot}$ または $\bar{y}_{i\cdot}$ でもよいし，(x_{ij}, y_{ij}) に無関係な値でもよい．

ここに　$\bar{x}_{i\cdot} = \dfrac{1}{k} \displaystyle\sum_{j=1}^{k} x_{ij}, \quad \bar{y}_{i\cdot} = \dfrac{1}{k} \displaystyle\sum_{i=1}^{k} y_{ij}$　とする．

$$w_i = \frac{z_i - \bar{z}_{\cdot}}{s}, \quad i = 1, 2, \cdots, n$$

ただし, $\bar{z} = \dfrac{1}{n}\sum_{i=1}^{n} z_i$, そして s の値は $-1 \leqq w_i \leqq 1$ にあるように適当に選べば よい. 図11の d の値は木形グラフが見やすいように定めればよい.

応用例

図12は, ある県の中学1年男子479名, 女子495名の体力診断テスト, 運動 能力テストと睡眠時間の関係を木形グラフを用いて示したものである. 枝の 傾きは県全体の平均値を水平方向にとり, 記録がよくなれば上向きに, 悪く なれば下向きになるように考え, さらに根の長さに1日の平均運動時間を対 応させた.

この木形グラフを見ると, 平均7時間睡眠の生徒が最も体力テスト, 運動 能力テストの記録がすぐれており, 平均9時間も眠る生徒はその記録が悪く なっているという全体的な傾向が一目でわかる. また, 運動時間に記録の良 し悪しがかなり関係がありそうだということも根の長さとの関係において把 握できる. このように1種目ごとにみるとその傾向がはっきりわからないよ うなものでも, 多くの項目を集めて同時にグラフに表わしてみるとお互いの 相関関係が容易に把握できる点にこのグラフの特徴がある. その意味で一種 の多変量相関図とも考えられよう.

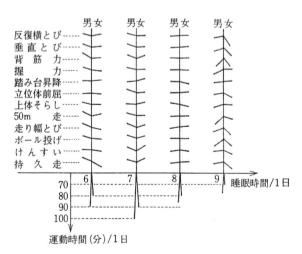

図12 体力診断テスト, 運動能力テストの木形グラフ

§3. 多変量を変換してから平面上に記述する方法

3.1 サンチャート

表示法

大きさの n の k 変量データを

$$\boldsymbol{x}_1 = (x_{11}, \ x_{12}, \ \cdots, \ x_{1k})$$
$$\boldsymbol{x}_2 = (x_{21}, \ x_{22}, \ \cdots, \ x_{2k})$$
$$\vdots \qquad\qquad \vdots$$
$$\boldsymbol{x}_n = (x_{n1}, \ x_{n2}, \ \cdots, \ x_{nk})$$

とする．ただし，$x_{\alpha l}(\alpha = 1, 2, ..., n, \ l = 1, 2, ..., k)$は非負の実数とする．

ステップ1 次の変換を考える，

$$(1) \quad g(\boldsymbol{x}_\alpha) = \frac{1}{Mk} \sum_{l=1}^{k} x_{\alpha l} \exp\left(i\frac{\pi l}{k+1}\right), \quad \alpha = 1, 2, \cdots, n$$

ただし，$M = \max_{\substack{1 \le l \le k \\ 1 \le \alpha \le n}} x_{\alpha l}, \ i = \sqrt{-1}$ とする．

このとき，$g(\boldsymbol{x}_\alpha)$は半径1の上半円内にプロットされる．

ステップ2 1から k までの整数からなる順列を $\boldsymbol{p} = (p(1), \ p(2), \ ..., \ p(k))$ とし，すべての順列($k!$個)の集合を S で表す．すなわち $S = \{\boldsymbol{p}\}$．

このとき，大きさ n の k 変量データを $\boldsymbol{x}_{\alpha p} = (x_{\alpha p(1)}, \ x_{\alpha p(2)}, \ \cdots, \ x_{\alpha p(k)})$で表し，次のような k 次元空間ならびに2次元平面上でのユークリッド距離を考える．

$$d_{\alpha k} = \sqrt{\sum_{l=1}^{k} (x_{\alpha p(l)} - \overline{x}_{p(l)})^2}$$

$$d_{\alpha 2} = \sqrt{\{R_e(g(\boldsymbol{x}_{\alpha p}) - \overline{g})\}^2 + \{I_m(g(\boldsymbol{x}_{\alpha p}) - \overline{g})\}^2}$$

$$(\alpha = 1, 2, \cdots, n)$$

ただし，

$$\overline{x}_{p(l)} = \frac{1}{n} \sum_{\alpha=1}^{n} x_{\alpha p(l)}, \ l = 1, 2, \cdots, k$$

$$\overline{g} = \frac{1}{n} \sum_{\alpha=1}^{n} g(\boldsymbol{x}_{\alpha p}),$$

R_e, I_m はそれぞれ実数部，虚数部を表す．

このとき，次の式で示す変動係数

(2)　$$\sqrt{\frac{1}{n}\sum_{\alpha=1}^{n}\left(\frac{d_{\alpha 2}(\boldsymbol{p})}{d_{\alpha k}}-\bar{d}\right)^{2}}\Big/\bar{d},$$

$$\bar{d}=\frac{1}{n}\sum_{\alpha=1}^{n}\frac{d_{\alpha 2}(\boldsymbol{p})}{d_{\alpha k}}$$

の最小値をとる $\boldsymbol{p}$ の値を $\boldsymbol{p}^{*}=(p^{*}(1),\ p^{*}(2),\ \cdots p^{*}(k))$ とする．

ステップ3　図13のように原点 O と点

$$Q_{l}=\exp\left(i\frac{\pi l}{k+1}\right),\ \ l=1,\ 2,\ \cdots,\ k$$

を結んだ延長上に点 Q_l からの長さが $t\bar{x}_{p^{*}(l)}$ の棒グラフを描く．ただし，

$$\bar{x}_{p^{*}(l)}=\frac{1}{n}\sum_{\alpha=1}^{n}x_{\alpha p^{*}(l)},\ \ l=1,\ 2,\ \cdots,\ k$$

で t はスケール定数とする．

　以上，ステップ1，ステップ2，ステップ3で作られる図13のような n 個の点 $g(x_{1p}^{*})$，$g(x_{2p}^{*})$，$\cdots$，$g(x_{np}^{*})$ と k 本の棒グラフをもつチャートをサンチャート(Sun chart)と呼ぶ．(Wakimoto, 1980).

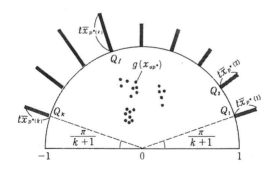

図13　サンチャート基本図

　[注1] サンチャート上の $g(x_{\alpha p}^{*})$，$\alpha=1, 2, \dots, n$ の分布状態を見やすくするために，n 個の点が単位半円内に入るという条件のもとで定数 A を選ぶことができる．

$$g(x_{ap*}) = \frac{A}{Mk}\sum_{l=1}^{k} x_{ap*(l)}\exp\left(i\frac{\pi l}{k+1}\right),\ a=1,\ 2,\ \cdots,\ n$$

［注2］　ステップ2において(2)式を最小にする p^* は与えられた k 次元のデータに対してすべての順列に対して，同式の値を比較して最小になるものを選ぶことによって求める．k が大きい場合は，1から k までの数からなるランダム順列を m 個発生させて，(2)式を計算し，その中での最小値を p^* の近似値として用いる．

応用例

表6に示すデータは中学生20名の国語，社会，数学，理科，英語の5教科の成績を示すものである．(1)式で $k=5$, $n=10$, (ステップ3)で $t=0.05$ とおくことによって図14のようなサンチャートを得る．このサンチャートから次のことが読みとれる．

（ⅰ）　5教科の点数で考える限り，上位グループ，中位グループ，下位グループの3つのグループに分れている．

（ⅱ）　点 $g((0, 0, 0, 0, 0,))$ と点 $g((10, 10, 10, 10, 10))$ を結ぶ線をサンチャート上に描いてみると（図14参照），番号①，⑤，⑨，⑱，⑳の生徒は点 $g((9, 9, 9, 9, 9))$ に近い．

（ⅲ）　番号⑧の生徒に対応するサンチャート上での点の位置と半円上の棒グラフとを比較してみると，この生徒の成績は中位グループに属しており，国語，英語の他はクラス平均点より悪く，点 $g((0, 0, 0, 0, 0))$ と点 $g((10, 10, 10, 10, 10))$ を結ぶ線より大きく左にずれており，クラスの中で教科の点数のアンバランスが大きい．

主成分グラフとの比較

表6に対する第1主成分(z_1)と第2主成分(z_2)を求め主成分グラフを描いたのが図15である．（主成分グラフについては2章参照）．図14と図15を比較してみると，点の分布が非常に類似したパターンをもっているが，サンチャートは半円周上の各変数番号，ならびに対応する棒グラフの大きさと半円内の点の位置との関連性を見ることができる点で特徴があるように思われる．いわゆる素人わかりのするグラフであろう．

表6　5教科の点数（10点満点）

No.	国 語 (x_1)	社 会 (x_2)	数 学 (x_3)	理 科 (x_4)	英 語 (x_5)
①	10	9	8	9	10
②	5	5	6	7	5
③	2	3	2	3	2
④	6	9	5	8	6
⑤	9	9	8	9	9
⑥	7	7	3	5	7
⑦	5	6	3	4	5
⑧	7	5	3	2	6
⑨	9	10	9	9	10
⑩	6	6	6	7	6
⑪	3	3	1	1	2
⑫	4	4	3	8	9
⑬	4	3	6	8	7
⑭	7	6	6	5	6
⑮	2	1	5	1	2
⑯	8	6	7	5	6
⑰	3	6	0	2	0
⑱	9	10	8	9	8
⑲	6	5	3	6	8
⑳	8	9	10	10	8
平 均	6.0	6.1	5.1	5.9	6.1

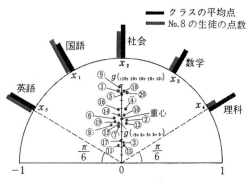

図14　表6のサンチャート

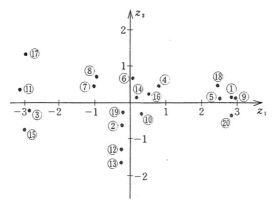

図15 表6の主成分グラフ

3.2 三角多項式グラフ

表示法

アンドリュース(Andrews, D. F., 1972)によって考えられたもので，一つ
の k 変量データ$(x_1, x_2, \cdots, x_k)$を関数

$$f_t(x_1, x_2, \cdots, x_k) = \begin{cases} x_1/\sqrt{2} + x_2\sin t + x_3\cos t + x_4\sin 2t \\[2mm] \quad + x_5\cos 2t + \cdots + x_k\sin\dfrac{kt}{2} \\[4mm] \qquad\qquad\qquad\qquad\qquad (k：偶数) \\[4mm] x_1/\sqrt{2} + x_2\sin t + x_3\cos t + x_4\sin 2t \\[2mm] \quad + x_5\cos 2t + \cdots + x_k\cos\dfrac{(k-1)t}{2} \\[4mm] \qquad\qquad\qquad\qquad\qquad (k：奇数) \end{cases}$$

と変換し，t を $-\pi \leq t \leq \pi$ の範囲で動かせば，k 変量のデータは，$-\pi$ から π
の間の一本の曲線として描かれる．このようにして，n 個のデータを平面上の
n 本の曲線として表現したグラフを三角多項式グラフと呼ぶことにする．こ
のような直交関数の利用は，時系列解析では周波数領域への変換としてかな
り以前から適用されているものであるが，多変量データをこのような時系列

的なグラフとして表示したことに特徴が認められる.

　変換してから平面上にグラフ表示する場合の重要なことは, 各データの間の, もとの k 次元空間での距離関係が表示された平面上グラフでも保たれていることである. このグラフの場合は, $f_t(x_1, x_2, \cdots, x_k)$, $f_t(y_1, y_2, \cdots, y_k)$ における

$$\int_{-\pi}^{\pi} (f_t(x_1, x_2, \cdots, x_k) - f_t(y_1, y_2, \cdots, y_k))^2 dt$$

はもとのデータのおかれる k 次元空間内の2点 $(x_1, x_2, \cdots, x_k)$, $(y_1, y_2, \cdots, y_k)$ のユークリッド平方距離に比例していることが導かれる[*]. 比例定数は π である. それ故, 三角多項式上で接近している曲線は, 対応する k 次元空間内でのデータの点も接近していると解釈できる.

　[*]　簡単のために k を奇数として示すが, 偶数の場合も同じである.

$$\int_{-\pi}^{\pi} (f_t(x_1, x_2, \cdots, x_k) - f_t(y_1, y_2, \cdots, y_k))^2 dt$$

$$= \int_{-\pi}^{\pi} \left\{ \frac{1}{\sqrt{2}}(x_1 - y_1) + (x_2 - y_2)\sin t + (x_3 - y_3)\cos t \right.$$

$$+ (x_4 - y_4)\sin 2t + (x_5 - y_5)\cos 2t + \cdots$$

$$\left. \cdots + (x_k - y_k)\cos \frac{k-1}{2}t \right\}^2 dt$$

$$= \frac{1}{2}(x_1 - y_1)^2 \int_{-\pi}^{\pi} dt + (x_2 - y_2)^2 \int_{-\pi}^{\pi} \sin^2 t$$

$$+ (x_3 - y_3)^2 \int_{-\pi}^{\pi} \cos^2 dt + (x_4 - y_4)^2 \int_{-\pi}^{\pi} \sin^2 2t + \cdots$$

$$\cdots + (x_k - y_k)^2 \int_{-\pi}^{\pi} \left(\cos \frac{k-1}{2}t \right)^2 dt$$

$$= \pi \sum_{i=1}^{k} (x_i - y_i)^2$$

ただし, p, q が正の整数で等しくないとき, 次式の結果を用いた.

$$\int_{-\pi}^{\pi} \sin px \sin qx \, dx$$

$$= \left[-\frac{\sin(p+q)x}{2(p+q)} + \frac{\sin(p-q)x}{2(p-q)} \right]_{-\pi}^{\pi} = 0$$

$$\int_{-\pi}^{\pi} \sin px \cos qx\, dx$$

$$= \left[-\frac{\cos(p+q)x}{2(p+q)} + \frac{\cos(p-q)x}{2(p-q)} \right]_{-\pi}^{\pi} = 0$$

$$\int_{-\pi}^{\pi} \cos px \cos qx\, dx$$

$$= \left[\frac{\sin(p+q)x}{2(p+q)} + \frac{\sin(p+q)x}{2(p-q)} \right]_{-\pi}^{\pi} = 0$$

例　表6に示すデータについて三角多項式グラフに描いたものが図16である.

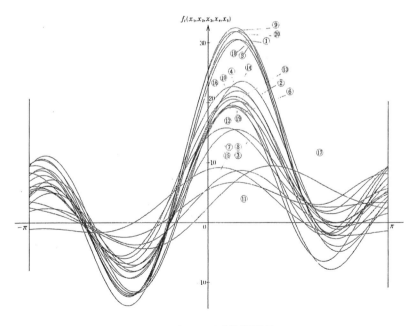

図16　表6の三角多項式グラフ

図16からやはり3つのグループがあることがわかるが，サンチャートや，主成分グラフに比べて少々見にくい感じがする．

3.3　非線形変換プロット

表示法

サモン(Sammon. J.S., 1969)によって提案されたもので，k次元のn個の点(n個のk変量データ)

$$\boldsymbol{x}_1 = (x_{11}, x_{12}, \cdots, x_{1k})$$
$$\boldsymbol{x}_2 = (x_{21}, x_{22}, \cdots, x_{2k})$$
$$\vdots \qquad\qquad \vdots$$
$$\boldsymbol{x}_n = (x_{n1}, x_{n2}, \cdots, x_{nk})$$

が与えられたとき，$\boldsymbol{x}_i$と$\boldsymbol{x}_j$のk次元での距離$\alpha_{ij}^* = \{\sum_{l=1}^{k}(x_{il}-x_{jl})^2\}^{\frac{1}{2}}$を考える．一方，$m$次元($m<k$，グラフで見るためには$m=2$であることが必要で以下では$m=2$として説明)での任意の点を

$$y_1 = (y_{11}, y_{12})$$
$$y_2 = (y_{21}, y_{22})$$
$$\vdots \qquad \vdots$$
$$y_n = (y_{n1}, y_{n2})$$

とするとき，y_iとy_jとの2次元平面での距離$\alpha_{ij} = \{\sum_{l=1}^{2}(y_{il}-y_{jl})^2\}^{\frac{1}{2}}$を考える．このとき，各$i$について

$$E_i = \frac{1}{\sum_{j \neq i}^{n}\alpha_{ij}^*}\sum_{j \neq i}^{n}\frac{(\alpha_{ij}^*-\alpha_{ij})^2}{\alpha_{ij}^*} \quad (i=1, 2, \cdots, n)$$

を最小にする$(y_{i1}^0, y_{i2}^0)(i=1, 2, \cdots, n)$を求める．各$\boldsymbol{x}_i$に対して2次元平面上の点$(y_{i1}^0, y_{i2}^0)$が対応するから$(i=1, 2, \cdots n,)$，これらの点をこの2次元平面上にプロットする．これが，**非線形変換プロット**(non-linear mapping(NLM) plot)とよばれる．このプロッティングの主な目的は，k次元でのn個の点をE_iの値を最小にするように2次元平面上に非線形変換をほどこし，k次元内

でのクラスターを2次元平面上のクラスターとして把握することである.

データが与えられたとき, $(y_{i1}{}^0, y_{i2}{}^0)$の近似値は, 初期値を適当に与えて

$$\frac{\partial E(y_{ij})}{\partial y_{ij}} = 0 \quad (i = 1, 2, \cdots, n, \; j = 1, 2)$$

をニュートン・ラプソン(Newton-Raphson)法で解けば求められる.

サモンはクラスター分析のいくつかの例において, この方法が他の方法に比べてすぐれていることを例示している.

第7章

クラスター分析法

クラスター分析法は異質なものの混ざりあっている対象を，それらの間の類似度にもとづいて似たもの同志を集めて，いくつかの集落（クラスター）に分類する方法である．症状や検査値にもとづく疾患の分類，財務諸指標による企業の分類，形状・性質による細菌の分類など，いろいろの分野で広く応用されている．

§1. クラスター分析とは

クラスター分析(cluster analysis)とは，異質なものの混ざりあっている対象（それは個体＝ものの場合もあるし，変数の場合もある）を，それらの間に何らかの意味で定義された類似度(similarity)を手がかりにして似たものを集め，いくつかの均質なものの集落（クラスター）に分類する方法を総称したもので，大別すると階層的な方法と非階層的な方法に分けられる．前者は結果として樹形図（デンドログラム）が得られる方法で，とくにクラスター数は定めず，対象の階層的構造を求め，目的に応じて大分類から小分類までいろいろ利用することができる．後者に属する方法の中で代表的なものは，予めクラスター数を定めておき，各対象から各々のクラスターの重心との距離を考えたとき，その対象の属しているクラスターの重心との距離が最小となるという意味で，最良の分類を得ようとする方法で，数値解法としては山登り法などの逐次的な方法が用いられる．本章では，これらの方法のうち利用されることの多い階層的方法の中の代表的なものについて述べる．

対象を分類するという意味では3章の判別分析と似ているように思えるが次のような点に相違がある．

判別分析の場合には，疾患 A または B と診断が確定した患者群について種々の検査成績が得られているときに，疾患と検査成績の関係を分析して，新しい患者の検査成績からその患者がどちらの疾患なのかを判別する方式を求める．これに対して，クラスター分析の場合には疾患 A, B というような診断はなく，異質なものがまざっていると思われる患者群について，検査成績だけが得られており，その情報だけから似たものを集めて何らかの分類をつくろうとする．外的な基準としての疾患 A, B という診断があるかどうか（あるいはその情報を利用するかどうか）という点が基本的に異なるのである．

§2. クラスター分析の考え方

2.1 樹形図（デンドログラム）

例1．簡単のために，表1のような7個の2変量データが与えられたとし

よう. 7つの点を図1に示す.

表1　7個の2変量データ

データ番号	x_1	x_2
①	1	2
②	3	1
③	2	3
④	3	6
⑤	4	6
⑥	7	2
⑦	7	4

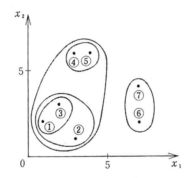

図1　表1のデータの散布図

以下は図2を見ながら読んでいただきたい.

　この7つの点の間のユークリッド距離に着目して（すなわち各データ間の類似度の指標としてユークリッド距離を用いて), その大きさを見るとデータ番号④と⑤が一番近い. そこで, ④と⑤を一つの組としてまとめ, 図2のように, 両者の間の距離1を高さにとって結ぶ, 次に, 距離の近いのが①と③で, 同様に距離$\sqrt{2}=1.414$の高さにとって結び, ①と③を一つの組としてまとめる. 次に近いのは⑥と⑦であり, 同様に1つの組としてまとめて結ぶ. 次に②と（①と③）と（④と⑤）と（⑥と⑦）の4つの組の間のユークリッドの距離を計算し比較する.

　このとき, まとめた組と点あるいは組と組の間の距離をどのように定義するかでいくつかの考え方があり, その各々がクラスター分析のいろいろな方

法に対応している．それについては次節で述べることにして，この例では簡単のために最短距離法（組と組の距離を各組に属する点の対の中で最も近い2つの点の距離と考える）を用いることにする．

　そうすると，②と（①③）が一番近く，距離は$\sqrt{5}=2.236$で図2のように線で結ぶ．次には（①②③）と（④⑤）が近く，最短距離すなわち点③と点④の距離$\sqrt{10}=3.162$を高さとして結ぶ．最後に（⑥⑦）の組と結び，点⑤と点⑦が一番近いので，その距離$\sqrt{13}=3.606$を高さとして結ぶ．

　このときできる図2を樹形図（デンドログラム，dendrogram)と呼ぶ．

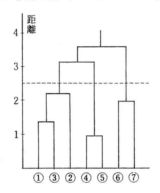

図2　表1の7つのデータの樹形図（デンドログラム）

2.2　クラスターのつくり方

　樹形図で高さ，すなわち距離を定め，その高さで樹を切断する．たとえば図2で高さを2.5に定めて，その高さで切ると（①②③），（④⑤），（⑥⑦）の3つの組にまとめられ，これを3つのクラスターと考える．高さを変えることによってクラスターの個数も異なり，高さをいくらにすればよいかということが問題になるが，これは使用目的によって人為的に定められる．すなわち，どれくらい距離が離れると別のクラスターと考えるかによって高さが定められる．

　このように樹形図を勝手な高さで切ることによって，任意個数のクラスターを構成することができるわけであるが，見方を変えると，樹形図は小さいクラスターから大きいクラスターに，段階的にクラスターが統合されていく

過程（階層的な構造）を示すものと言うことができる.

ここでは，類似度としてユークリッド距離を用いて樹形図を作成したが，個体間，変量間の類似度としては，ユークリッド距離のほかに次の補注に示すようないろいろなものがあり，分類の目的と測定値の性質に応じて使用されている.

補注　個体間，変量間の類似度(similarity)

1）個体間の類似度

(i) 各個体について m 変量の測定値 $\{x_{ji}, i=1, \cdots, n(=個体数), j=1, \cdots, m\}$ が間隔尺度で得られる場合：

ユークリッド距離

$$d_{ii'} = \sqrt{\sum_{j=1}^{m} (x_{ji} - x_{ji'})^2}$$

重みつきユークリッド距離

$$d_{ii'} = \sqrt{\sum_{j=1}^{m} w_j (x_{ji} - x_{ji'})^2}$$

w_j：変量 j の重み（例えば $w_j = 1/s_{jj}, s_{jj}$：変量 j の分散）

ミンコフスキー距離

$$d_{ii'} = \{\sum_{j=1}^{m} |x_{ji} - x_{ji'}|^k\}^{1/k}$$

（$k=1$ のとき　city-block 距離，k = 2 のとき　ユークリッド距離.）

マハラノビスの距離

$$d_{ii'} = \sum_{j=1}^{m} \sum_{k=1}^{m} s^{jk} (x_{ji} - x_{ji'})(x_{ki} - x_{ki'})$$

s^{jk}: 分散共分散行列(s_{jk})の逆行列の(j, k)の要素

(ii) 各個体について m 変量の測定値が 0−1 型で得られる場合：

個体 i と i' について各項目で 0, 1 の出現度数を調べて，

$$\frac{(0, 0), (1, 1) となる変量数}{全変量数} \quad (＝一致係数)$$

$$\frac{(1, 1)となる変量数}{(0, 0)以外の変量数} \quad (＝類似比)$$

など種々の一致性の係数が定義される.

2）変量間の類似度

(i)　間隔尺度の場合：

積率相関係数

$$r_{jj'} = \frac{\sum\limits_{i=1}^{n}(x_{ji}-\bar{x}_j)(x_{j'i}-\bar{x}_{j'})}{\sqrt{\sum\limits_{i=1}^{n}(x_{ji}-\bar{x}_j)^2 \sum\limits_{i=1}^{n}(x_{j'i}-\bar{x}_{j'})^2}}$$

ベクトルの内積

$$\sum_{i=1}^{n} x_{ji}\, x_{j'i}$$

(ii)　名義尺度の場合:

平均平方根一致係数

$$C = \sqrt{\chi^2/(\chi^2+n)}$$

χ^2: 2つの変量（項目）間の独立性検定のためのカイ2乗統計量

グッドマン・クラスカルの λ

$$\lambda = \frac{\left[\sum\limits_{a} n_{am}+\sum\limits_{b} n_{mb}-n_{\cdot m}-n_{m\cdot}\right]}{2n-(n_{\cdot m}+n_{m\cdot})}$$

n_{ab} : 2つの変量（項目）間の2元表の(a, b)セルの度数，

$n_{am}=\max\limits_{b} n_{ab},\ n_{mb}=\max\limits_{a} n_{ab},$

$n_{m\cdot}=\max\limits_{a}\sum\limits_{b} n_{ab},\ n_{\cdot m}=\max\limits_{b}\sum\limits_{a} n_{ab}.$

(iii)　順序尺度の場合:

スピアマンの順位相関係数

$$r_s = 1-\frac{6}{n^3-n}\sum_{i=1}^{n}\{R(x_{ji})-R(x_{j'i})\}^2$$

$R(x_{ji})$: $\{x_{ji},\ i=1, 2, \cdots, n\}$ の中での x_{ji} の順位

ケンドールの順位相関係数

$$r_K = \frac{S}{n(n-1)/2}$$

S : 2変量データ$(x_{ji}, x_{j'i})$, $i=1, 2, \cdots, n$ の中から$_nC_2$通りのペアを選び，x_j の大小関係と x_j' の大小関係が一致していれば$+1$，一致していなければ-1 として，すべてのペアについて和をとった値

§3. クラスター分析の方法

　前節では樹形図を構成していく過程で，個々のデータ（点）をまとめた組，すなわちクラスターの間の距離を，各クラスターに属する点の対の中で最短の距離により定義したが，クラスター間の距離（類似度）の定義の仕方にはいくつかの考え方があり，その各々が別々のクラスター分析の方法に対応している．主なものとして次のような方法がある．（類似度の測度としては，距離のように値の小さい方が類似性が高い場合と，相関係数のようにその逆の場合があるが，以下距離の場合を想定して記述する．）

(1)最短距離法(nearest neighbor method)

　K 個のクラスターがあるとして，そのうち pークラスターと qークラスターを統合して新しい tークラスターをつくり，それによってクラスター数が $K-1$ 個になるという段階を考えよう．このとき新しくできた tークラスターと別の任意のクラスター（それを rークラスターとする）との間の類似度 s_{tr} を，統合する前の pークラスターと rークラスター，qークラスターと rークラスターの間の類似度 s_{pr}, s_{qr} を用いて

$$（1）\qquad s_{tr}=\min(s_{pr}, s_{qr})$$

と定義する．この定義を，各クラスターが1つずつの対象を含む場合から逐次適用すると，2つのクラスターの間の類似度は，それぞれがその2つのクラスターに属する，もっとも類似度の高い（距離の短い）対の類似度により与えられることになる．その意味で最短距離法 (nearest neighbor method) あるいは単連結法(single linkage method)と呼ばれている．1つでも近い対象を含むクラスターは次々と統合していくので，長く帯状のクラスターができやすいことが知られている．

　クラスターの統合は対象間の類似度の大小関係だけに依存するから，この方法による結果は，類似度の大きさの順序を変えない変換（単調変換）によって変わらず，従って類似度は必ずしも間隔尺度である必要はなく順序尺度でよい．

(2)最長距離法(furthest neighbor method)

p-クラスターと q-クラスターを統合して新しく t-クラスターをつくるとき，それと別の r-クラスターとの間の類似度を

$$(2) \qquad s_{tr} = \max(s_{pr}, s_{qr})$$

により定義する．これは最短距離法の場合とは対照的で，それぞれが2つのクラスターに属するもっとも類似度の低い（距離の長い）対の類似度により，クラスター間の類似度が与えられる．その意味で最長距離法(furthest neighbor method)あるいは完全連結法(complete linkage method)と呼ばれている．最短距離法の場合と同様に，この方法の結果も対象間の類似度の大小関係を変えないような変換（単調変換）によって変わらないので，類似度は間隔尺度でなく順序尺度でよい．

(3)群平均法(group average method)

最短距離法，最長距離法では，クラスター間の類似度はそれらに属する対象の対の類似度の中の最大値または最小値にもとづいて定義された．これに対してクラスターの類似度を，それに含まれる対象間の類似度の平均的な値で定義しようという考え方がある．群平均法はそのような方法の1つで，p-クラスターに属する対象と q-クラスターに属する対象の可能なすべての対の間の類似度の平均により両クラスター間の類似度を定義している．

いま p-クラスター，q-クラスター，r-クラスターの大きさ（クラスターに含まれる対象の数）をそれぞれ n_p, n_q, n_r とするとき，

$$(3) \qquad s_{tr} = \frac{n_p s_{pr} + n_q s_{qr}}{n_p + n_q}$$

と表される．

(4)重心法(centroid method)

以下の2つの方法，重心法とメジアン法においては，クラスター間の距離を各クラスターの代表点の間の距離として定義する．重心法の場合，代表点として重心(centroid)あるいは平均ベクトルが採用される．

いま，m 変量の測定値が得られているとして，重心が$(\bar{x}_{1p}, \cdots, \bar{x}_{mp})$の $p-$クラスターと$(\bar{x}_{1q}, \cdots, \bar{x}_{mq})$の $q-$クラスターを統合して新しい $t-$クラスターをつくるとき，その重心$(\bar{x}_{1t}, \cdots, \bar{x}_{mt})$は次のようになる．

$$\bar{x}_{jt} = (n_p \bar{x}_{jp} + n_q \bar{x}_{jq})/(n_p + n_q), \quad j = 1, 2, \cdots, m$$

この $t-$クラスターと他の任意の $r-$クラスターとの間のユークリッド平方距離 $d_{tr}{}^2$は $p-$, $q-$と $r-$クラスターの間の $d_{pr}{}^2$, $d_{qr}{}^2$を用いて

$$(4) \quad d_{tr}{}^2 = \sum_{j=1}^{m} \{(n_p \bar{x}_{jp} + n_q \bar{x}_{jq})/(n_p + n_q) - \bar{x}_{jr}\}^2$$

$$= \frac{n_p}{n_p + n_q} d_{pr}{}^2 + \frac{n_q}{n_p + n_q} d_{qr}{}^2 - \frac{n_p n_q}{(n_p + n_q)^2} d_{pq}{}^2$$

と表され，これよりこれら2つのクラスターを統合した場合の類似度の更新の公式

$$(5) \quad s_{tr} = \frac{n_p}{n_p + n_q} s_{pr} + \frac{n_q}{n_p + n_q} s_{qr} - \frac{n_p n_q}{(n_p + n_q)^2} s_{pq}$$

が与えられる．

　類似度の更新の公式(5)は，形式的にはどのように定義された類似度に対しても適用することができるが，誘導の過程から明らかなように，類似度 s_{pq}がユークリッドの平方距離で与えられる場合にのみ妥当性を持つ．$(s_{pr}, s_{qr}, s_{pq}$がほぼ等しい場合を想定するとすぐわかるように，各段階で統合されるクラスター間の類似度は単調に増加するとは限らず，そのため樹形図において枝が逆向きにのびる可能性がある．このような性質はここでとりあげた方法の中では重心法と次に述べるメジアン法のみがもっている．)

(5)メジアン法(median method)

　重心法をより単純化した一つの変法としてメジアン法がある．すなわち，2つのクラスターの統合に伴う類似度の更新において，重心法の場合クラスターに属する対象の数 n_p, n_qで重みづけして平均を求めているのに対して，メジアン法の場合には等しい重みをおいて

$$(6) \quad s_{tr} = (s_{pr} + s_{qr})/2 - s_{pq}/4$$

とする．これはちょうどクラスターの代表点をもとの2つの代表点の中点に

とることに相当する.

(6)ウォード法(Ward method)

　この方法は提唱者の名前をとってウォード法と呼ばれ,実用的にすぐれた方法としてよく利用されている.

　いま x_{ipj} を p -クラスターに属する j 番目の対象の第 i 変量についての測定値とするとき, p -クラスター内の平方和 (変動) は

$$S_p = \sum_{i=1}^{m} \sum_{j=1}^{n_p} (x_{ipj} - \bar{x}_{ip.})^2$$

と表される. ここに

$$\bar{x}_{ip.} = \sum_{j=1}^{n_p} x_{ipj} / n_p$$

である. そして全体のクラスター内平方和 S は

$$S = \sum_{p=1}^{K} S_p, \quad K: \text{クラスター数}$$

となる.ここで p -クラスターと q -クラスターを統合して新しく t -クラスターをつくったとき,これらの各クラスター内の平方和の間には

（ 7 ）　　　$S_t = S_p + S_q + \triangle S_{pq}$

（ 8 ）　　　$\triangle S_{pq} = \dfrac{n_p n_q}{n_p + n_q} \sum_{i=1}^{m} (\bar{x}_{ip.} - \bar{x}_{iq.})^2$

のような関係がなりたつ.ウォード法ではクラスター内平方和(within cluster sum of squares) S ができるだけ小さいことを望ましいと考え,各段階で可能なクラスターの対のうちで,クラスターを統合することによる平方和の増分 $\triangle S_{pq}$ (これをクラスター間の類似度 S_{pq} とする)がもっとも小さいものを統合する.

　p -クラスターと q -クラスターを統合してできる t -クラスターと,別の r -クラスターを統合したときの平方和の増分 $\triangle S_{tr}$ は,

$$\triangle S_{tr} = \dfrac{n_t n_r}{n_t + n_r} \sum_{i=1}^{m} (\bar{x}_{it.} - \bar{x}_{ir.})^2$$

$$= \frac{1}{n_t+n_r}[(n_p+n_r)\triangle S_{pr}+(n_q+n_r)\triangle S_{qr}-n_r\triangle S_{pq}]$$

となるから，$p-$クラスター，$q-$クラスターを統合して $t-$クラスターをつくるとき，$t-$クラスターと他のクラスターとの類似度は

$$(9) \qquad s_{tr}=\frac{n_p+n_r}{n_t+n_r}s_{pr}+\frac{n_q+n_r}{n_t+n_r}s_{qr}-\frac{n_r}{n_t+n_r}s_{pq}$$

のように表される．ここに $n_t=n_p+n_q$ である．

すべてのクラスターが各々1つずつの対象からなるときには，(8)より $\triangle S$ は対象間のユークリッドの平方距離の1/2 となる．したがって，対象間の類似度をユークリッドの平方距離の1/2 により定義し，クラスターを逐次統合する毎に(9)により類似度を更新すればよいわけであるが，簡単のため，類似度としてユークリッドの平方距離を用い，クラスターの統合とクラスター間の類似度の更新を(9)式で行った後，統合されたクラスター間の類似度の1/2を平方和の増分とみなしてもよい．

例2． 例1のデータに対して類似度としてユークリッドの平方距離を用いて重心法を適用してみよう．

ステップ1． 7つの対象の間のユークリッドの平方距離を求めると次のようになる．

	②	③	④	⑤	⑥	⑦
①	5	2	20	25	36	40
②		5	25	26	17	25
③			10	13	26	26
④				1	32	20
⑤					25	13
⑥						4

距離のもっとも近いのは④と⑤の対であるから，次のステップでこれらを統合する．

ステップ2． ④と⑤を統合して改めて④と名づけることにする．類似度（距

離）の更新の公式(5)を用いて，$p=4$, $q=5$ とおき

$$s_{tr} = \frac{1}{2} s_{4r} + \frac{1}{2} s_{5r} - \frac{1}{4} s_{45}$$

により，新しいクラスターと他のクラスターとの距離を計算すると，次の表が得られる．

		②	③	(2) ④	⑥	⑦
	①	5	2	22.25	36	40
	②		5	25.25	17	25
	③			11.25	26	26
(2)	④				28.25	16.25
	⑥					4

この表で距離のもっとも近いのは①と③の対であるから，次のステップでこれらを統合する．ただし，表中の( )内はクラスター内の対象の個数，何も書いてないものは1とする．

　ステップ3．①と③を統合して改めて①と名づける．更新の公式(5)を用いて $p=1$, $q=3$ とおき

$$s_{tr} = \frac{1}{2} s_{1r} + \frac{1}{2} s_{3r} - \frac{1}{4} s_{13}$$

により，距離を更新すると次のようになる．

		②	(2) ④	⑥	⑦
(2)	①	4.5	16.25	30.5	32.5
	②		25.25	17	25
(2)	④			28.25	16.25
	⑥				4

この表で距離のもっとも近いのは⑥と⑦の対であるから，次のステップでこれらを統合する．

　ステップ4．⑥と⑦を統合して⑥と名づける．更新の公式(5)を用いて $p=6$, $q=7$, とおくと

$$s_{tr} = \frac{1}{2} s_{6r} + \frac{1}{2} s_{7r} - \frac{1}{4} s_{67}$$

により距離を更新する.

		②	(2)④	(2)⑥
(2)	①	4.5	16.25	30.5
	②		25.25	20
(2)	④			21.25

この表で距離のもっとも近いのは①と②. そこで次のステップでこれらを統合する.

　ステップ5. ①と②を統合して, 改めて①と名づけることにする. 更新の公式(5)で $p=1$, $q=2$ とおくと ($n_p=2$, $n_q=1$ だから)

$$s_{tr} = \frac{2}{3} s_{1r} + \frac{1}{3} s_{2r} - \frac{2}{9} s_{12}$$

となり, これにより距離を更新すると次の表が得られる.

		(2)④	(2)⑥
(3)	①	18.25	26
(2)	④		21.25

距離のもっとも近いのは①と④だから, 次のステップで統合する.

　ステップ6. ① (この中には対象①, ②, ③が含まれている) と④ (この中には④と⑤が含まれている) を統合して①と名づける. 更新の公式(5)で $p=1$, $q=4$ ($n_p=3$, $n_q=2$) とおくと

$$s_{tr} = \frac{3}{5} s_{1r} + \frac{2}{5} s_{4r} - \frac{6}{25} s_{14}$$

となり, これにより距離を更新すると次のようになる.

		(2)⑥
①	(5)	19.72

上の統合のプロセスをまとめると次のような樹形図が得られる.

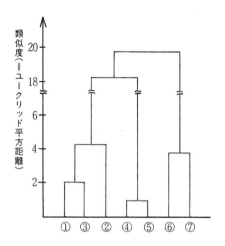

図3　表1の7つのデータの重心法による樹形図

　例3.　6章の表6に示した中学生20人の成績のデータに対して,ウォード
法を適用すると図4のような樹形図が得られる.

　この樹形図を高さ50のところで切ったときできる3つのクラスターをI,
II,IIIとする.各クラスターがどのような生徒の集まりになっているかをみ
るため,6章の顔形グラフを描いてみると次のようになる.ただし,

$$x_1 \rightarrow X_8 \ (-5 \sim 4.50) \qquad x_4 \rightarrow X_{12} \ (0.3 \sim 0.7)$$

$$x_2 \rightarrow X_5 \ (0.2 \sim 0.8) \qquad x_5 \rightarrow X_{14} \ (0.3 \sim 0.9)$$

$$x_3 \rightarrow X_4 \ (0.2 \sim 0.8)$$

とした.

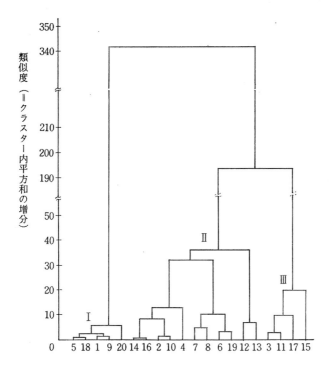

図4　表6のデータに対する樹形図（ウォード法）

クラスターI：

クラスターII：

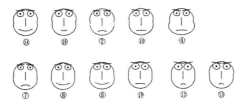

クラスター Ⅲ:

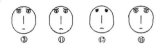

③　　⑪　　⑰　　⑲

各クラスター内では似た顔が集まっており，よくクラスター分類されている
ことがわかる.

～～～～～～～～～～～～～～～～～～～～～～～～～～～～～～～～～～

問題 A

7.1　最短距離法，最長距離法，群平均法，ウォード法において，各段階で統合
されるクラスター間の類似度が単調に増加することを示せ.

問題 B

7.2　表1の7つのデータに対してウォード法を適用して樹形図を求めよ. ただ
し，対象間の類似度としてはユークリッドの平方距離を用いよ.

問 題 解 答

<第1章>

問題A

1.1
$$\frac{\partial F}{\partial a_0} = -2\sum_{i=1}^{n}\{y_i-(a_0+a_1x_i)\} = 0 \qquad ①$$

$$\frac{\partial F}{\partial a_1} = -2\sum_{i=1}^{n}\{y_i-(a_0+a_1x_i)\}x_i = 0 \qquad ②$$

①より　$\displaystyle\sum_{i=1}^{n}y_i-a_0n-a_1\sum_{i=1}^{n}x_i = 0$

両辺を n で割ると，$a_0=\bar{y}-a_1\bar{x}$ を得る.
a_0 を①，②に代入すると次式を得る.

$$\sum_{i=1}^{n}\{(y_i-\bar{y})-a_1(x_i-\bar{x})\} = 0 \qquad ③$$

$$\sum_{i=1}^{n}\{(y_i-\bar{y})-a_1(x_i-\bar{x})\}x_i = 0 \qquad ④$$

$\{④-③\times\bar{x}\}\times\dfrac{1}{n}$ を計算すると

$$\frac{1}{n}\sum_{i=1}^{n}(x_i-\bar{x})(y_i-\bar{y})-a_1\times\frac{1}{n}\sum_{i=1}^{n}(x_i-\bar{x})^2 = 0$$

となり，結局 $F(a_0, a_1)$ を最小にする解として

$$\hat{a}_1 = \frac{s_{xy}}{s_{xx}}, \qquad \hat{a}_0 = \bar{y}-\frac{s_{xy}}{s_{xx}}\bar{x}$$

を得る.

1.2
$$s_e^2 = \frac{n}{n-2}\cdot\frac{1}{n}\sum_{i=1}^{n}\left\{(y_i-\bar{y})-\frac{s_{xy}}{s_{xx}}(x_i-\bar{x})\right\}^2$$

$$= \frac{n}{n-2}\cdot\frac{1}{n}\left[\sum_{i=1}^{n}(y_i-\bar{y})^2-\frac{2s_{xy}}{s_{xx}}\sum_{i=1}^{n}(x_i-\bar{x})(y_i-\bar{y})\right.$$

$$\left.+\frac{s_{xy}^2}{s_{xx}^2}\sum_{i=1}^{n}(x_i-\bar{x})^2\right]$$

$$= \frac{n}{n-2} \left\{ s_{yy} - \frac{2s_{xy}}{s_{xx}} s_{xy} + \frac{s_{xy}^2}{s_{xx}^2} s_{xx} \right\}$$

$$= \frac{n}{n-2} \left(s_{yy} - \frac{s_{xy}^2}{s_{xx}} \right)$$

$$= \frac{n}{n-2} s_{yy}(1 - r_{xy}^2)$$

1.3 $F(a, , a_1, ..., a_p)$ を $a, a_1, ..., a_p$ でそれぞれ偏微分すると

$$\begin{cases} \dfrac{\partial F}{\partial a_0} = -2 \sum_{i=1}^{n} \{y_i - (a_0 + a_1 x_{1i} + \cdots + a_p x_{pi})\} = 0 \\[2mm] \dfrac{\partial F}{\partial a_1} = -2 \sum_{i=1}^{n} \{y_i - (a_0 + a_1 x_{1i} + \cdots + a_p x_{pi})\} x_{1i} = 0 \\[2mm] \quad\vdots \\[2mm] \dfrac{\partial F}{\partial a_p} = -2 \sum_{i=1}^{n} \{y_i - (a_0 + a_1 x_{1i} + \cdots + a_p x_{pi})\} x_{pi} = 0 \end{cases}$$

となり，この式を整理すると次の連立方程式を得る．

$$\begin{cases} n a_0 + \left(\sum_{i=1}^{n} x_{1i} \right) a_1 + \cdots + \left(\sum_{i=1}^{n} x_{pi} \right) a_p = \sum_{i=1}^{n} y_i \\[3mm] \left(\sum_{i=1}^{n} x_{1i} \right) a_0 + \left(\sum_{i=1}^{n} x_{1i}^2 \right) a_1 + \cdots + \left(\sum_{i=1}^{n} x_{pi} x_{1i} \right) a_p = \sum_{i=1}^{n} y_i x_{1i} \quad ⑤ \\[3mm] \quad\vdots \\[3mm] \left(\sum_{i=1}^{n} x_{pi} \right) a_0 + \left(\sum_{i=1}^{n} x_{1i} x_{pi} \right) a_1 + \cdots + \left(\sum_{i=1}^{n} x_{pi}^2 \right) a_p = \sum_{i=1}^{n} y_i x_{pi} \end{cases}$$

この式は未知の定数 $a_0, a_1, ..., a_p$ の連立方程式であって通常**正規方程式**(normal equation)と呼ばれている．これは連立1次方程式であるから，クラーメルの公式を用いると $\hat{a}_i$ は(15)式のようになる．

1.4 (11)式は $\boldsymbol{y} = X\boldsymbol{a} + \boldsymbol{e}$ と書け，(14)式は

$$F(a_0, a_1, ..., a_p) = (\boldsymbol{y} - X\boldsymbol{a})'(\boldsymbol{y} - X\boldsymbol{a})$$

となる．ただしダッシュは転置行列を表す．

$$\frac{\partial F}{\partial \boldsymbol{a}} = -2\,X'(\boldsymbol{y}-X\boldsymbol{a}) = 0$$

$$X'(\boldsymbol{y}-X\boldsymbol{a}) = 0$$

$$X'\boldsymbol{y} = (X'X)\boldsymbol{a}$$

したがって，求める解 $\hat{\boldsymbol{a}}$ は

$$\hat{\boldsymbol{a}} = (X'X)^{-1}X\boldsymbol{y} = \begin{pmatrix} \hat{a}_0 \\ \hat{a}_1 \\ \vdots \\ \hat{a}_p \end{pmatrix} \qquad ⑥$$

のように求まる.

$$X'\boldsymbol{y} = \begin{pmatrix} \sum y_i \\ \sum y_i x_{1i} \\ \vdots \\ \sum y_i x_{pi} \end{pmatrix}$$

$$X'X = \begin{pmatrix} n & \sum x_{1i} & \sum x_{2i} & \cdots & \sum x_{pi} \\ \sum x_{1i} & \sum x_{1i}^2 & \sum x_{2i} x_{1i} & \cdots & \sum x_{pi} x_{1i} \\ \cdots\cdots\cdots\cdots\cdots\cdots\cdots\cdots\cdots\cdots\cdots \\ \sum x_{pi} & \sum x_{1i} x_{pi} & \sum x_{2i} x_{pi} & \cdots & \sum x_{pi}^2 \end{pmatrix}$$

と逆行列の定義から⑥の $\hat{\boldsymbol{a}}$ の要素 $\hat{a}_j (j=0, 1, 2, ..., p)$は(15)式で表される $\hat{a}_j$ と一致することがわかる.

行列を用いて表す利点は簡潔に書けることで多変量統計解析では行列表示が重要となる.

1.5 (25)式の分子は

$$\bar{y} = \frac{1}{n}\sum_{i=1}^{n} y_i = \frac{1}{n}\sum_{i=1}^{n} Y_i + \frac{1}{n}\sum_{i=1}^{n} e_i = \frac{1}{n}\sum_{i=1}^{n} Y_i = \bar{Y}$$

より

$$s_{yY} = \frac{1}{n}\sum_{i=1}^{n} (y_i-\bar{y})(Y_i-\bar{Y})$$

$$= \frac{1}{n} \sum_{i=1}^{n} (y_i - Y_i + Y_i - \bar{Y})(Y_i - \bar{Y})$$

$$= \underbrace{\left(\frac{1}{n} \sum_{i=1}^{n} e_i (Y_i - \bar{Y}) \right)}_{(*)} \overset{\overset{0}{\|}}{} + \frac{1}{n} \sum_{i=1}^{n} (Y_i - \bar{Y})^2$$

$$= \frac{1}{n} \sum_{i=1}^{n} (Y_i - \bar{Y})^2 = s_{YY} \geqq 0 \qquad \qquad ⑦$$

$$s_{yy} = \frac{1}{n} \sum_{i=1}^{n} (y_i - \bar{y})^2 = \frac{1}{n} \sum_{i=1}^{n} (y_i - Y_i + Y_i - \bar{Y})^2$$

$$= \frac{1}{n} \sum_{i=1}^{n} (y_i - Y_i)^2 + \underbrace{\left(\frac{2}{n} \sum_{i=1}^{n} e_i (Y_i - \bar{Y}) \right)}_{(*)} \overset{\overset{0}{\|}}{} + \frac{1}{n} \sum_{i=1}^{n} (Y_i - \bar{Y})^2$$

$$= \frac{1}{n} \sum_{i=1}^{n} (y_i - Y_i)^2 + s_{YY} \qquad \qquad ⑧$$

⑦式と⑧式より次式を得る.

$$\frac{1}{n} \sum_{i=1}^{n} (y_i - Y_i)^2 = s_{yy} - s_{YY} = s_{yy} \left(1 - \frac{s_{YY}}{s_{yy}} \right) = s_{yy} \left(1 - \frac{s_{YY}^2}{s_{yy} s_{YY}} \right)$$

$$= s_{yy} \left\{ 1 - \left(\frac{s_{yY}}{\sqrt{s_{yy} s_{YY}}} \right)^2 \right\} = s_{yy} (1 - r_{y.12...p}^2) \geqq 0 \quad ⑨$$

よって㉖式を得る.

$$(*) \qquad \sum_{i=1}^{n} e_i (Y_i - \bar{Y}) = \sum_{i=1}^{n} e_i Y_i - \left(\bar{Y} \overset{\overset{0}{\|}}{\underbrace{\sum_{i=1}^{n} e_i}} \right)$$

$$= \sum_{i=1}^{n} e_i (\hat{a}_0 + \hat{a}_1 x_{1i} + \cdots + \hat{a}_p x_{pi}) = 0$$

$$\begin{cases} \sum e_i = 0 \\ \sum e_i x_{1i} = 0 \\ \quad \vdots \\ \sum e_i x_{pi} = 0 \end{cases}$$

．．6　$s_{yY} = \dfrac{1}{n} \displaystyle\sum_{i=1}^{n} (y_i - \bar{y})(Y_i - \bar{Y})$

$$= \dfrac{1}{n} \sum_{i=1}^{n} (y_i - \bar{y})(\hat{a}_1(x_{1i} - \bar{x}_1) + \hat{a}_2(x_{2i} - \bar{x}_2) + \cdots\cdots$$

$$+ \hat{a}_p(x_{pi} - \bar{x}_p) + \bar{y} - \bar{Y})$$

$$= \hat{a}_1 s_{y1} + \hat{a}_2 s_{y2} + \cdots + \hat{a}_p s_{yp}$$

$$= -s_{y1} \dfrac{S_{12}}{S_{11}} - s_{y2} \dfrac{S_{13}}{S_{11}} - \cdots\cdots - s_{yp} \dfrac{S_{1,p+1}}{S_{11}}$$

$$= s_{yy} - \dfrac{S}{S_{11}}$$

$$s_{YY} = \dfrac{1}{n} \sum_{i=1}^{n} (\hat{a}_1(x_{1i} - \bar{x}_1) + \cdots + \hat{a}_p(x_{pi} - \bar{x}_p))^2$$

$$= \sum_{j=1}^{p} \sum_{l=1}^{p} \hat{a}_j \hat{a}_l s_{jl} = \sum_{j=1}^{p} \hat{a}_j s_{yj} = s_{yY}$$

$$\therefore \quad r_{y\cdot 12\ldots p} = \dfrac{s_{yy} - \dfrac{S}{S_{11}}}{\sqrt{s_{yy}\left(s_{yy} - \dfrac{S}{S_{11}}\right)}} = \sqrt{1 - \dfrac{S}{s_{yy} S_{11}}}$$

1．7　(31)式において

$$s_{uu} = \dfrac{1}{n} \sum_{i=1}^{n} (u_i - \bar{u})^2$$

$$= \dfrac{1}{n} \sum_{i=1}^{n} \{(y_i - \bar{y}) - (\hat{c}_2(x_{2i} - \bar{x}_2) - \hat{c}_3(x_{3i} - \bar{x}_3) - \cdots\cdots$$

$$- \hat{c}_p(x_{pi} - \bar{x}_p)\}^2$$

$$= s_{yy} - 2 \sum_{j=2}^{p} \hat{c}_j s_{yj} + \sum_{i=2}^{p} \hat{c}_i \sum_{j=2}^{p} \hat{c}_j s_{ij}$$

$$
= s_{yy} + \frac{2}{S_{22.11}} \overbrace{(s_{yy}S_{22,11} + s_{y2}S_{22,13} + \cdots + s_{yp}S_{22,1(p+1)}}^{S_{22}}
$$

$$
- s_{yy}S_{22,11})
$$

$$
+ \sum_{i=2}^{p} \hat{c}_i (-s_{iy} + \hat{c}_2 s_{i2} + \cdots + \hat{c}_p s_{ip} + s_{iy})
$$

$$
= s_{yy} + \frac{2S_{22}}{S_{22,11}} - 2s_{yy} \cdot \frac{S_{22}}{S_{22,11}} + s_{yy} = \frac{S_{22}}{S_{22,11}}
$$

同様に

$$
s_{vv} = \frac{S_{11}}{S_{11,22}}
$$

$$
s_{uv} = \frac{1}{n} \sum_{i=1}^{n} (u_i - \bar{u})(v_i - \bar{v})
$$

$$
= s_{y1} - \sum_{j=2}^{p} \hat{d}_j s_{yj} - \sum_{j=2}^{p} \hat{c}_j s_{1j} + \sum_{i=2}^{p} \hat{c}_i \sum_{j=2}^{p} \hat{d}_j s_{ij}
$$

$$
= -\frac{S_{12}}{S_{22,11}}
$$

$S_{11,22} = S_{22,11}$ であるから次式が求まる.

$$
r_{y1 \cdot 23 \ldots p} = \frac{-\dfrac{S_{12}}{S_{22,11}}}{\sqrt{\dfrac{S_{22}}{S_{22,11}} \cdot \dfrac{S_{11}}{S_{11,22}}}} = -\frac{S_{12}}{\sqrt{S_{11}S_{22}}}
$$

1.8 (60)より

$$
E(\hat{a}_j) = \sum_{l=1}^{p} s^{jl} \cdot \frac{1}{n} \sum_{i=1}^{n} (x_{li} - \bar{x}_l) E(y_i)
$$

$$
= \sum_{l} s^{jl} \cdot \frac{1}{n} \sum_{i} (x_{li} - \bar{x}_l)(a_0 + a_1 x_{1i} + \cdots + a_p x_{pi})
$$

$$
= \sum_{l} s^{jl} \{ s_{l1}a_1 + s_{l2}a_2 + \cdots + s_{lp}a_p \}
$$

$$= a_j \quad (\because \sum_l s^{jl}s_{lj'} = \delta_{jj'}, \; \text{ただし},$$

$$\delta_{jj'} = 1 (j = j'), \; = 0 (j \neq j'))$$

$$E(\hat{a}_0) = E\{\bar{y} - \hat{a}_1 \bar{x}_1 - \cdots - \hat{a}_p \bar{x}_p\}$$

$$= E(\bar{y}) - a_1 \bar{x}_1 - \cdots - a_p \bar{x}_p$$

$$= a_0 + a_1 \bar{x}_1 + \cdots + a_p \bar{x}_p - a_1 \bar{x}_1 - \cdots - a_p \bar{x}_p = a_0$$

$$\mathrm{Cov}(\hat{a}_j, \hat{a}_{j'}) = \left\{ E(\hat{a}_j - E(\hat{a}_j))(\hat{a}_{j'} - E(\hat{a}_{j'})) \right\}$$

$$= E\left\{ \sum_{l=1}^{p} s^{jl} \frac{1}{n} \sum_{i=1}^{n} (x_{li} - \bar{x}_l)(y_i - E(y_i)) \right.$$

$$\left. \times \sum_{l'=1}^{p} s^{j'l'} \frac{1}{n} \sum_{i=1}^{n} (x_{l'i} - \bar{x}_{l'})(y_{i'} - E(y_{i'})) \right\}$$

$$= \sum_{l=1}^{p} \sum_{l'=1}^{p} s^{jl} s^{j'l'} \frac{1}{n^2} \sum_{i=1}^{n} (x_{li} - \bar{x}_l)(x_{l'i} - \bar{x}_{l'}) \sigma^2$$

$$(\because E\left\{ (y_i - E(y_i))(y_{i'} - E(y_{i'})) \right\} = E(e_i e_{i'}) = \sigma^2 \delta_{ii'})$$

$$= \frac{1}{n} \sum_{l=1}^{p} \sum_{l'=1}^{p} s^{jl} s^{j'l'} s_{l'l} \sigma^2$$

$$= \frac{1}{n} \sum_{l=1}^{p} s^{jl} \delta_{j'l} \sigma^2 = \frac{1}{n} s^{jj'} \sigma^2$$

とくに $j = j'$ のとき　$V(\hat{a}_j) = \dfrac{1}{n} s^{jj} \sigma^2$

$$V(\hat{a}_0) = V(\bar{y} - \hat{a}_1 \bar{x}_1 - \cdots - \hat{a}_p \bar{x}_p)$$

$$= V(\bar{y}) + \sum_j \sum_{j'} \bar{x}_j \bar{x}_{j'} \mathrm{Cov}(\hat{a}_j, \hat{a}_{j'})$$

$$- 2 \sum_j \bar{x}_j \mathrm{Cov}(\bar{y}, \hat{a}_j)$$

$$= \frac{1}{n} \sigma^2 + \frac{1}{n} \sum_j \sum_{j'} \bar{x}_j \bar{x}_{j'} s^{jj'} \sigma^2$$

$$\left(\because \mathrm{Cov}(\bar{y}, \hat{a}_j) = \frac{1}{n} \sum_{j'} s^{jj'} \sum_i (x_{j'i} - \bar{x}_{j'}) \frac{1}{n} E\left\{ (y_i - E(y_i))^2 \right\} = 0 \right)$$

$$\text{Cov}(\hat{a}_0, \hat{a}_j) = \text{Cov}(\overline{y} - \hat{a}_1\overline{x}_1 - \cdots - \hat{a}_p\overline{x}_p, \hat{a}_j)$$

$$= \text{Cov}(\overline{y}, \hat{a}_j) - \sum_l \overline{x}_l \text{Cov}(\hat{a}_l, \hat{a}_j)$$

$$= -\frac{1}{n}\sum_{l=1}^{p}\overline{x}_l s^{jl}\sigma^2$$

1.9

$$F(\hat{a}) = \sum_{i=1}^{n}\{y_i - (\hat{a}_0 + \hat{a}_1 x_{1i} + \cdots + \hat{a}_p x_{pi})\}^2$$

$$= \sum_{i=1}^{n}\{(a_0 - \hat{a}_0) + (a_1 - \hat{a}_1)x_{1i} + \cdots + (a_p - \hat{a}_p)x_{pi}\}^2$$

と変形し, (43)と同様な手続で導くことができる. しかし, ここでは行列演算を用いて証明しておく. 行列を用いることにより, 計算がかなり簡単になることが理解できよう. 問題**A1.4**の記号を使うと

$$F(\hat{a}) = (\boldsymbol{y} - X\hat{\boldsymbol{a}})'(\boldsymbol{y} - X\hat{\boldsymbol{a}}) = \boldsymbol{y}'\boldsymbol{y} - \hat{\boldsymbol{a}}'X'X\hat{\boldsymbol{a}}$$

$$= \boldsymbol{y}'\boldsymbol{y} - \boldsymbol{y}'X(X'X)^{-1}X'\boldsymbol{y}$$

$$= \boldsymbol{y}'\{I - X(X'X)^{-1}X'\}\boldsymbol{y}$$

と表すことができる. 従って

$$E(F(\hat{a})) = E[\boldsymbol{y}'(I - X(X'X)^{-1}X')\boldsymbol{y}]$$

$$= \text{tr}\,E[(I - X(X'X)^{-1}X')\boldsymbol{y}\boldsymbol{y}'] \quad \because \text{tr}(AB) = \text{tr}(BA)$$

$$\downarrow \quad \because E(\boldsymbol{y}\boldsymbol{y}') = E\{(X\boldsymbol{a} + \boldsymbol{e})(X\boldsymbol{a} + \boldsymbol{e})'\}$$

$$= X\boldsymbol{a}\boldsymbol{a}'X' + E(\boldsymbol{e}\boldsymbol{e}')$$

$$= \text{tr}[(I - X(X'X)^{-1}X')(\sigma^2 I + X\boldsymbol{a}\boldsymbol{a}'X')]$$

$$\downarrow \quad \because (I - X(X'X)^{-1}X')X\boldsymbol{a}\boldsymbol{a}'X'$$

$$= X\boldsymbol{a}\boldsymbol{a}'X' - X(X'X)^{-1}X'X\boldsymbol{a}\boldsymbol{a}'X' = 0$$

$$= \sigma^2\{\text{tr}\,I - \text{tr}(X(X'X)^{-1}X')\}$$

$$= \sigma^2\{\underset{n \times n}{\text{tr}\,I} - \underset{(p+1)\times(p+1)}{\text{tr}(X'X)^{-1}X'X}\} = \sigma^2(n - p - 1)$$

$$\therefore E(V_e) = E\left(\frac{F(\hat{a})}{n - p - 1}\right) = \sigma^2$$

1.10

$$\sum_{i=1}^{n}(y_i-\bar{y})^2 = \sum_{i=1}^{n}(y_i-Y_i+Y_i-\bar{Y})^2 \quad (\text{問題 A1.5の解より } \bar{y}=\bar{Y})$$

$$= \sum_{i=1}^{n}(y_i-Y_i)^2+\sum_{i=1}^{n}(Y_i-\bar{Y})^2+2\sum_{i=1}^{n}(y_i-Y_i)(Y_i-\bar{Y})$$

$$\sum_{i=1}^{n}(y_i-Y_i)(Y_i-\bar{Y})$$

$$= \sum_{i=1}^{n}\{(y_i-\bar{y})-\hat{a}_1(x_{1i}-\bar{x}_1)-\cdots-\hat{a}_p(x_{pi}-\bar{x}_p)\}\{\hat{a}_1x_{1i}+\cdots+\hat{a}_px_{pi}-\bar{Y}\}$$

$$= 0 \quad (\S 5 \text{の(19)の各式より})$$

従って, 次のように変動の分解ができる.

$$\sum_{i=1}^{n}(y_i-\bar{y})^2 = \sum_{i=1}^{n}(y_i-Y_i)^2+\sum_{i=1}^{n}(Y_i-\bar{Y})^2$$

また

$$r^2{}_{y\cdot 12\cdots p} = \frac{(s_{yY})^2}{s_{yy}s_{YY}} = \frac{(s_{YY})^2}{s_{yy}s_{YY}} \quad (\text{⑦より})$$

$$= \frac{s_{YY}}{s_{yy}} = \frac{\sum_{i=1}^{n}(Y_i-\bar{Y})^2}{\sum_{i=1}^{n}(y_i-\bar{y})^2} = R^2$$

問題 B

1.11 y の x への回帰直線

$$y=74.3+0.942x$$

1.12 $r_{xy}=0.561$

1.13 (1) y の x への回帰直線, $y=44.2-0.0148x$

相関係数, $r_{xy}=-0.908$

(2) y の X への回帰直線, $y=69.3-12.5X$

相関係数, $r_{Xy}=-0.987$

1.14 (20) の連立方程式

$$
\begin{cases}
417.1a_1 + 428.7a_2 + 282.6a_3 = 404.3 \\
428.7a_1 + 668.4a_2 + 442.5a_3 = 591.8 \\
282.6a_1 + 442.5a_2 + 480.1a_3 = 435.5
\end{cases}
$$

(23)式, (28)式より

重 回 帰 式：$y = -1.95 + 0.176x_1 + 0.617x_2 + 0.235x_3$

重相関係数：$r_{y\cdot123} = 0.974$

1.15 (28) 式より

$$
重相関係数：r_{y\cdot123} = 0.832
$$

これらの結果は，重相関係数の値がかなり 1 に近いので 3 つの説明変数でもって目的変数を比較的よく説明していることが伺える．したがって重回帰式による予測値と与えられた目的変数 y の値の差（予測誤差）も小さいことがわかる．

1.16 a_1 の95％信頼限界：(48)より

$$
a_1 \pm t_{0.05}(n-2)\sqrt{V_e/(ns_{xx})}
$$
$$
= 0.4616 \pm 2.306\sqrt{5.504/(10 \times 475.3)}
$$
$$
= 0.4616 \pm 0.0785
$$

a_1 の95％信頼区間は $0.3831 \leq a_1 \leq 0.5401$.

a_0 の95％信頼限界：(49)より

$$
\hat{a}_0 \pm t_{0.05}(n-2)\sqrt{V_e\left(\frac{1}{n} + \frac{\overline{x}^2}{ns_{xx}}\right)}
$$
$$
= 0.8489 \pm 2.306\sqrt{5.504\left(\frac{1}{10} + \frac{(52.1)^2}{10 \times 475.3}\right)}
$$
$$
= 0.8489 \pm 4.4319
$$

a_0 の95％信頼区間は $-3.5830 \leq a_0 \leq 5.2808$.

$x = 100$ のときの予測値は

$$
Y_0 = \hat{a}_0 + \hat{a}_1x_0 = 0.8489 + 0.4616 \times 100 = 47.01
$$

$x=100$ に対する $E(y)$ の95%信頼限界：(56)より

$$Y_0 \pm t_{0.05}(n-2)\sqrt{\left\{\frac{1}{n}+\frac{(x_0-\bar{x})^2}{ns_{xx}}\right\}V_e}$$

$$= 47.01 \pm 2.306\sqrt{\left\{\frac{1}{10}+\frac{(100-52.1)^2}{10\times475.3}\right\}\times5.504}$$

$$= 47.01 \pm 4.13$$

$E(y)$ の95%信頼区間は $42.88 \leq E(y) \leq 51.14$.

世帯数 $x=100$ に対するゴミの排出量の期待値 $E(y)$ は最小 42.88, 最大 51.14 と推定される.

$x=100$ に対する y の95%信頼限界：(58)より

$$Y_0 \pm t_{0.05}(n-2)\sqrt{\left\{1+\frac{1}{n}+\frac{(x_0-\bar{x})^2}{ns_{xx}}\right\}V_e}$$

$$= 47.01 \pm 2.306\sqrt{\left\{1+\frac{1}{10}+\frac{(100-52.1)^2}{10\times475.3}\right\}\times5.504}$$

$$= 47.01 \pm 6.81$$

従って，世帯数 $x=100$ のときのゴミ排出量 y は最小40.20，最大53.82と推定（予測）される.

x の各点における $E(y)$, y の95%信頼限界を図示すると次のとおりである.

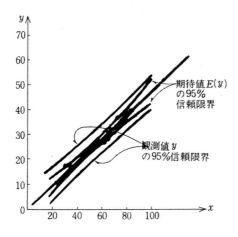

1.17

(i) 検定結果

a_1: $t=0.201/0.184=1.09<t_{0.05}(11)=2.201$

a_2: $t=0.171/0.132=1.30<t_{0.05}(11)=2.201$

a_3: $t=0.125/0.167=0.75<t_{0.05}(11)=2.201$

いずれも危険率5%で有意でない. 例11で回帰は危険率1%で有意になり, 3つの変数 x_1, x_2, x_3 は全体として予測に役立つという結論が得られたが, 特定の x_i が確かに役に立つと言えるためには未だデータが不足ということになる.

(ii) 95%信頼限界

a_1: $0.201\pm2.201\times0.184=0.201\pm0.405$

a_2: $0.171\pm2.201\times0.132=0.171\pm0.291$

a_3: $0.125\pm2.201\times0.167=0.125\pm0.368$

<第2章>

問題A

2.1 固有値 λ_1, λ_2 とそれに対応する固有ベクトル (a_{11}, a_{21}), (a_{12}, a_{22}) は次の関係を満たす.

$$s_{j1}a_{11}+s_{j2}a_{21}=\lambda_1 a_{j1}, \quad j=1, 2 \qquad ①$$

$$s_{j1}a_{12}+s_{j2}a_{22}=\lambda_2 a_{j2}, \quad j=1, 2 \qquad ②$$

①の各式に a_{j2} を掛けて加えた式から, ②の各式に a_{j1} を掛けて加えた式を引くと

$$(\lambda_1-\lambda_2)(a_{11}a_{12}+a_{21}a_{22})=0$$

を得る. 従って, $\lambda_1\neq\lambda_2$ のとき

$$a_{11}a_{12}+a_{21}a_{22}=0$$

がなりたち, ベクトル (a_{11}, a_{21}) と (a_{12}, a_{22}) とは直交することがわかる.

($\lambda_1=\lambda_2$ のときには(10)より $s_{12}=0$, $s_{11}=s_{22}$, $\lambda_1=\lambda_2=s_{11}$ がなりたち, (11)より a_1, a_2 は不定になる. この場合は2変量はいずれも分散が1で互に無相関だから, データの各点は重心 $(\bar{x}_1, \bar{x}_2)$ のまわりに円く分布しており, とくにちらばりの大きい方向がない場合に相当する. この時も互に直交する2つのベクトルを選ぶことができる.)

2.2

$$S = \sum_{i=1}^{n} \overline{P_i H_i}^2$$

$$= \sum_{i=1}^{n} [(x_{1i}-m_1)^2+(x_{2i}-m_2)^2-\{a_1(x_{1i}-m_1)+a_2(x_{2i}-m_2)\}^2] \quad \text{③}$$

まず $m_j(j=1, 2)$ に関して偏微分してゼロとおくと

$$-n(\bar{x}_j-m_j)+a_j\sum_{i=1}^{n}\{a_1(x_{1i}-m_1)+a_2(x_{2i}-m_2)\} = 0,$$

$$j=1, 2$$

これより $\qquad (\bar{x}_1-m_1)/a_1=(\bar{x}_2-m_2)/a_2=\text{const.}$

従って，直線 l は重心 $(\bar{x}_1,\ \bar{x}_2)$ を通る．そこで，一般性を失うことなく $m_1=\bar{x}_1$，$m_2=\bar{x}_2$ とおくことができ，これを③に代入すると

$$S = \sum_{i=1}^{n} [(x_{1i}-\bar{x}_1)^2+(x_{2i}-\bar{x}_2)^2-\{a_1(x_{1i}-\bar{x}_1)^2+a_2(x_{2i}-\bar{x}_2)\}^2]$$

これを最小化することは

$$S' = \sum_{i=1}^{n} \{a_1(x_{1i}-\bar{x}_1)+a_2(x_{2i}-\bar{x}_2)\}^2$$

$$= n(a_1^2 s_{11}+2a_1 a_2 s_{12}+a_2^2 s_{22})$$

を最大化することに対応する．

2.3　合成変量は第1，2主成分と無相関であることから，第2主成分を考えたときと同様にして

$$\sum_{j=1}^{p} a_j a_{j1} = 0 \cdots \text{④} \qquad \sum_{j=1}^{p} a_j a_{j2} = 0 \cdots \text{⑤}$$

を得る．従って，(42)と④，⑤の制約条件のもとで，(41)の分散を最大にする問題になる．Lagrange の未定乗数 λ, ν_1, ν_2 を用いると，

$$F(a_1, \cdots, a_p, \lambda, \nu_1, \nu_2)$$

$$\equiv \sum_{j=1}^{p}\sum_{k=1}^{p} s_{jk}a_j a_k - \lambda(\sum_{j=1}^{p} a_j^2-1)-2\nu_1(\sum_{j=1}^{p} a_j a_{j1})-2\nu_2(\sum_{j=1}^{p} a_j a_{j2})$$

を最大化する問題に変形される．各 a_j で偏微分してゼロとおくと

$$\frac{1}{2}\frac{\partial F}{\partial a_j}=\sum_{k=1}^{p}s_{jk}a_k-\lambda a_j-\nu_1 a_{j1}-\nu_2 a_{j2}=0 \quad\cdots ⑥$$

各式に a_{j1} を掛けて加えると

$$\sum_{j=1}^{p}\sum_{k=1}^{p}s_{jk}a_k a_{j1}-\lambda\sum_{j=1}^{p}a_j a_{j1}-\nu_1\sum_{j=1}^{p}a_{j1}^2-\nu_2\sum_{j=1}^{p}a_{j1}a_{j2}=0$$

各式に a_{j2} を掛けて加えると

$$\sum_{j=1}^{p}\sum_{k=1}^{p}s_{jk}a_k a_{j2}-\lambda\sum_{j=1}^{p}a_j a_{j2}-\nu_1\sum_{j=1}^{p}a_{j1}a_{j2}-\nu_2\sum_{j=1}^{p}a_{j2}^2=0$$

④，⑤，さらに固有ベクトルが直交すること（cf.問題 **A2.4**の解答）を利用する
と

$$\nu_1=\sum_{j=1}^{p}\sum_{k=1}^{p}s_{jk}a_k a_{j1}=\sum_{k=1}^{p}\lambda_1 a_k a_{k1}=0$$

$$\nu_2=\sum_{j=1}^{p}\sum_{k=1}^{p}s_{jk}a_k a_{j2}=\sum_{k=1}^{p}\lambda_2 a_k a_{k2}=0$$

従って，⑥は固有値問題(44)と一致し，求める第3主成分の係数も(44)を満足することがわかる．第1主成分の導出の場合と同様な議論により，固有値は合成変量の分散を表すことがわかり，また1，2番目に大きい固有値は第1，2主成分ですでに用いられているから，第3主成分には3番目に大きい固有値が利用される．

2.4　第 l, l' 主成分の係数はそれぞれ次を満足する．

$$\sum_{k=1}^{p}s_{jk}a_{kl}=\lambda_l a_{jl},\quad j=1,2,\cdots,p \qquad\cdots ⑦$$

$$\sum_{k=1}^{p}s_{jk}a_{kl'}=\lambda_{l'}a_{jl'},\quad j=1,2,\cdots,p \qquad\cdots ⑧$$

⑦の各式に $a_{jl'}$ を掛けて加えた式から⑧の各式に a_{jl} を掛けて加えた式を引く
と

$$(\lambda_l-\lambda_{l'})\sum_{j=1}^{p}a_{jl}a_{jl'}=0 \qquad\cdots ⑨$$

従って，$\lambda_l\neq\lambda_{l'}$ ならば

$$\sum_{j=1}^{p}a_{jl}a_{jl'}=0 \qquad\cdots ⑨$$

でなければならない．⑨は固有ベクトルが互に直交することを示す．これより，
第 l, l' 主成分の共分散は

$$\mathrm{Cov}(z_l, z_{l'}) = \sum_{j=1}^{p}\sum_{k=1}^{p} s_{jk}a_{jl}a_{kl'} = \sum_{j=1}^{p}\lambda_{l'}a_{jl}a_{jl'} = 0$$

となり，互に無相関になることがわかる．

問題 B

2.5　国語(x_1), 社会(x_2)の平均，分散共分散行列：

$$\bar{x}_1 = 67.13, \quad \bar{x}_2 = 68.65$$

$$V = \begin{pmatrix} 239.94 & 193.70 \\ 193.70 & 360.66 \end{pmatrix}$$

(8)の特性方程式を解いて固有値を求めると $\lambda_1 = 503.19$, $\lambda_2 = 97.41$, これらを(12)に代入して固有ベクトルを求めると

$(a_{11}, a_{21}) = (0.593, 0.805)$, $(a_{12}, a_{22}) = (0.805, -0.593)$

を得る．従って，各主成分は

第1主成分：$z_1 = 0.593x_1 + 0.805x_2$

第2主成分：$z_2 = 0.805x_1 - 0.593x_2$

となり，寄与率はそれぞれ 83.8 %, 16.2 %.

また x_1 の x_2 に対する回帰直線の回帰係数は

$s_{12}/s_{22} = 193.70/360.66 = 0.537$

逆に，x_2 の x_1 に対する回帰直線の回帰係数は

$s_{12}/s_{11} = 193.70/239.94 = 0.803$

相関図の上に第1主成分と上の2つの回帰直線を描くと次の図のようになる（但し，第1主成分軸は重心を通るように描いている）．

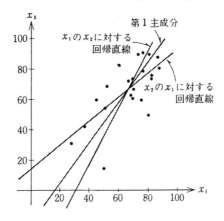

2.6　$\bar{x}_1 = 83.87,$　$\bar{x}_2 = 25.87$
　　　$s_{11} = 278.65,$　$s_{22} = 33.38,$　$r_{12} = 0.7111$
相関行列の固有値・固有ベクトル：
　　　$\lambda_1 = 1.711, (a_{11}, a_{21}) = (0.707, 0.707)$
　　　$\lambda_2 = 0.289, (a_{12}, a_{22}) = (0.707, -0.707)$
第1主成分：$z_1 = 0.707X_1 + 0.707X_2,$ ここに
　$X_1 = (x_1 - 83.87)/16.69,$　$X_2 = (x_1 - 25.87)/5.778.$
この第1主成分ともとの変量との相関は

$$r(z_1, X_1) = \mathrm{Cov}(z_1, X_1)/\sqrt{V(z_1)} = (a_{11} + a_{21}r_{12})/\sqrt{\lambda_1}$$
$$= \sqrt{\lambda_1}\, a_{11} = \sqrt{1.711} \times 0.707 = 0.925$$
$$r(z_1, X_2) = \sqrt{\lambda_1}\, a_{21} = \sqrt{1.711} \times 0.707 = 0.925$$

従って，第1主成分はもとのどちらの変量とも高い相関($r = 0.925$)を持っていることがわかる．

2.7　各変量の平均と標準偏差を求めると

	平均($\bar{x}_i$)	標準偏差($\sqrt{s_{ii}}$)
国語（x_1）	67.13	15.49
社会（x_2）	68.65	18.99
数学（x_3）	72.87	15.47
理科（x_4）	63.30	18.08
英語（x_5）	93.78	5.00

これによると，英語の標準偏差が他に比べて小さく，分散共分散行列を用いた主成分分析では，主成分への寄与が小さくなる．それでは不都合であるから“もとの変量との相関係数の2乗和”を最大にする基準にもとづき，相関行列を用いた主成分分析を行う．相関行列を求めると

$$R = \begin{pmatrix} 1.000 & 0.658 & 0.702 & 0.558 & 0.588 \\ 0.658 & 1.000 & 0.730 & 0.519 & 0.632 \\ 0.702 & 0.730 & 1.000 & 0.584 & 0.686 \\ 0.558 & 0.519 & 0.584 & 1.000 & 0.158 \\ 0.588 & 0.632 & 0.686 & 0.158 & 1.000 \end{pmatrix}$$

例3の場合と同様な手続で固有値・固有ベクトルを求めると，次の表のように
なる．

相関行列 R の固有値・固有ベクトル

主成分＼変量	I	II	III
国語(X_1)	0.470	0.057	0.801
社会(X_2)	0.476	−0.059	−0.570
数学(X_3)	0.498	−0.028	−0.157
理科(X_4)	0.366	0.764	−0.095
英語(X_5)	0.413	−0.640	0.018
固　有　値	3.361	0.847	0.342
寄　与　率	0.672	0.169	0.068
累積寄与率	0.672	0.842	0.910

(第4，5固有値はそれぞれ　0.282, 0.168.)

　主成分の数は $1°$～$2°$ の考え方によれば 1～2 個．第 1 主成分の係数はいず
れも正で 0.4 前後の値であるので，全般的な成績のよさを表す主成分と解釈さ
れる．この主成分だけで，寄与率は 67.2% とかなり大きい．第 2 主成分の係数
をみると，理科に正で，英語に負で絶対値の大きい係数があり，残りの係数は
ゼロに近い．理科の点数がよければ大きく，英語の点数がよければ小さくなる
ので，理科で点をかせぐ型か英語で点をかせぐ型かを表す主成分と解釈される．
この主成分の寄与率は 16.9%，第 1～2 主成分を合わせた累積寄与率は 84.2
% で，2 つの主成分でデータのちらばりの 80% 以上が説明されている．

<第3章>

問題 A

3.1　$D^2 = \boldsymbol{u}' R^{-1} \boldsymbol{u} = (u_1,\ u_2) \begin{pmatrix} \dfrac{1}{1-\rho^2} & \dfrac{-\rho}{1-\rho^2} \\ \dfrac{-\rho}{1-\rho^2} & \dfrac{1}{1-\rho^2} \end{pmatrix} \begin{pmatrix} u_1 \\ u_2 \end{pmatrix}$

$$= \left(\frac{u_1 - u_2\rho}{1-\rho^2}, \; \frac{-u_1\rho+u_2}{1-\rho^2} \right) \binom{u_1}{u_2}$$

$$= \frac{u_1{}^2 + u_2{}^2 - 2\rho u_1 u_2}{1-\rho^2}$$

3.2

$$\sum{}^{-1} = \begin{pmatrix} \dfrac{1}{(1-\rho^2)\sigma_1{}^2} & \dfrac{-\rho}{(1-\rho^2)\sigma_1\sigma_2} \\[3mm] \dfrac{-\rho}{(1-\rho^2)\sigma_1\sigma_2} & \dfrac{1}{(1-\rho^2)\sigma_2{}^2} \end{pmatrix}$$

となるから

$$D^2 = (\boldsymbol{x}-\boldsymbol{\mu})' \sum{}^{-1} (\boldsymbol{x}-\boldsymbol{\mu})$$

$$= \left\{ \frac{(x_1-\mu_1)^2}{\sigma_1{}^2} + \frac{(x_2-\mu_2)^2}{\sigma_2{}^2} - 2\rho \left(\frac{x_1-\mu_1}{\sigma_1} \right) \left(\frac{x_2-\mu_2}{\sigma_2} \right) \right\} / (1-\rho^2)$$

$$= \frac{u_1{}^2 + u_2{}^2 - 2\rho u_1 u_2}{1-\rho^2}$$

3.3 (10式より)

$$D_2{}^2 - D_1{}^2$$

$$= \frac{1}{1-\rho^2} \left\{ \frac{2(\mu_1{}^{(1)}-\mu_1{}^{(2)})(x_1-\bar{\mu}_1)}{\sigma_1{}^2} + \frac{2(\mu_2{}^{(1)}-\mu_2{}^{(2)})(x_2-\bar{\mu}_2)}{\sigma_2{}^2} \right.$$

$$\left. - 2\rho \frac{(x_1-\bar{\mu}_1)(\mu_2{}^{(1)}-\mu_2{}^{(2)}) + (x_2-\bar{\mu}_2)(\mu_1{}^{(1)}-\mu_1{}^{(2)})}{\sigma_1\sigma_2} \right\}$$

$$= \frac{2}{1-\rho^2} \left\{ \left(\frac{\mu_1{}^{(1)}-\mu_1{}^{(2)}}{\sigma_1{}^2} - \rho \frac{\mu_2{}^{(1)}-\mu_2{}^{(2)}}{\sigma_1\sigma_2} \right) (x_1-\bar{\mu}_1) \right.$$

$$\left. + \left(\frac{\mu_2{}^{(1)}-\mu_2{}^{(2)}}{\sigma_2{}^2} - \rho \frac{\mu_1{}^{(1)}-\mu_1{}^{(2)}}{\sigma_1\sigma_2} \right) (x_2-\bar{\mu}_2) \right\}$$

$$= 2\{ a_1(x_1-\bar{\mu}_1) + a_2(x_2-\bar{\mu}_2) \} = 2z$$

3.4

$$D_2{}^2 - D_1{}^2$$

$$= \frac{2}{(1-\rho^2)\sigma_1{}^2} (\mu_1{}^{(1)}-\mu_1{}^{(2)}) - \frac{2\rho}{(1-\rho^2)\sigma_1\sigma_2} (x_1-\bar{\mu}^{(1)})$$

$$+\frac{2}{(1-\rho^2)\sigma_2{}^2}(\mu_2{}^{(1)}-\mu_2{}^{(2)})-\frac{2\rho}{(1-\rho^2)\sigma_1\sigma_2}(x_2-\bar{\mu}^{(2)})$$

$$=2(x_1-\bar{\mu}^{(1)},\ x_2-\bar{\mu}^{(2)})\sum^{-1}\begin{pmatrix}\mu_1{}^{(1)}-\mu_1{}^{(2)}\\\mu_2{}^{(1)}-\mu_2{}^{(2)}\end{pmatrix}$$

$$=2(\boldsymbol{x}-\boldsymbol{\mu})'\sum^{-1}\boldsymbol{d}$$

3.5 合成変量 y の変動を群間と群内の 2 つに分解すると

$$\underbrace{\sum_{j=1}^{2}\sum_{i=1}^{n_j}(y_{ji}-\bar{y}..)^2}_{\text{全変動}S_T}=\sum_{j=1}^{2}\sum_{i=1}^{n_j}\{(\bar{y}_{j.}-\bar{y}..)+(y_{ji}-\bar{y}_{j.})\}^2$$

$$=\underbrace{\sum_{j=1}^{2}n_j(\bar{y}_{j.}-\bar{y}..)^2}_{\text{群間変動}S_B}+\underbrace{\sum_{j=1}^{2}\sum_{i=1}^{n_j}(y_{ji}-\bar{y}_{j.})^2}_{\text{群内変動}S_W} \quad ①$$

相関比 $\eta^2=S_B/S_T$ を最大にすることと群間変動と群内変動の比 $\lambda=S_B/S_W$ を最大にすることは同じことであるから，後者で考えることにする．

$$S_B=n_1(\bar{y}_1.-\bar{y}..)^2+n_2(\bar{y}_2.-\bar{y}..)^2$$

$$=\frac{n_1n_2}{n_1+n_2}(\bar{y}_1.-\bar{y}_2.)^2$$

$$=\frac{n_1n_2}{n_1+n_2}\Big\{\sum_{l=1}^{p}a_l\bar{x}_{l.}^{(1)}-\sum_{l=1}^{p}a_l\bar{x}_{l.}^{(2)}\Big\}^2$$

$$=\frac{n_1n_2}{n_1+n_2}\sum_{l=1}^{p}\sum_{l'=1}^{p}a_la_{l'}(\bar{x}_{l.}^{(1)}-\bar{x}_{l.}^{(2)})(\bar{x}_{l'.}^{(1)}-\bar{x}_{l'.}^{(2)}) \quad ②$$

$$S_W=\sum_{j=1}^{2}\sum_{i=1}^{n_j}(y_{ji}-\bar{y}_{j.})^2$$

$$=\sum_{j=1}^{2}\sum_{i=1}^{n_j}\Big\{\sum_{l=1}^{p}a_lx_{li}^{(j)}-\sum_{l=1}^{p}a_l\bar{x}_{l.}^{(j)}\Big\}^2$$

$$=\sum_{l=1}^{p}\sum_{l'=1}^{p}a_la_{l'}\underbrace{\sum_{j=1}^{2}\sum_{i=1}^{n_j}(x_{li}^{(j)}-\bar{x}_{l.}^{(j)})(x_{l'i}^{(j)}-\bar{x}_{l'.}^{(j)})}_{(n-2)s_{ll'}} \quad ③$$

$$= (n-2)\sum_{l=1}^{p}\sum_{l'=1}^{p} a_l a_{l'} s_{ll'}$$

$s_{ll'}$: x_lと$x_{l'}$との群内の共分散$\sigma_{ll'}$の推定値.

$\lambda = S_B/S_W$をa_lで偏微分してゼロとおけば

$$\frac{1}{S_W}\left(\frac{\partial S_B}{\partial a_l} - \frac{S_B}{S_W}\frac{\partial S_W}{\partial a_l}\right) = \frac{1}{S_W}\left(\frac{\partial S_B}{\partial a_l} - \lambda\frac{\partial S_W}{\partial a_l}\right) = 0$$

したがって

$$\frac{n_1 n_2}{n_1+n_2}\sum_{l'=1}^{p} a_{l'}(\bar{x}_{l'\cdot}^{(1)} - \bar{x}_{l'\cdot}^{(2)})(\bar{x}_{l\cdot}^{(1)} - \bar{x}_{l\cdot}^{(2)}) - \lambda(n-2)\sum_{l'=1}^{p} a_{l'} s_{ll'} = 0$$

$\sum_{l'=1}^{p} a_{l'}(\bar{x}_{l'\cdot}^{(1)} - \bar{x}_{l'\cdot}^{(2)})$はスカラーであるから，結局

$$\sum_{l'=1}^{p} a_{l'} s_{ll'} = \text{const.}(\bar{x}_{l\cdot}^{(1)} - \bar{x}_{l\cdot}^{(2)}),\ l = 1, 2, \cdots, p \qquad ④$$

のような関係が得られる．②，③の形より明らかなように係数$a_1, a_2, \ldots, a_p$を定数倍してもS_BとS_Wとの比の値は変わらないから，勝手な大きさのベクトル$(a_1, \ldots, a_p)$を定め，後で大きさを調整すればよい．そこで④の右辺の *const* を1とおいて，この連立方程式を解くと

$$a_l = \sum_{l'=1}^{p} s^{ll'}(\bar{x}_{l'\cdot}^{(1)} - \bar{x}_{l'\cdot}^{(2)}) \qquad ⑤$$

を得る．ここに$s^{ll'}$は群内の分散共分散行列$(s_{ll'})$の逆行列の(l, l')要素である．これは(23)式の下の係数ベクトル $\boldsymbol{a}$ と一致している．この定式化は Fisher(1936)が線形判別関数を求めたときの方法である．

3.6 合成変量yの変動は，(34)の場合と同様に

$$\underbrace{\sum_{j=1}^{k}\sum_{i=1}^{n_j}(y_{ji} - \bar{y}_{\cdot\cdot})^2}_{\text{全変動 } S_T} = \underbrace{\sum_{j=1}^{k} n_j(\bar{y}_{j\cdot} - \bar{y}_{\cdot\cdot})^2}_{\text{群間変動 } S_B} + \underbrace{\sum_{j=1}^{k}\sum_{i=1}^{n_j}(y_{ji} - \bar{y}_{j\cdot})^2}_{\text{群内変動 } S_W} \qquad ⑥$$

のように分解される．

$$S_B = \sum_{j=1}^{k} n_j(\bar{y}_{j\cdot} - \bar{y}_{\cdot\cdot})^2 = \sum_{j=1}^{k} n_j\left\{\sum_{l=1}^{p} a_l \bar{x}_l^{(j)} - \sum_{l=1}^{p} a_l \bar{x}_{l\cdot}\right\}^2$$

$$= \sum_{l=1}^{p}\sum_{l'=1}^{p} a_l a_{l'} \underbrace{\sum_{j=1}^{k} n_j(\bar{x}_{l\cdot}^{(j)} - \bar{x}_{l\cdot})(\bar{x}_{l'\cdot}^{(j)} - \bar{x}_{l'\cdot})}_{\| \atop nb_{ll'}} \qquad ⑦$$

$$b_{ll'}: \text{群間の分散共分散行列}$$

$$S_W = \sum_{j=1}^{k} \sum_{i=1}^{n_j} (y_{ji} - \bar{y}_{j.})^2 = \sum_{j=1}^{k} \sum_{i=1}^{n_j} \left\{ \sum_{l=1}^{p} a_l x_{li}^{(j)} - \sum_{l=1}^{p} a_l \bar{x}_{l.}^{(j)} \right\}$$

$$= \sum_{l=1}^{p} \sum_{l'=1}^{p} a_l a_{l'} \underbrace{\sum_{j=1}^{k} \sum_{k=1}^{n_j} (x_{li}^{(j)} - \bar{x}_{l.}^{(j)})(x_{l'i}^{(j)} - \bar{x}_{l'.}^{(j)})}_{\parallel} \qquad \text{⑧}$$

$$(n-k)s_{ll'}$$

と表されるから，結局

$$\lambda = \sum_{l=1}^{p} \sum_{l'=1}^{p} a_l a_{l'} b_{ll'} \Big/ \sum_{l=1}^{p} \sum_{l'=1}^{p} a_l a_{l'} s_{ll'} \qquad \text{⑨}$$

のような (a_l) の2次形式の比を最大化すればよい．
λ を a_l で偏微分してゼロとおくと

$$\sum_{l'=1}^{p} (b_{ll'} - \lambda s_{ll'}) a_{l'} = 0, \; l = 1, 2, \cdots, p \qquad \text{⑩}$$

あるいは要素ごとに書くと，

$$\begin{cases} (b_{11}-\lambda s_{11})a_1 + (b_{12}-\lambda s_{12})a_2 + ... + (b_{1p}-\lambda s_{1p})a_p = 0 \\ (b_{21}-\lambda s_{21})a_1 + (b_{22}-\lambda s_{22})a_2 + ... + (b_{2p}-\lambda s_{2p})a_p = 0 \\ \cdots\cdots\cdots \\ (b_{p1}-\lambda s_{p1})a_1 + (b_{p2}-\lambda s_{p2})a_2 + ... + (b_{pp}-\lambda s_{pp})a_p = 0 \end{cases} \qquad \text{⑪}$$

となる．これは第4章 §3 ででてくる一般固有値問題の形になっており，求める係数 $a_1, a_2, ..., a_p$ は最大固有値 λ_1 に対応する固有ベクトルとして得られる．多次元での判別を考えるときには2番目，3番目，…に大きい固有値に対応する固有ベクトルを用いればよい．3群以上の場合に対する上の方法は**正準分析**(canonical analysis)あるいは**重判別分析**(multiple discriminant analysis)と呼ばれる．

問題 B

3.7

$$w_1 = w_2 = w_3 = \frac{1}{3} \text{ のとき}$$

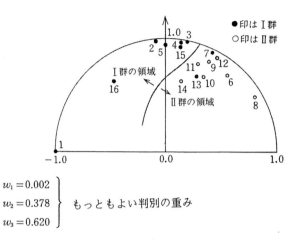

$$
\left.
\begin{array}{l}
w_1 = 0.002 \\
w_2 = 0.378 \\
w_3 = 0.620
\end{array}
\right\}
\text{ もっともよい判別の重み}
$$

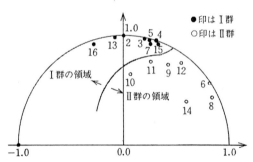

　この結果 $w_1 = 0.002$, $w_2 = 0.378$, $w_3 = 0.620$ のとき，もっともよい判別領域でき，この場合，誤判別の確率は 0 となる．また，この 2 つの群を判別するためには，NO_x の値がよくきき，つぎに $D - D$ となり，SO_2 はあまり関係ないことがわかる．

＜第4章＞

問題A

4.1　1つの解 $\{a_{jk}\}$ が得られたとする．このとき j アイテムに対する数量の平均は

$$\frac{1}{n}\sum_{i=1}^{n}\sum_{k=1}^{cj} a_{jk}\delta_i(jk) = \frac{1}{n}\sum_{k=1}^{cj} n_{jk}a_{jk}$$

となる．このアイテム内のカテゴリーの数量の平均をゼロとしたいわけであるから，各 a_{jk} からこの平均を引いて

$$a_{jk} \to a_{jk}{}^* = a_{jk} - \frac{1}{n}\sum_{k=1}^{cj} n_{jk}a_{jk} \qquad\qquad ①$$

と変換すればよい．従って

$$Y_i = \sum_{j=1}^{R}\sum_{k=1}^{cj} a_{jk}\delta_i(jk)$$

$$= \sum_{j=1}^{R}\sum_{k=1}^{cj}\left\{ a_{jk}{}^* + \frac{1}{n}\sum_{k'=1}^{cj} n_{jk'}\,a_{jk'} \right\}\delta_i(jk)$$

$$= \sum_{j=1}^{R}\sum_{k=1}^{cj} a_{jk}{}^*\delta_i(jk) + \frac{1}{n}\sum_{j=1}^{R}\sum_{k'=1}^{cj} n_{jk'}\,a_{jk'}$$

となる．

4.2　個体 i の要因アイテム j の値は

$$x_i(j) = \sum_{k=1}^{cj} a_{jk}\delta_i(jk)$$

と数量化されているから，その分散 $s_{x(j)}{}^2$ は次のように求められる．

$$s_{x(j)}{}^2 = \frac{1}{n}\left\{ \sum_{i=1}^{n}(x_i(j))^2 - \frac{1}{n}\left(\sum_{i=1}^{n} x_i(j)\right)^2 \right\}$$

$$= \frac{1}{n}\left\{ \sum_{i=1}^{n}\left(\sum_{k=1}^{cj} a_{jk}\delta_i(jk)\right)^2 - \frac{1}{n}\left(\sum_{i=1}^{n}\sum_{k=1}^{cj} a_{jk}\delta_i(jk)\right)^2 \right\}$$

$$= \frac{1}{n}\left\{ \sum_{i=1}^{n}\sum_{k=1}^{cj} a_{jk}{}^2\delta_i(jk) - \frac{1}{n}(\sum_{k=1}^{cj} a_{jk}n_{jk})^2 \right\}$$

$$= \frac{1}{n}\left\{ \sum_{k=1}^{cj} a_{jk}{}^2 n_{jk} - \frac{1}{n}(\sum_{k=1}^{cj} a_{jk}n_{jk})^2 \right\}$$

共分散 $S_{x(j_1),x(j_2)}$ は

$$S_{x(j_1),\,x(j_2)} = \frac{1}{n}\left\{ \sum_{i=1}^{n} x_i(j_1)x_i(j_2) - \frac{1}{n}(\sum_{i=1}^{n} x_i(j_1))(\sum_{i=1}^{n} x_i(j_2)) \right\}$$

$$= \frac{1}{n}\left\{ \sum_{i=1}^{n}\sum_{k_1=1}^{c_{j_1}}\sum_{k_2=1}^{c_{j_2}} a_{j_1 k_1}a_{j_2 k_2}\delta_i(j_1 k_1)\delta_i(j_2 k_2) \right.$$

$$\left. - \frac{1}{n}(\sum_{i=1}^{n}\sum_{k_1=1}^{c_{j_1}} a_{j_1 k_1}\delta_i(j_1 k_1))(\sum_{i=1}^{n}\sum_{k_2=1}^{c_{j_2}} a_{j_2 k_2}\delta_i(j_2 k_2)) \right\}$$

$$= \frac{1}{n}\left\{ \sum_{k_1=1}^{c_{j_1}}\sum_{k_2=1}^{c_{j_2}} a_{j_1 k_1}a_{j_2 k_2}f(j_1 k_1, j_2 k_2) \right.$$

$$\left. - \frac{1}{n}(\sum_{k_1=1}^{c_{j_1}} a_{j_1 k_1}n_{j_1 k_1})(\sum_{k_2=1}^{c_{j_2}} a_{j_2 k_2}n_{i_2 k_2}) \right\}$$

また，共分散 $S_{y,\,x(j)}$ は

$$S_{y,x(j)} = \frac{1}{n}\left\{ \sum_{i=1}^{n} y_i x_i(j) - \frac{1}{n}(\sum_{i=1}^{n} y_i)(\sum_{i=1}^{n} x_i(j)) \right\}$$

$$= \frac{1}{n}\left\{ \sum_{i=1}^{n} y_i\sum_{k=1}^{cj} a_{jk}\delta_i(jk) - \bar{y}\sum_{i=1}^{n}\sum_{k=1}^{cj} a_{jk}\delta_i(jk) \right\}$$

$$= \frac{1}{n}\left\{ \sum_{k=1}^{cj} a_{jk}\sum_{i=1}^{n} y_i\delta_i(jk) - \bar{y}\sum_{k=1}^{cj} a_{jk}n_{jk} \right\}$$

となる.

4.3 (31)より相関比は $\eta^2 = S_B/S_T$ と与えられるから

$$\frac{\partial \eta^2}{\partial a_{uv}} = \frac{1}{S_T{}^2} \left\{ \frac{\partial S_B}{\partial a_{uv}} S_T - S_B \frac{\partial S_T}{\partial a_{uv}} \right\}$$

$$= \frac{1}{S_T} \left\{ \frac{\partial S_B}{\partial a_{uv}} - \frac{S_B}{S_T} \frac{\partial S_T}{\partial a_{uv}} \right\} = 0$$

したがって

$$\frac{\partial S_B}{\partial a_{uv}} - \eta^2 \frac{\partial S_T}{\partial a_{uv}} = 0 \qquad\qquad ②$$

ここで

$$\frac{\partial S_B}{\partial a_{uv}} = \frac{\partial}{\partial a_{uv}} \left\{ \sum_{j=1}^{R} \sum_{k=2}^{cj} \sum_{u=1}^{R} \sum_{v=2}^{cu} b(jk, uv) a_{jk} a_{uv} \right\}$$

$$= 2 \sum_{j=1}^{R} \sum_{k=2}^{cj} b(jk, uv) a_{jk}$$

$$\frac{\partial S_T}{\partial a_{uv}} = \frac{\partial}{\partial a_{uv}} \left\{ \sum_{j=1}^{R} \sum_{k=2}^{cj} \sum_{u=1}^{R} \sum_{v=2}^{cu} t(jk, uv) a_{jk} a_{uv} \right\}$$

$$= 2 \sum_{j=1}^{R} \sum_{k=2}^{cj} t(jk, uv) a_{jk}$$

であるから，これらを②に代入して

$$\sum_{j=1}^{R} \sum_{k=2}^{cj} \{ b(jk, uv) - \eta^2 t(jk, uv) \} a_{jk} = 0$$

が得られる．η^2 を最大にする $\{a_{jk}\}$ を求めるためには，この一般固有値問題を解けばよいことになる.

4.4 T^* は対称行列で，ダミー変数の偏差平方和および積和を対角要素と非対角要素にもつ行列である．$L=\sum\limits_{j=1}^{R}(c_j-1)$ 次元の任意のベクトルを $\boldsymbol{q}$ とするとき，$\boldsymbol{q}'T^*\boldsymbol{q}$ はベクトル $\boldsymbol{q}$ の要素を係数とおいたダミー変数の1次式の偏差平方和に相当するから $\boldsymbol{q}'T^*\boldsymbol{q}\geqq0$, さらに L 個のダミー変数が1次独立であると仮定すると $\boldsymbol{q}'T^*\boldsymbol{q}>0$ がなりたつ．このとき行列 T^* の固有値は実数で正であることが知られている．（このような行列 T^* を正定値行列 positive definite matrix と言う．）いま T^* の固有値を $\lambda_1\geqq\lambda_2\geqq\cdots\geqq\lambda_L>0$, 対応する固有ベクトルを $\boldsymbol{q}_1,\boldsymbol{q}_2,\cdots,\boldsymbol{q}_L$ とすれば

$$T^*[\boldsymbol{q}_1\cdots\boldsymbol{q}_L]=[\boldsymbol{q}_1\cdots\boldsymbol{q}_L]\begin{bmatrix}\lambda_1 & & O \\ & \ddots & \\ O & & \lambda_L\end{bmatrix} \qquad ③$$

相異なる固有ベクトルは互に直交するから，固有ベクトルの大きさを1に基準化するとき

$$\boldsymbol{q}_j{}'\boldsymbol{q}_k=\begin{cases}1 & j=k \\ 0 & j\neq k\end{cases}$$

がなりたつ．従って $\qquad Q=[\boldsymbol{q}_1\boldsymbol{q}_2\cdots\boldsymbol{q}_L]$

とおくと $\qquad Q'Q=QQ'=I$ （単位行列）

これより，③の右から $Q'=[\boldsymbol{q}_1\cdots\boldsymbol{q}_L]'$ を掛けると

$$T^*=Q\varLambda Q'$$

ここに $\qquad \varLambda=\begin{bmatrix}\lambda_1 & & O \\ & \ddots & \\ O & & \lambda_L\end{bmatrix}$ である．

各固有値は正であるから

$$\varLambda^{\frac{1}{2}}=\begin{bmatrix}\sqrt{\lambda_1} & & O \\ & \ddots & \\ O & & \sqrt{\lambda_L}\end{bmatrix}$$

とおくことができ，このとき

$$T^*=Q\varLambda^{\frac{1}{2}}\varLambda^{\frac{1}{2}}Q'=PP' \qquad ④$$

$$P = Q \Lambda^{\frac{1}{2}}$$

ここに

と分解できる. 従って, 一般固有値問題(40)は

$$B^* \boldsymbol{a}^* - \eta^2 (PP') \boldsymbol{a}^* = 0$$

左から P^{-1} を掛けると

$$P^{-1} B^* \boldsymbol{a}^* - \eta^2 P' \boldsymbol{a}^* = 0$$

すなわち

$$P^{-1} B^* (P')^{-1} (P' \boldsymbol{a}^*) - \eta^2 (P' \boldsymbol{a}^*) = 0 \qquad ⑤$$

となる. ⑤より, 結局 $P^{-1} B^* (P')^{-1}$ の固有値問題を解いて, 固有値 η^2 と対応する固有ベクトル $\boldsymbol{b} = P' \boldsymbol{a}^*$ を求め,

$$\boldsymbol{a}^* = (P')^{-1} \boldsymbol{b}$$

により $\boldsymbol{a}^*$ を計算すればよい.

　(注)　上では T^* の固有値問題を解いて $T^* = PP'$ のような分解を行ったが, 平方根法により対称行列 T^* を下三角行列 P と上三角行列 P' との積の形に表わすこともできる.

4.5　(51)式より

$$r = \frac{s_{xy}}{s_x \, s_y} = \frac{\dfrac{1}{N} \sum_i \sum_j \delta_i(j) x_i y_j}{\sqrt{\dfrac{1}{N} \sum_i f_i x_i^2 \cdot \dfrac{1}{N} \sum_j g_j y_j^2}}$$

r を x_i で偏微分して 0 とおけば

$$\frac{\partial r}{\partial x_i} = \frac{1}{s_x^2 s_y} \left\{ \frac{\partial s_{xy}}{\partial x_i} s_x - s_{xy} \frac{\partial s_x}{\partial x_i} \right\} = 0,$$

$$i = 1, 2, \cdots, n \qquad ⑥$$

ここで

$$\frac{\partial s_x^2}{\partial x_i} = 2 s_x \frac{\partial s_x}{\partial x_i}$$

を用いると

$$\frac{\partial s_{xy}}{\partial x_i} - \frac{s_{xy}}{2s_x{}^2}\frac{\partial s_x{}^2}{\partial x_i} = \frac{\partial s_{xy}}{\partial x_i} - \frac{r}{2}\frac{s_y}{s_x}\frac{\partial s_x{}^2}{\partial x_i} = 0,$$

$$i = 1, 2, \cdots, n \qquad ⑦$$

同様に，r を y_j で偏微分して 0 とおいた式より

$$\frac{\partial s_{xy}}{\partial y_j} - \frac{s_{xy}}{2s_y{}^2}\frac{\partial s_y{}^2}{\partial y_j} = \frac{\partial s_{xy}}{\partial y_j} - \frac{r}{2}\frac{s_x}{s_y}\frac{\partial s_y{}^2}{\partial y_j} = 0,$$

$$j = 1, 2, \cdots, R \qquad ⑧$$

を得る．

$$\frac{\partial s_{xy}}{\partial x_i} = \frac{1}{N}\sum_j \delta_i(j)y_j, \quad \frac{\partial s_{xy}}{\partial y_j} = \frac{1}{N}\sum_i \delta_i(j)x_i$$

$$\frac{\partial s_x{}^2}{\partial x_i} = \frac{2}{N}f_i x_i, \qquad \frac{\partial s_y{}^2}{\partial y_j} = \frac{2}{N}g_j y_j$$

を⑦，⑧に代入し，$s_x = s_y = 1$ と標準化した解を求めることにすれば，

$$\begin{cases} \sum_j \delta_i(j)y_j - rf_i x_i = 0, \; i = 1, 2, \cdots, n \\ \sum_i \delta_i(j)x_i - rg_j y_j = 0, \; j = 1, 2, \cdots, R \end{cases}$$

のように変形され，(55)に相当する式が得られたことになる．以下は本文で述べたように式の展開を行えばよい．

4.6 (76)より

$$\sum_j h_{ij}x_j - \mu x_i = 0, \; i = 1, 2, \cdots, n$$

各式に x_i を掛けて加えると

$$\sum_i \sum_j h_{ij}x_i x_j - \mu \sum_i x_i{}^2 = 0$$

よって

$$\mu = \sum_i \sum_j h_{ij}x_i x_j \Big/ \sum_i x_i{}^2 \qquad ⑨$$

また
$$Q = -\sum_i \sum_j e_{ij}(x_i - x_j)^2$$

$$= -\sum_i \sum_j e_{ij}(x_i{}^2 + x_j{}^2 - 2x_i x_j)$$

$$= -\sum_i \sum_j (e_{ij} + e_{ji})x_i{}^2 + 2\sum_i \sum_j e_{ij}x_i x_j$$

$$= -\sum_i (\sum_j h_{ij})x_i{}^2 + \sum_i \sum_j (e_{ij} + e_{ji})x_i x_j$$

$$= \sum_i \sum_j h_{ij} x_i x_j \qquad ⑩$$

$\bar{x} = 0$ および x の分散が 1 という制約条件より

$$\sum_i x_i{}^2 = n \qquad ⑪$$

⑨〜⑪より(77)がなりたつ.

4.7　2 次元の数量化の基準は

$$Q = -\sum_i \sum_j e_{ij}\{(x_i - x_j)^2 + (y_i - y_j)^2\}$$

これを制約条件

$$V(x) = \frac{1}{n}\sum_{i=1}^{n} x_i{}^2 - \frac{1}{n^2}(\sum_{i=1}^{n} x_i)^2 = 1$$

$$V(y) = \frac{1}{n}\sum_{i=1}^{n} y_i{}^2 - \frac{1}{n^2}(\sum_{i=1}^{n} y_i)^2 = 1$$

のもとで最大化する. Lagrange の未定乗数 λ, λ' を用いて最大化問題

$$F \equiv -\sum_i \sum_j e_{ij}\{(x_i - x_j)^2 + (y_i - y_j)^2\}$$

$$- \lambda\left\{\frac{1}{n}\sum_{i=1}^{n} x_i{}^2 - \frac{1}{n^2}(\sum_{i=1}^{n} x_i)^2 - 1\right\}$$

$$- \lambda'\left\{\frac{1}{n}\sum_{i=1}^{n} y_i{}^2 - \frac{1}{n^2}(\sum_{i=1}^{n} y_i)^2 - 1\right\} \qquad ⑫$$

に変形する．x_i で偏微分して 0 とおけば

$$\frac{\partial F}{\partial x_i} = -2\sum_i \sum_j e_{ij}(x_i - x_j) - \frac{2\lambda}{n} x_i - \frac{2\lambda}{n^2}\left(\sum_{i=1}^{n} x_i\right) = 0,$$

$$i = 1,\, 2,\, \cdots,\, n$$

となる．これは(69)と同じ式であるから，結局(76)の固有値問題が導かれる．また ⑫の F を y_i で偏微分して 0 とおくと

$$\frac{\partial F}{\partial y_i} = -2\sum_i \sum_j e_{ij}(y_i - y_j) - \frac{2\lambda'}{n} y_i - \frac{2\lambda'}{n^2}\left(\sum_{i=1}^{n} y_i\right) = 0,$$

$$i = 1,\, 2,\, \cdots,\, n$$

を得る．これは(69)で $x_i \to y_i$, $\lambda \to \lambda'$ とおきかえた式になっているので，結局(76)の固有値問題で $x_i \to y_i$, $\mu \to \mu'(=\lambda'/n)$ とおきかえた式が得られる．すなわち $\{x_i\}$ も $\{y_i\}$ も同じ固有値問題を満たすことがわかる．⑩と同じ展開を行えば

$$Q = -\sum_i \sum_j e_{ij}\{(x_i - x_j)^2 + (y_i - y_j)^2\}$$

$$= \sum_i \sum_j h_{ij} x_i x_j + \sum_i \sum_j h_{ij} y_i y_j$$

$$= \sum_i x_i\left(\sum_j h_{ij} x_j\right) + \sum_i y_i\left(\sum_j h_{ij} y_j\right)$$

$$= \mu \sum_i x_i^2 + \mu' \sum_i y_i^2$$

この Q を最大にするためには(76)の固有値問題の 1 番目および 2 番目に大きい固有値に対応する固有ベクトルの要素を $\{x_i\}$, $\{y_i\}$ として採用すればよい．

4.8 $e_{ij} \to e_{ij} - c = \tilde{e}_{ij}$ のように変換するとき．H 行列の要素は

$$h_{ij} = e_{ij} + e_{ji} \to h_{ij} - 2c = \tilde{h}_{ij}$$

$$h_{ii} = -\sum_{j \neq i} h_{ij} \to h_{ii} + 2c(n-1) = \tilde{h}_{ii}$$

のように変換される。新しい行列 $\tilde{H}=(\tilde{h}_{ij})$ について

$$\sum_j \tilde{h}_{ij} x_j = \sum_{j \neq i} (h_{ij} - 2c) x_j + (h_{ii} + 2c(n-1)) x_i$$

$$= \sum_j h_{ij} x_j - 2c \underbrace{\sum_{j \neq i} x_j}_{} + 2c(n-1) x_i$$

$$\parallel$$

$$-x_i \ (\because \sum_j x_j = 0 \ \text{平均 0 に標準化})$$

$$= \mu x_i + 2cn x_i$$

$$= (\mu + 2cn) x_i$$

がなりたつ。従って $\tilde{H}=(\tilde{h}_{ij})$ は $H=(h_{ij})$ の固有値 $+2cn$ の大きさの固有値を持ち，同じ固有ベクトルを持つことがわかる。

問題 B

4.9　正規方程式を求めると

$$\begin{cases} 7a_{11} \phantom{+3a_{12}} +3a_{21} +4a_{22} \phantom{+5a_{23}} = 79.5 \\ 9a_{12} +2a_{21} +2a_{22} +5a_{23} = 120.0 \\ 3a_{11} +2a_{12} +5a_{21} \phantom{+6a_{22}+5a_{23}} = 61.5 \\ 4a_{11} +2a_{12} \phantom{+5a_{21}} +6a_{22} \phantom{+5a_{23}} = 81.0 \\ 5a_{12} \phantom{+2a_{21}+6a_{22}} +5a_{23} = 57.0 \end{cases}$$

$a_{21}=0$ とおき，対応する 3 番目の式を除いて解くと

$$a_{11}=10.50, \quad a_{12}=15.00, \quad a_{22}=1.50, \quad a_{23}=-3.60$$

①を用いて標準化し，また要因アイテム同志，および外的基準との相関係数を求め，それにもとづいて重相関係数，偏相関係数を計算すると次のように整理される。

テレビ視聴率データの数量化 I 類による分析結果

要　　因 アイテム	カテゴリー	例数	カテゴリー に付与する 数　　量	範　囲	偏相関 係　数
曜　　日	平　　　　日 土・日曜	7 9	− 2.53 1.97	4.50	0.455
時 間 帯	6 〜 7 時台 8 〜 9 時台 そ　の　他	5 6 5	0.56 2.06 − 3.04	5.10	0.440

定数項 12.47, 重相関係数 $R = 0.490$

　これによるとこれらのテレビ番組の視聴率の変動のうちおよそ24%（寄与率 $R^2 = 0.240$）が放映の曜日と時間帯という 2 つの要因で説明されており，カテゴリーに付与する数量の範囲あるいは偏相関係数をみると 2 つの要因ともほぼ同程度に影響していることがわかる．曜日では土・日曜，時間帯では 8 〜 9 時台が視聴率が高くなること，また平日と土・日曜では4.5%，8 〜 9 時台とその他（6 〜 9 時台以外）では5.1%の差がある．

4.10　2 つのアイテム（外的基準，要因を含めて）のカテゴリーに同時に反応した例数を求めると次のようなクロス集計表が得られ，それにもとづいて固有値問題の要素を構成する $f(jk, uv)$, n_{jk}, n_i, $g^i(jk)$ が求まる．

　各アイテムの 1 番目のカテゴリーを除いて（すなわちそのカテゴリーに対する数量 a_{j1} をゼロとおいて）固有値問題を解き，各アイテム内の数量の平均がゼロとなるように標準化しなおすと次のような結果を得る．

クロス集計表

$g^i(jk)$　　　　$f(jk, uv), j \neq u$

表13のデータの数量化II類による分析結果

要　因 アイテム	カテゴリー	例数	カテゴリーに 付与する数量	範　囲	偏相関 係　数
高校での数学	C B A	10 5 5	1.1429 − 0.9908 − 1.2950	2.4379	0.7016
高校での国語	C B A	8 7 5	− 1.0011 0.1208 0.5200	1.5211	0.4595
外 的 基 準	不 合 格 合　　格	10 10	0.7019 − 0.7019	$\eta^2 = 0.4927$	

　合格者群，不合格者群に属する各10人の(28)式による評点を求めプロットする
と次の図のようになる．評点の正負によって合格・不合格を判別すると，2例ずつ
が間違って判別されており，誤判別率は 4/20 = 0.20 ということになる．判別へ
の各要因の寄与は範囲，偏相関係数のいずれからも高校での数学の寄与は大き
く，国語の寄与に小さいことがわかる．

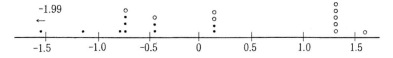

各サンプルの評点の分布　（●合格者，○不合格者）

＜第5章＞

問題 A

5.1　変量および因子の分散は1に標準化されているから相関係数 $\rho(z_j, f_k)$ は

$$\rho(z_j, f_k) = \mathrm{Cov}(z_j, f_k)$$
$$= \mathrm{Cov}(a_{j1}f_1 + \cdots + a_{jm}f_m + e_j, f_k)$$
$$= a_{j1}\mathrm{Cov}(f_1, f_k) +$$
$$\cdots + a_{jm}\mathrm{Cov}(f_m, f_k) + \mathrm{Cov}(e_j, f_k)$$
$$= a_{jk}\mathrm{Cov}(f_k, f_k) = a_{jk}$$

したがって，変量と因子との相関係数はちょうど因子負荷量に等しい．

5.2 5章の(23)を(22)に代入すると

$$
V = p \sum_{j=1}^{p} \frac{(a_{jk}\cos\varphi_{kk'}+a_{jk'}\sin\varphi_{kk'})^4}{h_j{}^4}
$$

$$
-\left(\sum_{j=1}^{p} \frac{(a_{jk}\cos\varphi_{kk'}+a_{jk'}\sin\varphi_{kk'})^2}{h_j{}^2} \right)^2
$$

$$
+ p \sum_{j=1}^{p} \frac{(-a_{jk}\sin\varphi_{kk'}+a_{jk'}\cos\varphi_{kk'})^4}{h_j{}^4}
$$

$$
-\left(\sum_{j=1}^{p} \frac{(-a_{jk}\sin\varphi_{kk'}+a_{jk'}\cos\varphi_{kk'})^2}{h_j{}^2} \right)^2
$$

$$
+(k, k' \text{に関係しない項})
$$

となり，これを $\varphi_{kk'}$ で微分して0とおくと

$$
\frac{1}{4}\frac{dV}{d\varphi_{kk'}} = p\left\{ \sum_{j=1}^{p} \frac{a_{jk}{}^2 a_{jk'}{}^2}{h_j{}^4} - \frac{1}{4}\sum_{j=1}^{p}\left(\frac{a_{jk}{}^2-a_{jk'}{}^2}{h_j{}^2}\right)^2 \right\}\sin 4\varphi_{kk'}
$$

$$
+ p\left\{ \sum_{j=1}^{p} \frac{a_{jk}{}^2-a_{jk'}{}^2}{h_j{}^2}\cdot\frac{a_{jk}a_{jk'}}{h_j{}^2} \right\}\cos 4\varphi_{kk'}
$$

$$
-\left\{ \sum_{j=1}^{p} \frac{a_{jk}{}^2-a_{jk'}{}^2}{h_j{}^2} \right\}\left\{ \sum_{j=1}^{p} \frac{a_{jk}a_{jk'}}{h_j{}^2} \right\}\cos 4\varphi_{kk'}
$$

$$
-\left\{ \left(\sum_{j=1}^{p} \frac{a_{jk}a_{jk'}}{h_j{}^2} \right)^2 - \frac{1}{4}\left(\sum_{j=1}^{p} \frac{a_{jk}{}^2-a_{jk'}{}^2}{h_j{}^2} \right)^2 \right\}\sin 4\varphi_{kk'} = 0
$$

を得る．ここで

$$
A = \sum_{j=1}^{p} \frac{a_{jk}{}^2-a_{jk'}{}^2}{h_j{}^2}, \qquad B = 2\sum_{j=1}^{p} \frac{a_{jk}a_{jk'}}{h_j{}^2}
$$

$$
C = \sum_{j=1}^{p} \left\{ \frac{(a_{jk}{}^2-a_{jk'}{}^2)^2}{h_j{}^4} - 4\frac{a_{jk}{}^2 a_{jk'}{}^2}{h_j{}^4} \right\}
$$

$$
D = 4\sum_{j=1}^{p} \frac{a_{jk}{}^2-a_{jk'}{}^2}{h_j{}^2}\cdot\frac{a_{jk}a_{jk'}}{h_j{}^2}
$$

とおくと

$$\frac{dV}{d\varphi_{kk'}} = -p\{C-(A^2-B^2)/p\}\sin 4\varphi_{kk'}$$

$$+p(D-2AB/p)\cos 4\varphi_{kk'} = 0 \qquad\qquad ①$$

V の最大値だから 2 階の微係数は負，すなわち

$$\frac{d^2V}{d\varphi_{kk'}{}^2} = -4p\{C-(A^2-B^2)/p\}\cos 4\varphi_{kk'}$$

$$-4p(D-2AB/p)\sin 4\varphi_{kk'} < 0 \qquad\qquad ②$$

でなければならない．①より

$$\tan 4\varphi_{kk'} = \sin 4\varphi_{kk'}/\cos 4\varphi_{kk'}$$

$$= \frac{D-2AB/p}{C-(A^2-B^2)/p}$$

を得る．また②より

$$\{C-(A^2-B^2)/p\}\cos 4\varphi_{kk'}+(D-2AB/p)\sin 4\varphi_{kk'}$$

$$= \sin 4\varphi_{kk'}\left[\frac{C-(A^2-B^2)/p}{\tan 4\varphi_{kk'}}+(D-2AB/p)\right]$$

$$= \sin 4\varphi_{kk'}[\{C-(A^2-B^2)/p\}^2+(D-2AB/p)^2]/(D-2AB/p) > 0$$

したがって

$$(D-2AB/p)\sin 4\varphi_{kk'} > 0$$

結局求める回転角 $\varphi_{kk'}$ は(24)～(25)の解として与えられることになる．

＜第7章＞

問題 A

7.1　あるステップで，p－クラスターと q－クラスターを統合して t－クラスターが構成されるとすると，この t－クラスターと他の任意の r－クラスターとの類似度（距離）が p－クラスターと q－クラスターとの類似度（距離）s_{pq} より大きくなることを示せばよい．

a)最短距離法

s_{pq} は現段階における最小値だから，(1)式より

$$s_{tr}=\min(s_{pr},\ s_{qr})\geqq s_{pq}$$

b)最長距離法

同様に(2)式より

$$s_{tr} = \max(s_{pr}, s_{qr}) \geqq s_{pq}$$

c)群平均法

(3)式を用いると

$$s_{tr} - s_{pq} = \frac{n_p\, s_{pr} + n_q\, s_{qr}}{n_p + n_q} - s_{pq}$$

$$= \frac{n_p}{n_p + n_q}(s_{pr} - s_{pq}) + \frac{n_q}{n_p + n_q}(s_{qr} - s_{pq}) \geqq 0$$

d)ウォード法

(9)式を用いると

$$s_{tr} - s_{pq} = \frac{n_p + n_r}{n_t + n_r}s_{pr} + \frac{n_q + n_r}{n_t + n_r}s_{qr} - \frac{n_r}{n_t + n_r}s_{pq} - s_{pq}$$

$$= \frac{n_p + n_r}{n_t + n_r}(s_{pr} - s_{pq}) + \frac{n_q + n_r}{n_t + n_r}(s_{qr} - s_{pq}) \geqq 0$$

問題 B

7 . 2

ステップ1．対象間のユークリッドの平方距離を求める．

	②	③	④	⑤	⑥	⑦
①	5	2	20	25	36	40
②		5	25	26	17	25
③			10	13	26	26
④				1	32	20
⑤					25	13
⑥						4

もっとも近い対は④と⑤．これらを統合するときの平方和の増分は $1/2 = 0.5$．
ステップ2．④と⑤を統合して改めて④と名づけ，類似度を(9)式により更新．

		②	③	(2)④	⑥	⑦
	①	5	$\boxed{2}$	29.667	36	40
	②		5	33.667	17	25
	③			15	26	26
(2)	④				37.667	21.667
	⑥					4

もっとも近い対は①と③．これらを統合するとその平方和の増分は 2/2＝1．

ステップ 3． ①と③を統合して改めて①と名づけ，類似度を(9)式により更新．

		②	(2)④	⑥	⑦
(2)	①	6	32.5	40.667	43.33
	②		33.667	17	25
(2)	④			37.667	21.667
	⑥				$\boxed{4}$

もっとも近い対は⑥と⑦．これらを統合するときの平方和の増分は 4/2＝2．

ステップ 4． ⑥と⑦を統合して⑥と名づけ，類似度を(9)式により更新．

		②	(2)④	(2)⑥
(2)	①	$\boxed{6}$	32.5	61
	②		33.667	26.667
(2)	④			42.5

もっとも近い対は①と②．これらを統合するときの平方和の増分は 6/2＝3．

ステップ 5． ①と②を統合して①と名づけ，類似度を(9)式により更新．

		(2)④	(2)⑥
(3)	①	43.8	62.40
(2)	④		$\boxed{42.5}$

もっとも近いのは④と⑥．これらを統合するとその平方和の増分は 42.5/2 ＝21.25

ステップ6. ④と⑥を統合して④と名づけ，類似度を(9)式により更新．

	(4) ④
(3)　①	57.64

最後に①と④を統合するときの平方和の増分は49.07/2≒24.54

上の統合のプロセスをまとめると次の樹形図が得られる．

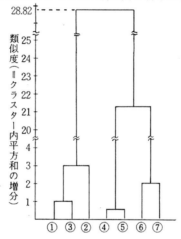

表１の７つのデータのウォード法による樹形図

参 考 文 献

1．赤池弘次(1976)．情報量規準AICとは何か―その意味と将来への展望，数理科学，153号，5-11．

2．浅野長一郎（1971）．因子分析法通論，共立出版．

3．伊藤孝一（1969）．多変量解析の理論，培風館．

4．大隅昇（1979）．データ解析と管理技法，朝倉書店．

5．奥野忠一，芳賀敏郎，久米均，吉沢正(1971)．多変量解析法，日科技連出版．

6．奥野忠一，芳賀敏郎，矢島敬二，奥野千恵子，橋本茂司，古河陽子（1976）．続多変量解析法，日科技連出版．

7．河口至商（1973）．多変量解析入門 I，森北出版．

8．河口至商（1978）．多変量解析入門 II，森北出版．

9．後藤昌司（1973）．多変量データの解析法，科学情報社．

10．小林竜一（1981）．数量化理論入門，日科技連出版．

11．駒沢勉（1977）．多次元データ解析の基礎，朝倉書店．

12．駒沢勉（1982）．数量化理論とデータ処理，朝倉書店．

13．斉藤堯幸（1980）．多次元尺度構成法，朝倉書店．

14．斉藤堯幸，小川定暉，野島栄一郎(1972)．数量化理論に関する総合報告，総研紀要 2，23-140．

15．佐和隆光（1979）．回帰分析，朝倉書店．

16．塩谷実，浅野長一郎（1966）．多変量解析論，共立出版．

17．芝祐順（1975）．行動科学における相関分析法，第 2 版，東京大学出版．

18．芝祐順（1979）．因子分析法，第 2 版，東京大学出版．

19．高根芳雄（1980）．多次元尺度法，東京大学出版．

20．竹内啓，柳井晴夫（1972）．多変量解析の基礎，東洋経済新報社．

21．田中豊（1972）．数量化の理論 ―外的基準が序数カテゴリーの場合，標準化と品質管理，*Vol.* 25，No. 2，31-39．

22．田中豊，久保田信子(1976)．クラスター分析諸法の性能の評価，標準化と品質管理，*Vol.* 29，No. 2，53-66．

23．戸田準，田中豊(1968)．食品の嗜好調査，第 9 回官能検査大会報文集，日科技連．

24．中谷和夫（1978）．多変量解析，新曜社．

25．中村正一（1979）．例解多変量解析入門，日刊工業新聞社．

26．西里静彦（1982）．質的データの数量化，朝倉書店．

27. 芳賀敏郎, 橋本茂司 (1980). 回帰分析と主成分分析, 日科技連出版.
28. 林知己夫 (1974). 数量化の方法, 東洋経済新報社.
29. 林知己夫, 飽戸弘編 (1976). 多次元尺度解析法, サイエンス社.
30. 林知己夫, 樋口伊佐夫, 駒沢勉(1970). 情報処理と統計数理, 産業図書.
31. 林知己夫, 村山考喜 (1963). 市場調査の計画と実際, 日刊工業新聞社.
32. 藤本熙 (1968). 統計数理の基礎と応用, 日刊工業新聞社.
33. 本多正久, 島田一明(1977). 経営のための多変量解析法, 産業能率大学出版.
34. 武藤真介 (1976). 多変量解析入門, 現代数学社.
35. 守谷栄一, 井口晴弘(1972). 多変量解析とコンピュータプログラム, 日刊工業新聞社.
36. 矢島敬二他 (1971). クラスターアナリシス(1)〜(5), オペレーションズ・リサーチ *Vol.* 16, No. 8 -11.
37. 安田三郎, 海野道郎 (1977). 社会統計学, 改訂2版, 丸善.
38. 安本美典, 本多正久 (1981). 因子分析法, 培風館.
39. 柳井晴夫, 岩坪秀一 (1976). 複雑さに挑む科学 — 多変量解析入門, ブルーバックス, 講談社.
40. 柳井晴夫, 高根芳雄 (1977). 多変量解析法, 朝倉書店.
41. 脇本和昌(1977). チャーノフの顔形グラフの変形の試み：体形グラフ, 行動計量学会誌, 研究ノート, 67-63.
42. 脇本和昌, 後藤昌司, 松原義弘 (1979). 多変量グラフ解析法, 朝倉書店.
43. Anderberg, M. R. (1973). *Cluster Analysis for Applications*, Academic Press.
44. Anderson, T. W. (1958). *An Introduction to Multivariate Statistical Analysis*, John Wiley & Sons.
45. Andrews, D. F. (1972). *Plots of high-dimensional data*, Biometrics 28, 125-136.
46. Andrews, D. F. (1973). *Graphical techniques for high dimensional data*, in "Discriminant Analysis and Applications, " (ed. Cacoullos, T.), Academic Press.
47. Bolch, B. W. and Huang, C. J. (1974). *Multivariate Statistical Methods for Business and Economics*, Prentice-Hall.
 （中村慶一訳. 応用多変量解析, 森北出版）

48. Chambers, J. M. (1977). *Computational Methods for Data Analysis*, John Wiley & Sons.

49. Chatterjee, S. and Price, B. (1977). *Regression Analysis by Examples*, John Wiley & Sons.
（佐和隆光，加納悟訳．回帰分析の実際，新曜社）

50. Chernoff, H. (1973). *The use of faces to represent points in k-dimensional space graphically*, J. Amer. Statist. Assoc. 68, 361-368.

51. Comrey, A. L. (1973). *A First Course in Factor Analysis*, Academic Press.
（芝祐順訳．因子分析入門，サイエンス社）

52. Cooley, W. W. and Lohnes, P. R. (1962). *Multivariate Procedures for the Behavioral Sciences*, John Wiley & Sons.

53. Cooley W. W. and Lohnes, P. R. (1971). *Multivariate Data Analysis*, John Wiley & Sons.
（井口晴弘，藤沢武久，守谷栄一訳．行動科学のための多変量解析，鹿島出版会）

54. Draper, N. R. and Smith, H. (1966). *Applied Regression Analysis*, John Wiley & Sons.
（中村慶一訳．応用回帰分析，森北出版）

55. Draper, N. R. and Smith, H. (1981). *Applied Regression Analysis*, Second Edition, John Wiley & Sons.

56. Enslein, K., Ralston, A. and Wilf, H. S. (1977). *Statistical Methods for Digital Computers*, John Wiley & Sons.

57. Everitt, B. (1978) . *Graphical Techniques for Multivariate Data*, Heinemann Educational Books.
（医学統計研究会訳．多変量グラフィカル表現法，マール社）

58. Gnanadesikan, R. (1977). *Methods for Statistical Data Analysis of Multivariate Observations*, John Wiley & Sons.
（丘本正，磯貝恭史訳．統計的多変量データ解析，日科技連出版）

59. Harman, H. H. (1960). *Modern Factor Analysis*, Univ. Chicags Press.

60. Hartigan, J. A. (1975). *Clustering Algorithms*, John Wiley & Sons.
（西田春彦訳．クラスター分析，日本コンピュータ協会）

61. Hartwig, F. and Dearing, B. E. (1979). *Exploratory Data Analysis*, SAGE Publications.
（柳井晴夫，高木広文訳．探索的データ解析の方法，朝倉書店）
62. Hawkins, D. M. (*ed.*) (1982). *Topics in Applied Multivariate Analysis*, Cambridge Univ. Press.
63. Hayashi, C. (1950). *On the quantification of qualitative data from the mathematico-statistical point of view*, Ann. Inst. Statist. Math. 2, 35-47.
64. Hayashi, C. (1952). *On the prediction of phenomena from qualitative data on the quantification of qualitative data from the mathematico-statistical point of view*, Ann. Inst. Statist. Math. 3, 69-98.
65. Hayashi, C. (1974). *Minimum dimension analysis MDA*, Behaviormetrika 1, 1-24.
66. Horst, P. (1965). *Factor Analysis of Data Matrices*, Holt, Rinehart & Winston.
（柏木繁男，芝祐順，池田央，柳井晴夫訳．コンピュータによる因子分析法，科学技術出版）
67. Kendall, M. G. (1957). *A Course in Multivariate Analysis*, Charles Griffin.
（浦昭二，竹並輝之訳．多変量解析の基礎，サイエンス社）
68. Kendall, M. G. (1975). *Multivariate Analysis*, Charles Griffin.
（奥野忠一，大橋靖雄訳．多変量解析，培風館）
69. Lachenbruch, P. A. (1975). *Discriminant Analysis*, Hafner.
（鈴木義一郎，三宅章彦訳．判別分析，現代数学社）
70. Lawley, P. N. and Maxwell, A. E. (1963). *Factor Analysis as a Statistical Method*, Butterworths.
（丘本正監訳．因子分析法，日科技連出版）
71. Marriott, F. H. C. (1974). *The Interpretation of Multiple Observations*, Academic Press.
72. Morrison, D. F. (1967). *Multivariate Statistical Methods*, McGraw-Hill.
73. Nishisato, S. (1980). *Analysis of Categorical Data : Dual Scaling and Its Applications*, Univ. of Toronto Press.
74. Nishisato, S. and Arri, P. S. (1975). *Nonlinear programming approach to optimal scaling of partially ordered categories*, Psychometrika 40, 525-

548.

75. Rao, C. R. (1952). *Advanced Statistical Methods in Biometric Research*, John Wiley & Sons.

76. Rao, C. R. (1964). *The use and interpretation of principal component analysis in applied research*, Sankhya A **26**, 329-358.

77. Rao, C. R. (1973). *Linear Statistical Inference and Its Applications*, 2nd Edition John Wiley & Sons.
（奥野忠一他訳．統計的推測とその応用，東京図書）

78. Sammon, J. S. (1969). *A non-linear mapping for data structure analysis*, IEEE Transaction on Computers, C18, 401-409.

79. Seal, H. (1964). *Multivariate Statistical Analysis for Biologists*, Methuen.
（塩谷実訳．多変量解析入門 — 生物学を題材にして，共立出版）

80. Taguri, M., Hiramatsu, T. & Wakimoto, K. (1976). *Graphical representation of correlation analysis of ordered data by linked vector pattern*, J. Japan Statist. Soc., **6**, 17-25.

81. Takeuchi, K., Yanai, H. and Mukherjee, B. N. (1982). *The Foundation of Multivariate Analysis*, Wiley Eastern Limited.

82. Tanaka, Y. (1978). *Some generalized methods of optimal scaling and their asymptotic theories : The case of multiple responses-multiple factors*, Ann. Inst. Statist. Math. **30**, *A*, 249-268.

83. Tanaka, Y. (1979). *Optimal scaling for arbitrarily ordered categories*, Ann. Inst. Statist. Math. 31, *A*, 115-124.

84. Tanaka, Y. (1979). *A Monte Carlo investigation on Hayashi's second method of quantification*, Rep. Stat. Appl. Res., JUSE. **26**, 50-62.

85. Tanaka, Y. and Kodake, K. (1980). *Computational aspects of optimal scaling for ordered categories*, Behaviormetrika **7**, 35-47.

86. Tanaka, Y. (1980). *An application of methods of quantification to analyze the effects of qualitative factors*, in "Recent Developments in Statistical Inference and Data Analysis" (ed. Matusita, K.), North-Holland, 287-299.

87. Tukey, J. W. (1977). *Exploratory Data Analysis*, Addison-Wesley.

88. Wakimoto, K. (1977). *Tree graph method for visual representation of multidimensional data*, J. Japan Statist., Soc., **7**, 27-34.

89. Wakimoto, K. & Taguri, M. (1978). *Constellation graphical method for representing multidimensional data*, Ann. Inst. Statist. Math., 30, *Part A*, 77-84.

90. Wakimoto, K. (1980). *Sun chart method for looking multivariate data*, Ann. Inst. Statist. Math. 32, 303-310.

91. Wang, P. C. C. (1978). *Graphical Representation of Multivariate Data*, Academic Press.

92. Ward, J. H. (1963). *Hierarchical grouping to optimize an objective function*, J. Amer. Statist. Assoc. 58, 234-244.

さくいん

I. 正規分布 $I(z)$ の表

正規分布曲線

$I(z)$

0

z	0	1	2	3	4	5	6	7	8	9
0.0	.0000	.0040	.0080	.0120	.0160	.0199	.0239	.0279	.0319	.0359
0.1	.0398	.0438	.0478	.0517	.0557	.0596	.0636	.0675	.0714	.0754
0.2	.0793	.0832	.0871	.0910	.0948	.0987	.1026	.1064	.1103	.1141
0.3	.1179	.1217	.1255	.1293	.1331	.1368	.1406	.1443	.1480	.1517
0.4	.1554	.1591	.1628	.1664	.1700	.1736	.1772	.1808	.1844	.1879
0.5	.1915	.1950	.1985	.2019	.2054	.2088	.2123	.2157	.2190	.2224
0.6	.2258	.2291	.2324	.2357	.2389	.2422	.2454	.2486	.2518	.2549
0.7	.2580	.2612	.2642	.2673	.2704	.2734	.2764	.2794	.2823	.2852
0.8	.2881	.2910	.2939	.2967	.2996	.3023	.3051	.3078	.3106	.3133
0.9	.3159	.3186	.3212	.3238	.3264	.3289	.3315	.3340	.3365	.3389
1.0	.3413	.3438	.3461	.3485	.3508	.3531	.3554	.3577	.3599	.3621
1.1	.3643	.3665	.3686	.3708	.3729	.3749	.3770	.3790	.3810	.3830
1.2	.3849	.3869	.3888	.3907	.3925	.3944	.3962	.3980	.3997	.4015
1.3	.4032	.4049	.4066	.4082	.4099	.4115	.4131	.4147	.4162	.4177
1.4	.4192	.4207	.4222	.4236	.4251	.4265	.4279	.4292	.4306	.4319
1.5	.4332	.4345	.4357	.4370	.4382	.4394	.4406	.4418	.4429	.4441
1.6	.4452	.4463	.4474	.4484	.4495	.4505	.4515	.4525	.4535	.4545
1.7	.4554	.4564	.4573	.4582	.4591	.4599	.4608	.4616	.4625	.4633
1.8	.4641	.4649	.4656	.4664	.4671	.4678	.4686	.4693	.4699	.4706
1.9	.4713	.4719	.4726	.4732	.4738	.4744	.4750	.4756	.4761	.4767
2.0	.4772	.4778	.4783	.4788	.4793	.4798	.4803	.4808	.4812	.4817
2.1	.4821	.4826	.4830	.4834	.4838	.4842	.4846	.4850	.4854	.4857
2.2	.4861	.4864	.4868	.4871	.4875	.4878	.4881	.4884	.4887	.4890
2.3	.4893	.4896	.4898	.4901	.4904	.4906	.4909	.4911	.4913	.4916
2.4	.4918	.4920	.4922	.4925	.4927	.4929	.4931	.4932	.4934	.4936
2.5	.4938	.4940	.4941	.4943	.4945	.4946	.4948	.4949	.4951	.4952
2.6	.4953	.4955	.4956	.4957	.4959	.4960	.4961	.4962	.4963	.4964
2.7	.4965	.4966	.4967	.4968	.4969	.4970	.4971	.4972	.4973	.4974
2.8	.4974	.4975	.4976	.4977	.4977	.4978	.4979	.4979	.4980	.4981
2.9	.4981	.4982	.4982	.4983	.4984	.4984	.4985	.4985	.4986	.4986
3.0	.4987	.4987	.4987	.4988	.4988	.4989	.4989	.4989	.4990	.4990
3.1	.4990	.4991	.4991	.4991	.4992	.4992	.4992	.4992	.4993	.4993
3.2	.4993	.4993	.4994	.4994	.4994	.4994	.4994	.4995	.4995	.4995
3.3	.4995	.4995	.4995	.4996	.4996	.4996	.4996	.4996	.4996	.4997
3.4	.4997	.4997	.4997	.4997	.4997	.4997	.4997	.4997	.4997	.4998
3.5	.4998	.4998	.4998	.4998	.4998	.4998	.4998	.4998	.4998	.4998
3.6	.4998	.4998	.4999	.4999	.4999	.4999	.4999	.4999	.4999	.4999
3.7	.4999	.4999	.4999	.4999	.4999	.4999	.4999	.4999	.4999	.4999
3.8	.4999	.4999	.4999	.4999	.4999	.4999	.4999	.4999	.4999	.4999
3.9	.5000	.5000	.5000	.5000	.5000	.5000	.5000	.5000	.5000	.5000

II. χ^2 の表（ν＝自由度）

ν \ P	$\alpha=.995$	$\alpha=.99$	$\alpha=.975$	$\alpha=.95$	$\alpha=.05$	$\alpha=.025$	$\alpha=.01$	$\alpha=.005$
1	.0000393	.000157	.000982	.00393	3.841	5.024	6.635	7.879
2	.0100	.0201	.0506	.103	5.991	7.378	9.210	10.597
3	.0717	.115	.216	.352	7.815	9.348	11.345	12.838
4	.207	.297	.484	.711	9.488	11.143	13.277	14.860
5	.412	.554	.831	1.145	11.070	12.832	15.086	16.750
6	.676	.872	1.237	1.635	12.592	14.449	16.812	18.548
7	.989	1.239	1.690	2.167	14.067	16.013	18.475	20.278
8	1.344	1.646	2.180	2.733	15.507	17.535	20.090	21.955
9	1.735	2.088	2.700	3.325	16.919	19.023	21.666	23.589
10	2.156	2.558	3.247	3.940	18.307	20.483	23.209	25.188
11	2.603	3.053	3.816	4.575	19.675	21.920	24.725	26.757
12	3.074	3.571	4.404	5.226	21.026	23.337	26.217	28.300
13	3.565	4.107	5.009	5.892	22.362	24.736	27.688	29.819
14	4.075	4.660	5.629	6.571	23.685	26.119	29.141	31.319
15	4.601	5.229	6.262	7.261	24.996	27.488	30.578	32.801
16	5.142	5.812	6.908	7.962	26.296	28.845	32.000	34.267
17	5.697	6.408	7.564	8.672	27.587	30.191	33.409	35.718
18	6.265	7.015	8.231	9.390	28.869	31.526	34.805	37.156
19	6.844	7.633	8.907	10.117	30.144	32.852	36.191	38.582
20	7.434	8.260	9.591	10.851	31.410	34.170	37.566	39.997
21	8.034	8.897	10.283	11.591	32.671	35.479	38.932	41.401
22	8.643	9.542	10.982	12.338	33.924	36.781	40.289	42.796
23	9.260	10.196	11.689	13.091	35.172	38.076	41.638	44.181
24	9.886	10.856	12.401	13.848	36.415	39.364	42.980	45.558
25	10.520	11.524	13.120	14.611	37.652	40.646	44.314	46.928
26	11.160	12.198	13.844	15.379	38.885	41.923	45.642	48.290
27	11.808	12.879	14.573	16.151	40.113	43.194	46.963	49.645
28	12.461	13.565	15.308	16.928	41.337	44.461	48.278	50.993
29	13.121	14.256	16.047	17.708	42.557	45.722	49.588	52.336
30	13.787	14.953	16.791	18.493	43.773	46.979	50.892	53.672

$\nu>30$ のとき $z=\sqrt{2\chi^2}-\sqrt{2\nu-1}$ として
第 I 表（正規分布の表）を用いる.

III. t の表（$\nu=$自由度）

ν ＼ P	.9	.8	.7	.6	.5	.4	.3	.2	.1	.05	.01	.001
1	.158	.325	.510	.727	1.000	1.376	1.963	3.078	6.314	12.71	63.66	636.62
2	.142	.289	.445	.617	.816	1.061	1.386	1.886	2.920	4.303	9.925	31.598
3	.137	.277	.424	.584	.765	.978	1.250	1.638	2.353	3.182	5.841	12.924
4	.134	.271	.414	.569	.741	.941	1.190	1.533	2.132	2.776	4.604	8.610
5	.132	.267	.408	.559	.727	.920	1.156	1.476	2.015	2.571	4.032	6.869
6	.131	.265	.404	.553	.718	.906	1.134	1.440	1.943	2.447	3.707	5.959
7	.130	.263	.402	.549	.711	.896	1.119	1.415	1.895	2.365	3.499	5.408
8	.130	.262	.399	.546	.706	.889	1.108	1.397	1.860	2.306	3.355	5.041
9	.129	.261	.398	.543	.703	.883	1.100	1.383	1.833	2.262	3.250	4.781
10	.129	.260	.397	.542	.700	.879	1.093	1.372	1.812	2.228	3.169	4.587
11	.129	.260	.396	.540	.697	.876	1.088	1.363	1.796	2.201	3.106	4.437
12	.128	.259	.395	.539	.695	.873	1.083	1.356	1.782	2.179	3.055	4.318
13	.128	.259	.394	.538	.694	.870	1.079	1.350	1.771	2.160	3.012	4.221
14	.128	.258	.393	.537	.692	.868	1.076	1.345	1.761	2.145	2.977	4.140
15	.128	.258	.393	.536	.691	.866	1.074	1.341	1.753	2.131	2.947	4.073
16	.128	.258	.392	.535	.690	.865	1.071	1.337	1.746	2.120	2.921	4.015
17	.128	.257	.392	.534	.689	.863	1.069	1.333	1.740	2.110	2.898	3.965
18	.127	.257	.392	.534	.688	.862	1.067	1.330	1.734	2.101	2.878	3.922
19	.127	.257	.391	.533	.688	.861	1.066	1.328	1.729	2.093	2.861	3.883
20	.127	.257	.391	.533	.687	.860	1.064	1.325	1.725	2.086	2.845	3.850
21	.127	.257	.391	.532	.686	.859	1.063	1.323	1.721	2.080	2.831	3.819
22	.127	.256	.390	.532	.686	.858	1.061	1.321	1.717	2.074	2.819	3.792
23	.127	.256	.390	.532	.685	.858	1.060	1.319	1.714	2.069	2.807	3.767
24	.127	.256	.390	.531	.685	.857	1.059	1.318	1.711	2.064	2.797	3.745
25	.127	.256	.390	.531	.684	.856	1.058	1.316	1.708	2.060	2.787	3.725
26	.127	.256	.390	.531	.684	.856	1.058	1.315	1.706	2.056	2.779	3.707
27	.127	.256	.389	.531	.684	.855	1.057	1.314	1.703	2.052	2.771	3.690
28	.127	.256	.389	.530	.683	.855	1.056	1.313	1.701	2.048	2.763	3.674
29	.127	.256	.389	.530	.683	.854	1.055	1.311	1.699	2.045	2.756	3.659
30	.127	.256	.389	.530	.683	.854	1.055	1.310	1.697	2.042	2.750	3.646
40	.126	.255	.388	.529	.681	.851	1.050	1.303	1.684	2.021	2.704	3.551
60	.126	.254	.387	.527	.679	.848	1.046	1.296	1.671	2.000	2.660	3.460
120	.126	.254	.386	.526	.677	.845	1.041	1.289	1.658	1.980	2.617	3.373
∞	.126	.253	.385	.524	.674	.842	1.036	1.282	1.645	1.960	2.576	3.291

Ⅳ．F の表 （ν_1＝第1自由度, ν_2＝第2自由度, 5％点）

0.05

ν_2 \ ν_1	1	2	3	4	5	6	7	8	9	10	12	15	20	24	30	40	60	120	∞
1	161	200	216	225	230	234	237	239	241	242	244	246	248	249	250	251	252	253	254
2	18.5	19.0	19.2	19.2	19.3	19.3	19.4	19.4	19.4	19.4	19.4	19.4	19.4	19.5	19.5	19.5	19.5	19.5	19.5
3	10.1	9.55	9.28	9.12	9.01	8.94	8.89	8.85	8.81	8.79	8.74	8.70	8.66	8.64	8.62	8.59	8.57	8.55	8.53
4	7.71	6.94	6.59	6.39	6.26	6.16	6.09	6.04	6.00	5.96	5.91	5.86	5.80	5.77	5.75	5.72	5.69	5.66	5.63
5	6.61	5.79	5.41	5.19	5.05	4.95	4.88	4.82	4.77	4.74	4.68	4.62	4.56	4.53	4.50	4.46	4.43	4.40	4.36
6	5.99	5.14	4.76	4.53	4.39	4.28	4.21	4.15	4.10	4.06	4.00	3.94	3.87	3.84	3.81	3.77	3.74	3.70	3.67
7	5.59	4.74	4.35	4.12	3.97	3.87	3.79	3.73	3.68	3.64	3.57	3.51	3.44	3.41	3.38	3.34	3.30	3.27	3.23
8	5.32	4.46	4.07	3.84	3.69	3.58	3.50	3.44	3.39	3.35	3.28	3.22	3.15	3.12	3.08	3.04	3.01	2.97	2.93
9	5.12	4.26	3.86	3.63	3.48	3.37	3.29	3.23	3.18	3.14	3.07	3.01	2.94	2.90	2.86	2.83	2.79	2.75	2.71
10	4.96	4.10	3.71	3.48	3.33	3.22	3.14	3.07	3.02	2.98	2.91	2.85	2.77	2.74	2.70	2.66	2.62	2.58	2.54
11	4.84	3.98	3.59	3.36	3.20	3.09	3.01	2.95	2.90	2.85	2.79	2.72	2.65	2.61	2.57	2.53	2.49	2.45	2.40
12	4.75	3.89	3.49	3.26	3.11	3.00	2.91	2.85	2.80	2.75	2.69	2.62	2.54	2.51	2.47	2.43	2.38	2.34	2.30
13	4.67	3.81	3.41	3.18	3.03	2.92	2.83	2.77	2.71	2.67	2.60	2.53	2.46	2.42	2.38	2.34	2.30	2.25	2.21
14	4.60	3.74	3.34	3.11	2.96	2.85	2.76	2.70	2.65	2.60	2.53	2.46	2.39	2.35	2.31	2.27	2.22	2.18	2.13
15	4.54	3.68	3.29	3.06	2.90	2.79	2.71	2.64	2.59	2.54	2.48	2.40	2.33	2.29	2.25	2.20	2.16	2.11	2.07
16	4.49	3.63	3.24	3.01	2.85	2.74	2.66	2.59	2.54	2.49	2.42	2.35	2.28	2.24	2.19	2.15	2.11	2.06	2.01
17	4.45	3.59	3.20	2.96	2.81	2.70	2.61	2.55	2.49	2.45	2.38	2.31	2.23	2.19	2.15	2.10	2.06	2.01	1.96
18	4.41	3.55	3.16	2.93	2.77	2.66	2.58	2.51	2.46	2.41	2.34	2.27	2.19	2.15	2.11	2.06	2.02	1.97	1.92
19	4.38	3.52	3.13	2.90	2.74	2.63	2.54	2.48	2.42	2.38	2.31	2.23	2.16	2.11	2.07	2.03	1.98	1.93	1.88
20	4.35	3.49	3.10	2.87	2.71	2.60	2.51	2.45	2.39	2.35	2.28	2.20	2.12	2.08	2.04	1.99	1.95	1.90	1.84
21	4.32	3.47	3.07	2.84	2.68	2.57	2.49	2.42	2.37	2.32	2.25	2.18	2.10	2.05	2.01	1.96	1.92	1.87	1.81
22	4.30	3.44	3.05	2.82	2.66	2.55	2.46	2.40	2.34	2.30	2.23	2.15	2.07	2.03	1.98	1.94	1.89	1.84	1.78
23	4.28	3.42	3.03	2.80	2.64	2.53	2.44	2.37	2.32	2.27	2.20	2.13	2.05	2.01	1.96	1.91	1.86	1.81	1.76
24	4.26	3.40	3.01	2.78	2.62	2.51	2.42	2.36	2.30	2.25	2.18	2.11	2.03	1.98	1.94	1.89	1.84	1.79	1.73
25	4.24	3.39	2.99	2.76	2.60	2.49	2.40	2.34	2.28	2.24	2.16	2.09	2.01	1.96	1.92	1.87	1.82	1.77	1.71
26	4.23	3.37	2.98	2.74	2.59	2.47	2.39	2.32	2.27	2.22	2.15	2.07	1.99	1.95	1.90	1.85	1.80	1.75	1.69
27	4.21	3.35	2.96	2.73	2.57	2.46	2.37	2.31	2.25	2.20	2.13	2.06	1.97	1.93	1.88	1.84	1.79	1.73	1.67
28	4.20	3.34	2.95	2.71	2.56	2.45	2.36	2.29	2.24	2.19	2.12	2.04	1.96	1.91	1.87	1.82	1.77	1.71	1.65
29	4.18	3.33	2.93	2.70	2.55	2.43	2.35	2.28	2.22	2.18	2.10	2.03	1.94	1.90	1.85	1.81	1.75	1.70	1.64
30	4.17	3.32	2.92	2.69	2.53	2.42	2.33	2.27	2.21	2.16	2.09	2.01	1.93	1.89	1.84	1.79	1.74	1.68	1.62
40	4.08	3.23	2.84	2.61	2.45	2.34	2.25	2.18	2.12	2.08	2.00	1.92	1.84	1.79	1.74	1.69	1.64	1.58	1.51
60	4.00	3.15	2.76	2.53	2.37	2.25	2.17	2.10	2.04	1.99	1.92	1.84	1.75	1.70	1.65	1.59	1.53	1.47	1.39
120	3.92	3.07	2.68	2.45	2.29	2.17	2.09	2.02	1.96	1.91	1.83	1.75	1.66	1.61	1.55	1.50	1.43	1.35	1.25
∞	3.84	3.00	2.60	2.37	2.21	2.10	2.01	1.94	1.88	1.83	1.75	1.67	1.57	1.52	1.46	1.39	1.32	1.22	1.00

V. Fの表 (ν₁=第1自由度, ν₂=第2自由度, 2.5%点)

0.025

ν₂ \ ν₁	1	2	3	4	5	6	7	8	9	10	12	15	20	24	30	40	60	120	∞
1	648	800	864	900	922	937	948	957	963	969	977	985	993	997	1000	1010	1010	1010	1020
2	38.5	39.0	39.2	39.2	39.3	39.3	39.4	39.4	39.4	39.4	39.4	39.4	39.4	39.5	39.5	39.5	39.5	39.5	39.5
3	17.4	16.0	15.4	15.1	14.9	14.7	14.6	14.5	14.5	14.4	14.3	14.3	14.2	14.1	14.1	14.0	14.0	13.9	13.9
4	12.2	10.6	9.98	9.60	9.36	9.20	9.07	8.98	8.90	8.84	8.75	8.66	8.56	8.51	8.46	8.41	8.36	8.31	8.26
5	10.0	8.43	7.76	7.39	7.15	6.98	6.85	6.76	6.68	6.62	6.52	6.43	6.33	6.28	6.23	6.18	6.12	6.07	6.02
6	8.81	7.26	6.60	6.23	5.99	5.82	5.70	5.60	5.52	5.46	5.37	5.27	5.17	5.12	5.07	5.01	4.96	4.90	4.85
7	8.07	6.54	5.89	5.52	5.29	5.12	4.99	4.90	4.82	4.76	4.67	4.57	4.47	4.42	4.36	4.31	4.25	4.20	4.14
8	7.57	6.06	5.42	5.05	4.82	4.65	4.53	4.43	4.36	4.30	4.20	4.10	4.00	3.95	3.89	3.84	3.78	3.73	3.67
9	7.21	5.71	5.08	4.72	4.48	4.32	4.20	4.10	4.03	3.96	3.87	3.77	3.67	3.61	3.56	3.51	3.45	3.39	3.33
10	6.94	5.46	4.83	4.47	4.24	4.07	3.95	3.85	3.78	3.72	3.62	3.52	3.42	3.37	3.31	3.26	3.20	3.14	3.08
11	6.72	5.26	4.63	4.28	4.04	3.88	3.76	3.66	3.59	3.53	3.43	3.33	3.23	3.17	3.12	3.06	3.00	2.94	2.88
12	6.55	5.10	4.47	4.12	3.89	3.73	3.61	3.51	3.44	3.37	3.28	3.18	3.07	3.02	2.96	2.91	2.85	2.79	2.72
13	6.41	4.97	4.35	4.00	3.77	3.60	3.48	3.39	3.31	3.25	3.15	3.05	2.95	2.89	2.84	2.78	2.72	2.66	2.60
14	6.30	4.86	4.24	3.89	3.66	3.50	3.38	3.29	3.21	3.15	3.05	2.95	2.84	2.79	2.73	2.67	2.61	2.55	2.49
15	6.20	4.77	4.15	3.80	3.58	3.41	3.29	3.20	3.12	3.06	2.96	2.86	2.76	2.70	2.64	2.59	2.52	2.46	2.40
16	6.12	4.69	4.08	3.73	3.50	3.34	3.22	3.12	3.05	2.99	2.89	2.79	2.68	2.63	2.57	2.51	2.45	2.38	2.32
17	6.04	4.62	4.01	3.66	3.44	3.28	3.16	3.06	2.98	2.92	2.82	2.72	2.62	2.56	2.50	2.44	2.38	2.32	2.25
18	5.98	4.56	3.95	3.61	3.38	3.22	3.10	3.01	2.93	2.87	2.77	2.67	2.56	2.50	2.44	2.38	2.32	2.26	2.19
19	5.92	4.51	3.90	3.56	3.33	3.17	3.05	2.96	2.88	2.82	2.72	2.62	2.51	2.45	2.39	2.33	2.27	2.20	2.13
20	5.87	4.46	3.86	3.51	3.29	3.13	3.01	2.91	2.84	2.77	2.68	2.57	2.46	2.41	2.35	2.29	2.22	2.16	2.09
21	5.83	4.42	3.82	3.48	3.25	3.09	2.97	2.87	2.80	2.73	2.64	2.53	2.42	2.37	2.31	2.25	2.18	2.11	2.04
22	5.79	4.38	3.78	3.44	3.22	3.05	2.93	2.84	2.76	2.70	2.60	2.50	2.39	2.33	2.27	2.21	2.14	2.08	2.00
23	5.75	4.35	3.75	3.41	3.18	3.02	2.90	2.81	2.73	2.67	2.57	2.47	2.36	2.30	2.24	2.18	2.11	2.04	1.97
24	5.72	4.32	3.72	3.38	3.15	2.99	2.87	2.78	2.70	2.64	2.54	2.44	2.33	2.27	2.21	2.15	2.08	2.01	1.94
25	5.69	4.29	3.69	3.35	3.13	2.97	2.85	2.75	2.68	2.61	2.51	2.41	2.30	2.24	2.18	2.12	2.05	1.98	1.91
26	5.66	4.27	3.67	3.33	3.10	2.94	2.82	2.73	2.65	2.59	2.49	2.39	2.28	2.22	2.16	2.09	2.03	1.95	1.88
27	5.63	4.24	3.65	3.31	3.08	2.92	2.80	2.71	2.63	2.57	2.47	2.36	2.25	2.19	2.13	2.07	2.00	1.93	1.85
28	5.61	4.22	3.63	3.29	3.06	2.90	2.78	2.69	2.61	2.55	2.45	2.34	2.23	2.17	2.11	2.05	1.98	1.91	1.83
29	5.59	4.20	3.61	3.27	3.04	2.88	2.76	2.67	2.59	2.53	2.43	2.32	2.21	2.15	2.09	2.03	1.96	1.89	1.81
30	5.57	4.18	3.59	3.25	3.03	2.87	2.75	2.65	2.57	2.51	2.41	2.31	2.20	2.14	2.07	2.01	1.94	1.87	1.79
40	5.42	4.05	3.46	3.13	2.90	2.74	2.62	2.53	2.45	2.39	2.29	2.18	2.07	2.01	1.94	1.88	1.80	1.72	1.64
60	5.29	3.93	3.34	3.01	2.79	2.63	2.51	2.41	2.33	2.27	2.17	2.06	1.94	1.88	1.82	1.74	1.67	1.58	1.48
120	5.15	3.80	3.23	2.89	2.67	2.52	2.39	2.30	2.22	2.16	2.05	1.94	1.82	1.76	1.69	1.61	1.53	1.43	1.31
∞	5.02	3.69	3.12	2.79	2.57	2.41	2.29	2.19	2.11	2.05	1.94	1.83	1.71	1.64	1.57	1.48	1.39	1.27	1.00

VI. F の表 (ν₁ = 第1自由度, ν₂ = 第2自由度, 1%点)

0.01

ν₂ \ ν₁	1	2	3	4	5	6	7	8	9	10	12	15	20	24	30	40	60	120	∞
1	4050	5000	5400	5620	5760	5860	5930	5980	6020	6060	6110	6160	6210	6230	6260	6290	6310	6340	6370
2	98.5	99.0	99.2	99.2	99.3	99.3	99.4	99.4	99.4	99.4	99.4	99.4	99.4	99.5	99.5	99.5	99.5	99.5	99.5
3	34.1	30.8	29.5	28.7	28.2	27.9	27.7	27.5	27.3	27.2	27.1	26.9	26.7	26.6	26.5	26.4	26.3	26.2	26.1
4	21.2	18.0	16.7	16.0	15.5	15.2	15.0	14.8	14.7	14.5	14.4	14.2	14.0	13.9	13.8	13.7	13.7	13.6	13.5
5	16.3	13.3	12.1	11.4	11.0	10.7	10.5	10.3	10.2	10.1	9.89	9.72	9.55	9.47	9.38	9.29	9.20	9.11	9.02
6	13.7	10.9	9.78	9.15	8.75	8.47	8.26	8.10	7.98	7.87	7.72	7.56	7.40	7.31	7.23	7.14	7.06	6.97	6.88
7	12.2	9.55	8.45	7.85	7.46	7.19	6.99	6.84	6.72	6.62	6.47	6.31	6.16	6.07	5.99	5.91	5.82	5.74	5.65
8	11.3	8.65	7.59	7.01	6.63	6.37	6.18	6.03	5.91	5.81	5.67	5.52	5.36	5.28	5.20	5.12	5.03	4.95	4.86
9	10.6	8.02	6.99	6.42	6.06	5.80	5.61	5.47	5.35	5.26	5.11	4.96	4.81	4.73	4.65	4.57	4.48	4.40	4.31
10	10.0	7.56	6.55	5.99	5.64	5.39	5.20	5.06	4.94	4.85	4.71	4.56	4.41	4.33	4.25	4.17	4.08	4.00	3.91
11	9.65	7.21	6.22	5.67	5.32	5.07	4.89	4.74	4.63	4.54	4.40	4.25	4.10	4.02	3.94	3.86	3.78	3.69	3.60
12	9.33	6.93	5.95	5.41	5.06	4.82	4.64	4.50	4.39	4.30	4.16	4.01	3.86	3.78	3.70	3.62	3.54	3.45	3.36
13	9.07	6.70	5.74	5.21	4.86	4.62	4.44	4.30	4.19	4.10	3.96	3.82	3.66	3.59	3.51	3.43	3.34	3.25	3.17
14	8.86	6.51	5.56	5.04	4.69	4.46	4.28	4.14	4.03	3.94	3.80	3.66	3.51	3.43	3.35	3.27	3.18	3.09	3.00
15	8.68	6.36	5.42	4.89	4.56	4.32	4.14	4.00	3.89	3.80	3.67	3.52	3.37	3.29	3.21	3.13	3.05	2.96	2.87
16	8.53	6.23	5.29	4.77	4.44	4.20	4.03	3.89	3.78	3.69	3.55	3.41	3.26	3.18	3.10	3.02	2.93	2.84	2.75
17	8.40	6.11	5.18	4.67	4.34	4.10	3.93	3.79	3.68	3.59	3.46	3.31	3.16	3.08	3.00	2.92	2.83	2.75	2.65
18	8.29	6.01	5.09	4.58	4.25	4.01	3.84	3.71	3.60	3.51	3.37	3.23	3.08	3.00	2.92	2.84	2.75	2.66	2.57
19	8.18	5.93	5.01	4.50	4.17	3.94	3.77	3.63	3.52	3.43	3.30	3.15	3.00	2.92	2.84	2.76	2.67	2.58	2.49
20	8.10	5.85	4.94	4.43	4.10	3.87	3.70	3.56	3.46	3.37	3.23	3.09	2.94	2.86	2.78	2.69	2.61	2.52	2.42
21	8.02	5.78	4.87	4.37	4.04	3.81	3.64	3.51	3.40	3.31	3.17	3.03	2.88	2.80	2.72	2.64	2.55	2.46	2.36
22	7.95	5.72	4.82	4.31	3.99	3.76	3.59	3.45	3.35	3.26	3.12	2.98	2.83	2.75	2.67	2.58	2.50	2.40	2.31
23	7.88	5.66	4.76	4.26	3.94	3.71	3.54	3.41	3.30	3.21	3.07	2.93	2.78	2.70	2.62	2.54	2.45	2.35	2.26
24	7.82	5.61	4.72	4.22	3.90	3.67	3.50	3.36	3.26	3.17	3.03	2.89	2.74	2.66	2.58	2.49	2.40	2.31	2.21
25	7.77	5.57	4.68	4.18	3.85	3.63	3.46	3.32	3.22	3.13	2.99	2.85	2.70	2.62	2.54	2.45	2.36	2.27	2.17
26	7.72	5.53	4.64	4.14	3.82	3.59	3.42	3.29	3.18	3.09	2.96	2.81	2.66	2.58	2.50	2.42	2.33	2.23	2.13
27	7.68	5.49	4.60	4.11	3.78	3.56	3.39	3.26	3.15	3.06	2.93	2.78	2.63	2.55	2.47	2.38	2.29	2.20	2.10
28	7.64	5.45	4.57	4.07	3.75	3.53	3.36	3.23	3.12	3.03	2.90	2.75	2.60	2.52	2.44	2.35	2.26	2.17	2.06
29	7.60	5.42	4.54	4.04	3.73	3.50	3.33	3.20	3.09	3.00	2.87	2.73	2.57	2.49	2.41	2.33	2.23	2.14	2.03
30	7.56	5.39	4.51	4.02	3.70	3.47	3.30	3.17	3.07	2.98	2.84	2.70	2.55	2.47	2.39	2.30	2.21	2.11	2.01
40	7.31	5.18	4.31	3.83	3.51	3.29	3.12	2.99	2.89	2.80	2.66	2.52	2.37	2.29	2.20	2.11	2.02	1.92	1.80
60	7.08	4.98	4.13	3.65	3.34	3.12	2.95	2.82	2.72	2.63	2.50	2.35	2.20	2.12	2.03	1.94	1.84	1.73	1.60
120	6.85	4.79	3.95	3.48	3.17	2.96	2.79	2.66	2.56	2.47	2.34	2.19	2.03	1.95	1.86	1.76	1.66	1.53	1.38
∞	6.63	4.61	3.78	3.32	3.02	2.80	2.64	2.51	2.41	2.32	2.18	2.04	1.88	1.79	1.70	1.59	1.47	1.32	1.00

VII. F の表 (ν₁＝第1自由度, ν₂＝第2自由度, 0.5%点)

0.005

ν₂	1	2	3	4	5	6	7	8	9	10	12	15	20	24	30	40	60	120	∞
1	16200	20000	21600	22500	23100	23400	23700	23900	24100	24200	24400	24600	24800	24900	25000	25100	25300	25400	25500
2	199	199	199	199	199	199	199	199	199	199	199	199	199	199	199	199	199	199	200
3	55.6	49.8	47.5	46.2	45.4	44.8	44.4	44.1	43.9	43.7	43.4	43.1	42.8	42.6	42.5	42.3	42.1	42.0	41.8
4	31.3	26.3	24.3	23.2	22.5	22.0	21.6	21.4	21.1	21.0	20.7	20.4	20.2	20.0	19.9	19.8	19.6	19.5	19.3
5	22.8	18.3	16.5	15.6	14.9	14.5	14.2	14.0	13.8	13.6	13.4	13.1	12.9	12.8	12.7	12.5	12.4	12.3	12.1
6	18.6	14.5	12.9	12.0	11.5	11.1	10.8	10.6	10.4	10.3	10.0	9.81	9.59	9.47	9.36	9.24	9.12	9.00	8.88
7	16.2	12.4	10.9	10.1	9.52	9.16	8.89	8.68	8.51	8.38	8.18	7.97	7.75	7.65	7.53	7.42	7.31	7.19	7.08
8	14.7	11.0	9.60	8.81	8.30	7.95	7.69	7.50	7.34	7.21	7.01	6.81	6.61	6.50	6.40	6.29	6.18	6.06	5.95
9	13.6	10.1	8.72	7.96	7.47	7.13	6.88	6.69	6.54	6.42	6.23	6.03	5.83	5.73	5.62	5.52	5.41	5.30	5.19
10	12.8	9.43	8.08	7.34	6.87	6.54	6.30	6.12	5.97	5.85	5.66	5.47	5.27	5.17	5.07	4.97	4.86	4.75	4.64
11	12.2	8.91	7.60	6.88	6.42	6.10	5.86	5.68	5.54	5.42	5.24	5.05	4.86	4.76	4.65	4.55	4.44	4.34	4.23
12	11.8	8.51	7.23	6.52	6.07	5.76	5.52	5.35	5.20	5.09	4.91	4.72	4.53	4.43	4.33	4.23	4.12	4.01	3.90
13	11.4	8.19	6.93	6.23	5.79	5.48	5.25	5.08	4.94	4.82	4.64	4.46	4.27	4.17	4.07	3.97	3.87	3.76	3.65
14	11.1	7.92	6.68	6.00	5.56	5.26	5.03	4.86	4.72	4.60	4.43	4.25	4.06	3.96	3.86	3.76	3.66	3.55	3.44
15	10.8	7.70	6.48	5.80	5.37	5.07	4.85	4.67	4.54	4.42	4.25	4.07	3.88	3.79	3.69	3.58	3.48	3.37	3.26
16	10.6	7.51	6.30	5.64	5.21	4.91	4.69	4.52	4.38	4.27	4.10	3.92	3.73	3.64	3.54	3.44	3.33	3.22	3.11
17	10.4	7.35	6.16	5.50	5.07	4.78	4.56	4.39	4.25	4.14	3.97	3.79	3.61	3.51	3.41	3.31	3.21	3.10	2.98
18	10.2	7.21	6.03	5.37	4.96	4.66	4.44	4.28	4.14	4.03	3.86	3.68	3.50	3.40	3.30	3.20	3.10	2.99	2.87
19	10.1	7.09	5.92	5.27	4.85	4.56	4.34	4.18	4.04	3.93	3.76	3.59	3.40	3.31	3.21	3.11	3.00	2.89	2.78
20	9.94	6.99	5.82	5.17	4.76	4.47	4.26	4.09	3.96	3.85	3.68	3.50	3.32	3.22	3.12	3.02	2.92	2.81	2.69
21	9.83	6.89	5.73	5.09	4.68	4.39	4.18	4.01	3.88	3.77	3.60	3.43	3.24	3.15	3.05	2.95	2.84	2.73	2.61
22	9.73	6.81	5.65	5.02	4.61	4.32	4.11	3.94	3.81	3.70	3.54	3.36	3.18	3.08	2.98	2.88	2.77	2.66	2.55
23	9.63	6.73	5.58	4.95	4.54	4.26	4.05	3.88	3.75	3.64	3.47	3.30	3.12	3.02	2.92	2.82	2.71	2.60	2.48
24	9.55	6.66	5.52	4.89	4.49	4.20	3.99	3.83	3.69	3.59	3.42	3.25	3.06	2.97	2.87	2.77	2.66	2.55	2.43
25	9.48	6.60	5.46	4.84	4.43	4.15	3.94	3.78	3.64	3.54	3.37	3.20	3.01	2.92	2.82	2.72	2.61	2.50	2.38
26	9.41	6.54	5.41	4.79	4.38	4.10	3.89	3.73	3.60	3.49	3.33	3.15	2.97	2.87	2.77	2.67	2.56	2.45	2.33
27	9.34	6.49	5.36	4.74	4.34	4.06	3.85	3.69	3.56	3.45	3.28	3.11	2.93	2.83	2.73	2.63	2.52	2.41	2.29
28	9.28	6.44	5.32	4.70	4.30	4.02	3.81	3.65	3.52	3.41	3.25	3.07	2.89	2.79	2.69	2.59	2.48	2.37	2.25
29	9.23	6.40	5.28	4.66	4.26	3.98	3.77	3.61	3.48	3.38	3.21	3.04	2.86	2.76	2.66	2.56	2.45	2.33	2.21
30	9.18	6.35	5.24	4.62	4.23	3.95	3.74	3.58	3.45	3.34	3.18	3.01	2.82	2.73	2.63	2.52	2.42	2.30	2.18
40	8.83	6.07	4.98	4.37	3.99	3.71	3.51	3.35	3.22	3.12	2.95	2.78	2.60	2.50	2.40	2.30	2.18	2.06	1.93
60	8.49	5.79	4.73	4.14	3.76	3.49	3.29	3.13	3.01	2.90	2.74	2.57	2.39	2.29	2.19	2.08	1.96	1.83	1.69
120	8.18	5.54	4.50	3.92	3.55	3.28	3.09	2.93	2.81	2.71	2.54	2.37	2.19	2.09	1.98	1.87	1.75	1.61	1.43
∞	7.88	5.30	4.28	3.72	3.35	3.09	2.90	2.74	2.62	2.52	2.36	2.19	2.00	1.90	1.79	1.67	1.53	1.36	1.00

著者紹介：

田中　豊（たなか・ゆたか）

　　　岡山大学名誉教授　理学博士

脇本和昌（わきもと・かずまさ）

　　　岡山大学、統計数理研究所　理学博士

現数 Select　No.6　　多変量統計解析法

2024 年 3 月 21 日　　初版第 1 刷発行

著　者　　　田中　豊・脇本和昌

発行者　　　富田　淳

発行所　　　株式会社　現代数学社
　　　　　　〒 606−8425 京都市左京区鹿ヶ谷西寺ノ前町 1
　　　　　　TEL 075 (751) 0727　FAX 075 (744) 0906
　　　　　　https://www.gensu.co.jp/

装　幀　　　中西真一（株式会社 CANVAS）

印刷・製本　　山代印刷株式会社

ISBN 978−4−7687−0632−9　　　　　　　　2024　Printed in Japan